TOPOGRAFÍA

Definiciones, subterráneo, altimetría, métodos, minería, glosario

ISBN: 9798853457188

Edición EMD

Índice

1. GENERALIDADES DE LA TOPOGRAFÍA

Con el fin de alcanzar un léxico mínimo y contar con un lenguaje común de topografía, es necesario partir de las definiciones básicas, algunas clasificaciones y divisiones. Este capítulo tendrá un carácter introductorio y servirá como táctica para romper el hielo antes de entrar en materia. Se pretende dar una visión global de la asignatura para familiarizar al estudiante con los fundamentos de esta disciplina de la ingeniería y a la vez aprender algunos elementos conceptuales mínimos que le faciliten la comprensión y asimilación de los temas siguientes. La lectura de este capítulo dejará inicialmente algunas inquietudes y dudas, posiblemente alguna falsa interpretación, pero se espera que una vez finalizado el curso y al volver a leer este capítulo, se tendrá una mejor comprensión, asociación y asimilación de todos los tópicos presentados.

1.1. DEFINICIONES, DIVISIONES Y APLICACIONES DE LA TOPOGRAFÍA

1.1.1. La Geodesia
1.1.2. La Fotogrametría
1.1.3. La Topografía Plana

1.2. FUNDAMENTOS DE LA TOPOGRAFÍA PLANA

1.2.1. División básica para el estudio de la topografía plana
1.2.2. Operaciones o actividades del trabajo topógrárafico
1.2.3. Hipótesis en que se basa la topografía plana

1.3. Clases de levantamientos de topografía plana

1.3.1. Levantamientos de tipo general (lotes y parcelas)
1.3.2. Levantamiento longitudinal o de vías de comunicación
1.3.3. Levantamientos de minas
1.3.4. Levantamientos hidrográficos
1.3.5. Levantamientos catastrales y urbanos

1.4. ERRORES DE LAS MEDICIONES TOPOGRAFICAS

1.4.1. Errores Sistemáticos o Acumulativos
1.4.2. Errores accidentales, aleatorios o compensatorios

1.5. CLASES Y UNIDADES DE LAS MEDICIONES EN TOPOGRAFIA

1.5.1. Unidades Lineales
1.5.2. Unidades de Area
1.5.3. Unidades de Volumen
1.5.4. Unidades Angulares

1.6. ESCALAS

1.6.1. Metodos de dar Escala
1.6.2. Conversión de Areas por Fracciones Representativas

1.7. DEFINICION DE ALGUNOS OTROS TERMINOS

1.7.1. Grado de Precisión
1.7.2. Comprobaciones de Campo
1.7.3. Notas de Registro de Campo y Tipos de Carterasl
1.7.4. Superficies de Nivel
1.7.5. Planos, Líneas y Angulos Horizontales
1.7.6. Planos, Líneas y Angulos Verticalesl
1.7.7. Altura, Cota o Elevación de un punto
1.7.8. Curvas de Nivel
1.7.9. Pendiente de una Línea
1.7.10. Vértices, Estaciones y Estacas
1.7.11. Referencias de un punto Topográfico

1.8. DIRECCION DE ALINEAMIENTOS

1.8.1. Tipos de meridianos de Referencia
1.8.2. Conceptos de Azimut y Rumbo
1.8.3. Tipos de ángulos Horizontales medidos en los vértices de poligonales

1.9. POSICION RELATIVA DE PUNTOS EN EL TERRENO

1.1. DEFINICIONES, DIVISIONES Y APLICACIONES DE LA TOPOGRAFÍA

La topografía es una ciencia que estudia el conjunto de procedimientos para determinar las posiciones relativas de los puntos sobre la superficie de la tierra y debajo de la misma, mediante la combinación de las medidas según los tres elementos del espacio: distancia, elevación y dirección. La topografía explica los procedimientos y operaciones del trabajo de campo, los métodos de cálculo o procesamiento de datos y la representación del terreno en un plano o dibujo topográfico a escala. El conjunto de operaciones necesarias para determinar las posiciones de puntos en la superficie de la tierra, tanto en planta como en altura, los cálculos correspondientes y la representación en un plano (trabajo de campo + trabajo de oficina) es lo que comúnmente se llama "Levantamiento Topográfico" La topografía como ciencia que se encarga de las mediciones de la superficie de la tierra, se divide en tres ramas principales que son la geodesia, la fotogrametría y la topografía plana.

1.1.1. La Geodesia

La geodesia trata de las mediciones de grandes extensiones de terreno, como por ejemplo para confeccionar la carta geográfica de un país, para establecer fronteras y límites internos, para la determinación de líneas de navegación en ríos y lagos, etc. Estos levantamientos tienen en cuenta la verdadera forma de la tierra y se requiere de gran precisión. Cuando la zona de que se trate no sea demasiado extensa, se puede obtener la precisión requerida considerando la tierra como una esfera perfecta, pero si dicha superficie es muy grande debe adoptarse la verdadera forma elipsoidal de la superficie terrestre. Los levantamientos de grandes ciudades se hacen bajo el supuesto de que la tierra es perfectamente esférica. Este tipo de levantamiento está catalogado como de alta precisión e incluye el establecimiento de los puntos de control primario o puntos geodésicos, que son puntos debidamente materializados sobre la superficie de la tierra, es decir, con posiciones y elevaciones conocidas, las cuales son de gran importancia y trascendencia por constituir puntos o redes de apoyo y referencia confiables para todos los demás levantamientos de menor precisión. Los puntos fijados geodésicamente (levantamiento de control), como por ejemplo los vértices de triangulación, constituyen una red a la que puede referirse cualquier otro levantamiento sin temor a error alguno en distancias horizontal o vertical o en dirección, derivado de la diferencia entre la superficie de referencia y la verdadera superficie de la tierra.

1.1.2. La Fotogrametría

La fotogrametría es la disciplina que utiliza las fotografías para la obtención de mapas de terrenos. Los levantamientos fotogramétricos comprenden la obtención de datos y mediciones precisas a partir de fotografías del terreno tomadas con cámaras especiales u otros instrumentos sensores, ya sea desde aviones (fotogrametría aérea) o desde puntos elevados del terreno (fotogrametría terrestre) y que tiene aplicación en trabajos topográficos. Se utilizan los principios de la perspectiva para la proyección sobre planos a escala, de los detalles que figuran en las fotografías. Los trabajos fotogramétricos deben apoyarse sobre puntos visibles y localizados por métodos de triangulación topográfica o geodésicos que sirven de control tanto planimétrico como altimétrico. Como una derivación de la fotogrametría, está la fotointerpretación que se emplea para el análisis cualitativo de los terrenos. La fotogrametría aérea se basa en fotografías tomadas desde aviones equipados para el trabajo, en combinación de las técnicas de aerotriangulación analítica para establece posiciones de control para la obtención de proyecciones reales del terreno y para hacer comprobaciones con una menor precisión que la obtenida en las redes primarias de control geodésico. Tiene las ventajas de la rapidez con que se hace el trabajo, la profusión de los detalles y su empleo en lugares de difícil o imposible acceso desde el propio terreno. Esta disciplina se emplea tanto para fines militares, como para los levantamientos topográficos generales, anteproyecto de carreteras, canales y usos agrícolas catastrales, estudios de tránsito, puertos, urbanismo, etc. La fotogrametría terrestre hace los levantamientos basados en fotografías tomadas desde estaciones situadas sobre el terreno, constituye un excelente medio auxiliar para los levantamientos topográficos clásicos, especialmente en el trazado de planos a pequeña escala de zonas montañosas y para el levantamiento de accidentes de tránsito. El trabajo consiste en esencia en tomar fotografía desde dos o más estaciones adecuadas y utilizarlas después para obtener los detalles del terreno fotografiado, tanto en planta como en alzado o perfil. Las operaciones corrientes en un levantamiento fotogramétrico en general son las siguientes: · Estudios sobre planos disponibles de la región para planificar el trabajo, determinar las líneas de vuelo, en función de la distancia focal de la cámara, la escala de la fotografía, la superposición o traslapes de las fotografías, tanto longitudinal como transversal, el tamaño de los negativos, la altura de vuelo, etc. · Reconocimiento del terreno a fotografiar. · Fijación de los puntos de control terrestre básico, tanto planimétricos como altimétricos para lograr la correcta orientación y localización de los puntos sobre la fotografía. · Toma, desarrollo, clasificación, y numeración de las fotografías. · Ensamble de mosaicos o disposición secuencial de las fotografías en conjunto de tal manera que representen el área deseada. · Elaboración de planos obtenidos por el sistema de restitución fotogramétrica y sus aplicaciones para proyectos de ingeniería. Actualmente se han desarrollado otros tipos de fotogrametría como la espacial o satelital, inercial y los sensores remotos, las cuales tienen aplicaciones específicas en la estrategia militar y control de itinerarios de transporte a largas distancias. Los levantamientos por satélite incluyen la determinación de la posición de sitios en el terreno utilizando imágenes de satélite para la medición y mapeo de grandes superficies sobre la tierra.

1.1.3. La Topografía Plana

El levantamiento topográfico plano tiene la misma finalidad de los levantamientos geodésicos, pero difiere en cuanto a la magnitud y precisión y por consiguiente en los métodos empleados. Esta área se encarga de la medición de terrenos y lotes o parcelas de áreas pequeñas, proyectados sobre un plano horizontal, despreciando los efectos de la curvatura terrestre. La mayor parte de los levantamientos en proyectos de ingeniería son de esta clase, ya que los errores cometidos al no tener en cuenta la curvatura terrestre son despreciables y el grado de precisión obtenido queda dentro de los márgenes permisibles desde el punto de vista práctico. Las justificaciones para no tener en cuenta la curvatura terrestre se pueden fundamentar en los siguientes datos, los cuales se pueden demostrar mediante la aplicación de principios de geometría y trigonometría esférica: La longitud de un arco de 18 Km sobre la superficie de la tierra es solamente 15 mm mayor que la cuerda subtendida por el mismo y la diferencia entre la suma de los ángulos de un triángulo plano triángulo de 200 Km2 (20.000 hectáreas) y la de los ángulos de un triángulo esférico correspondiente, es de un solo segundo de arco. De lo anterior se deduce que únicamente debe tenerse en cuenta la verdadera forma de la tierra cuando el levantamiento se refiera a grandes superficies y su ejecución exija de alta precisión. Cuando se trate de determinar alturas, aún en los casos que no se requiera gran precisión, no puede despreciarse la curvatura terrestre. Supóngase un plano tangente a la superficie del nivel medio del mar en un punto dado; la distancia vertical entre dicho plano y el nivel medio del mar, a una distancia de 16 km medida a partir del punto de tangencia es de 20 metros y a una distancia de 160 km, la distancia es de dos kilómetros. Sin embargo, los trabajos de nivelación no requieren ningún trabajo adicional para referir las alturas medidas a dicha superficie esferoidal, debido a que la nivelación de los puntos consecutivos normalmente se hace a distancias cortas y cada línea visual va quedando paralela a la superficie media de la tierra.

1.2. Fundamentos de la topografía plana

Debido a los grandes avances tecnológicos y científicos de las tres ramas de la topografía, cada una de ellas se ha conformado en áreas de conocimiento bien diferenciadas, aunque interrelacionadas y complementarias. Hoy día existe las profesiones de ingeniero topográfico, ingeniero geodesta e ingeniero fotogrametrista.

El enfoque de estas guías de clase está orientado hacia la topografía plana, ya que la mayor parte de los levantamientos de la topografía tienen por finalidad el cálculo de la superficie o áreas, volúmenes, distancias, direcciones y la representación de las medidas tomadas en el campo mediante los planos topográficos correspondientes. Estos planos se utilizan como base para la mayoría de los trabajos y proyectos de ingeniería relacionados con la planeación y construcción de obras civiles. Por ejemplo se requieren levantamientos topográficos, antes, durante y después de la planeación y construcción de carreteras, vías férreas, sistemas de transporte masivo, edificios, puentes, túneles, canales, obras de irrigación, presas, sistemas de drenaje, fraccionamiento o división de terrenos urbanos y rurales (particiones), sistemas de aprovisionamiento de agua potable (acueductos), eliminación de aguas negras (alcantarillados), oleoductos, gasoductos, líneas de transmisión, control de la aerofotografía, determinación de límites de terrenos de propiedad privada y pública (linderos y medianías) y muchas otras actividades relacionadas con geología, arquitectura del paisaje, arqueología, etc.

1.2.1. División básica para el estudio de la topografía plana

Para el estudio de la topografía plana se divide en dos grandes áreas que son la Altimetría y la Planimetría.

Planimetría o control horizontal

La planimetría sólo tiene en cuenta la proyección del terreno sobre un plano horizontal imaginario (vista en planta) que se supone que es la superficie media de la tierra; esta proyección se denomina base productiva y es la que se considera cuando se miden distancias horizontales y se calcula el área de un terreno. Aquí *no* interesan las diferencias relativas de las elevaciones entre los diferentes puntos del terreno. La ubicación de los diferentes puntos sobre la superficie de la tierra se hace mediante la medición de ángulos y distancias a partir de puntos y líneas de referencia proyectadas sobre un plano horizontal. El conjunto de líneas que unen los puntos observados se denomina Poligonal Base y es la que conforma la red fundamental o esqueleto del levantamiento, a partir de la cual se referencia la posición de todos los detalles o accidentes naturales y/o artificiales de interés. La poligonal base puede ser abierta o cerrada según los requerimientos del levantamiento topográfico. Como resultado de los trabajos de planimetría se obtiene un esquema horizontal.

Altimetría o control vertical

La altimetría se encarga de la medición de las diferencias de nivel o de elevación entre los diferentes puntos del terreno, las cuales representan las distancias verticales medidas a partir de un plano horizontal de referencia. La determinación de las alturas o distancias verticales también se puede hacer a partir de las mediciones de las pendientes o grado de inclinación del terreno y de la distancia inclinada entre cada dos puntos. Como resultado se obtiene el esquema vertical.

Planimetría y altimetría simultáneas

La combinación de las dos áreas de la topografía plana, permite la elaboración o confección de un "plano topográfico" propiamente dicho, donde se muestra tanto la posición en planta como la elevación de cada uno de los diferentes puntos del terreno. La elevación o altitud de los diferentes puntos del terreno se representa mediante las curvas de nivel, que son líneas trazadas a mano alzada en el plano de planta con base en el esquema horizontal y que unen puntos que tienen igual altura. Las curvas de nivel sirven para reproducir en el dibujo la configuración topográfica o relieve del terreno.

1.2.2. Operaciones o actividades del trabajo topógrárafico

Las actividades u operaciones necesarias para llevar a cabo un levantamiento topográfico, prácticamente se dividen en dos tipos de trabajo: trabajo de campo y trabajo de oficina.

Trabajo y operaciones de campo.

Estos consisten en las labores realizadas directamente sobre el terreno tales como:

- Toma de decisiones para la selección del método del levantamiento, los instrumentos y equipos necesarios, la comprobación y corrección de los mismos, la precisión requerida para el levantamiento.

- Determinación de la mejor ubicación de los vértices de una poligonal base o de referencia (ya sea abierta, cerrada o ramificada) que va a conformar el esqueleto o estructura del levantamiento.

- Programación del trabajo y la toma o recolección de datos necesarios, realización de mediciones (distancias, alturas, direcciones) y su correspondiente registro en libretas adecuadas, denominadas "carteras de topografía", ya sea de manera manual o electrónica.

- Colocación y señalamiento de mojones de referencia para delinear, delimitar, marcar linderos, fijar puntos, guiar trabajos de construcción y controlar mediciones.

- Medición de distancias horizontales y/o verticales entre puntos u objetos o detalles del terreno, ya sea en forma directa o indirecta.

- Medición de ángulos horizontales entre alineamientos (líneas en el terreno).

- Determinación de la dirección de un alineamiento con base en una línea tomada como referencia, llamada línea terrestre o meridiana.

- Medición ángulos verticales entre dos puntos del terreno ubicados sobre el mismo plano vertical.

- Localización o replanteo de puntos u objetos sobre el terreno con base en mediciones angulares y distancias previamente conocidas.

Trabajo y operaciones de oficina o gabinete.

Como complemento a las operaciones de campo y con base en los datos medidos y registrados adecuadamente, en las operaciones de oficina se calcula en términos generales los siguientes parámetros:

- Coordenadas cartesianas de todos los puntos.

- Distancia entre puntos.

- Angulos entre dos alineamientos.

- Dirección de un alineamiento con base en una línea tomada como referencia.

- Areas de lotes, parcelas, franjas, áreas de secciones transversales.

- Cubicaciones o determinación de volúmenes de tierras.

- Alturas relativas de puntos.

- Finalmente se debe confeccionar un plano o mapa a escala (representación gráfica o dibujo) de los puntos y objetos y detalles levantados en el campo. Los planos pueden ser representaciones en planta de relieve, de perfiles longitudinales de líneas, de secciones transversales, cortes, relleno, etc.

1.2.3. Hipótesis en que se basa la topografía plana.

Como se explicó, la topografía plana opera sobre porciones relativamente pequeñas de la tierra, y utiliza como plano de referencia una superficie plana y horizontal, sin tener en cuenta la verdadera su forma elipsoidal, es decir, se desprecia la curvatura terrestre. En consecuencia los principios básicos de la topografía plana se basan en las siguientes hipótesis:

- La línea que une dos puntos sobre la superficie de la tierra es una línea recta y no una línea curva

- Las direcciones de la plomada en dos puntos diferentes cualesquiera, son paralelas (en realidad están dirigidas hacia el centro de la tierra)

- La superficie imaginaria de referencia respecto a la cual se toman las alturas es una superficie plana y no curva.

El ángulo formado por la intersección de dos líneas sobre la superficie terrestre es un ángulo plano y no esférico.

1.3. Clases de Levantamientos de topografía plana

De acuerdo con la finalidad de los trabajos topográficos existen varios tipos de levantamientos, que aunque aplican los mismos principios, cada uno de ellos tiene procedimientos específicos para facilitar el cumplimiento de las exigencias y requerimientos propios. Entre los levantamientos más corrientemente utilizados están los siguientes:

1.3.1. Levantamientos de tipo general (lotes y parcelas)

Estos levantamientos tiene por objeto marcar o localizar linderos, medianías o límites de propiedades, medir y dividir superficies, ubicar terrenos en planos generales ligando con levantamientos anteriores o proyectar obras y construcciones. Las principales operaciones son:

- Definición de itinerario y medición de poligonales por los linderos existentes para hallar su longitud y orientación o dirección.

- Replanteo de linderos desaparecidos partiendo de datos anteriores sobre longitud y orientación valiéndose de toda la información posible y disponible.

- División de fincas en parcelas de forma y características determinadas, operación que se conoce con el nombre de particiones.

- Amojonamiento de linderos para garantizar su posición y permanencia.

- Referencia de mojones, ligados posicionalmente a señales permanentes en el terreno.

- Cálculo de áreas, distancias y direcciones, que es en esencia los resultados de los trabajos de agrimensura.

- Representación gráfica del levantamiento mediante la confección o dibujo de planos.

- Soporte de las actas de los deslindes practicados.

1.3.2. Levantamiento longitudinal o de vías de comunicación

Son los levantamientos que sirven para estudiar y construir vías de transporte o comunicaciones como carreteras, vías férreas, canales, líneas de transmisión, acueductos, etc. Las operaciones son las siguientes:

- Levantamiento topográfico de la franja donde va a quedar emplazada la obra tanto en planta como en elevación (planimetría y altimetría simultáneas).

- Diseño en planta del eje de la vía según las especificaciones de diseño geométrico dadas para el tipo de obra.

- Localización del eje de la obra diseñado mediante la colocación de estacas a cortos intervalos de unas a otras, generalmente a distancias fijas de 5, 10 o 20 metros.

- Nivelación del eje estacado o abscisado, mediante itinerarios de nivelación para determinar el perfil del terreno a lo largo del eje diseñado y localizado.

- Dibujo del perfil y anotación de las pendientes longitudinales

- Determinación de secciones o perfiles transversales de la obra y la ubicación de los puntos de chaflanes respectivos.

- Cálculo de volúmenes (cubicación) y programación de las labores de explanación o de movimientos de tierras (diagramas de masas), para la optimización de cortes y rellenos hasta alcanzar la línea de subrasante de la vía.

Trazado y localización de las obras respecto al eje, tales como puentes, desagües, alcantarillas, drenajes, filtros, muros de contención, etc.

- Localización y señalamiento de los derechos de vía ó zonas legales de paso a lo largo del eje de la obra.

1.3.3. Levantamientos de minas

Estos levantamientos tienen por objeto fijar y controlar la posición de los trabajos subterráneos requeridos para la explotación de minas de materiales minerales y relacionarlos con las obras superficiales. Las operaciones corresponden a las siguientes:

- Determinación en la superficie del terreno de los límites legales de la concesión y amojonamiento de los mismos.

- Levantamiento topográfico completo del terreno ocupado por la concesión y confeccionamiento del plano o dibujo topográfico correspondiente.

- Localización en la superficie de los pozos, excavaciones, perforaciones para las exploraciones, las vías férreas, las plantas de trituración de agregados y minerales y demás detalles característicos de estas explotaciones.

- Levantamiento subterráneo necesarios para la localización de todas las galerías o túneles de la misma.

- Dibujo de los planos de las partes componentes de la explotación, donde figuren las galerías, tanto en sección longitudinal como transversal.

- Dibujo del plano geológico, donde se indiquen las formaciones rocosas y accidentes geológicos.

- Cubicación de tierras y minerales extraídos de la excavación en la mina.

1.3.4. Levantamientos hidrográficos

Estos levantamientos se refieren a los trabajos necesarios para la obtención de los planos de masas de aguas, líneas de litorales o costeras, relieve del fondo de lagos y ríos, ya sea para fines de navegación, para embalses, toma y conducción de aguas, cuantificación de recursos hídricos, etc. Las operaciones generales son las siguientes:

- Levantamiento topográfico de las orillas que limitan las masas o corrientes de agua.

- Batimetría mediante sondas ecográficas para determinar la profundidad del agua y la naturaleza del fondo.

- Localización en planta de los puntos de sondeos batimétricos mediante observaciones de ángulos y distancias.

- Dibujo del plano correspondiente, en el que figuren las orillas, las presas, las profundidades y todos los detalles que se estimen necesarios.

- Observación de las mareas o de los cambios del nivel de las aguas en lagos y ríos.

- Medición de la intensidad de las corrientes o aforos de caudales o gastos (volumen de agua que pasa por un punto determinado de la corriente por unidad de tiempo).

1.3.5. Levantamientos catastrales y urbanos

Son los levantamientos que se hacen en ciudades, zonas urbanas y municipios para fijar linderos o estudiar las zonas urbanas con el objeto de tener el plano que servirá de base para la planeación, estudios y diseños de ensanches, ampliaciones, reformas y proyecto de vías urbanas y de los servicios públicos, (redes de acueducto, alcantarillado, teléfonos, electricidad, etc.).

Un plano de población es un levantamiento donde se hacen las mediciones de las manzanas, redes viales, identificando claramente las áreas públicas(vías, parques, zonas de reserva, etc.) de las áreas privadas (edificaciones y solares), tomando la mayor cantidad de detalles tanto de la configuración horizontal como vertical del terreno. Estos planos son de gran utilidad especialmente para proyectos y mejoras y reformas en las grandes ciudades. Este trabajo debe ser hecho con extrema precisión y se basa en puntos de posición conocida, fijados previamente con procedimientos geodésicos y que se toman como señales permanentes de referencia. Igualmente se debe complementar la red de puntos de referencia, materializando nuevos puntos de posición conocida, tanto en planta en función de sus coordenadas, como en elevación, altitud o cota.

Los levantamientos catastrales comprenden los trabajos necesarios para levantar planos de propiedades y definir los linderos y áreas de las fincas campestres, cultivos, edificaciones, así como toda clase de predios con espacios cubiertos y libres, con fines principalmente fiscales, especialmente para la determinación de avalúos y para el cobro de impuesto predial.

Las operaciones que integran este trabajo son las siguientes:

- Establecimiento de una red de puntos de apoyo, tanto en planimetría como en altimetría.

- Relleno de esta red con tantos puntos como sea necesario para poder confeccionar un plano bien detallado.

- Referenciación de cierto número de puntos especiales, tales como esquinas de calles, con marcas adecuadas referido a un sistema único de coordenadas rectangulares.

- Confección de un plano de la población bien detallado con la localización y dimensiones de cada casa.

- Preparación de un plano o mapa mural.

- Dibujo de uno o varios planos donde se pueda apreciar la red de distribución de los diferentes servicios que van por el subsuelo (tuberías, alcantarillados, cables telefónicos, etc.).

1.4. Errores de las Mediciones Topográficas

Todas las operaciones en topografía están sujetas a las imperfecciones propias de los aparatos, dispositivos o elementos, a la capacidad propia de los operadores de los mismos y a las condiciones atmosféricas; por lo tanto ninguna medida en topografía es exacta en el sentido de la palabra. No hay que confundir los errores con las equivocaciones. Mientras que los errores siempre están presentes en toda medición debido a las limitaciones aludidas, las equivocaciones son faltas graves ocasionadas por descuido, distracción, cansancio o falta de conocimientos. El equivocarse es de humanos, pero en topografía se debe minimizar o eliminar, ya que esto implica la repetición de los trabajos de campo, lo cual incrementa el tiempo y los costos, afectando la eficiencia y la economía.

Es necesario conocer los tipos y la magnitud de los errores posibles y la manera como se propagan para buscar reducirlos a un nivel razonable que no tenga incidencias nefastas desde el punto de vista práctico. Los errores deben quedar por debajo de los errores permisibles, aceptables o tolerables para poder garantizar los resultados los cuales deben cumplir un cierto grado de precisión especificado. El error es la discrepancia entre la medición obtenida en campo y el valor real de la magnitud. Las causas de los errores pueden ser de tres tipos:

Instrumentales: debido a la imperfección en la construcción de los aparatos o elementos de medida, tales como la aproximación de las divisiones de círculos horizontales o verticales, arrastre de graduaciones de un tránsito o teodolito, etc.

Personales: debido a limitaciones de los observadores u operadores, tales como deficiencia visual, mala apreciación de fracciones o interpolación de medidas, etc.

Naturales: debido a las condiciones ambientales imperantes durante las mediciones tales como el fenómeno de refracción atmosférica, el viento, la temperatura, la gravedad, la declinación magnética, etc.

Cuando se hacen cálculos a partir de mediciones hechas en campo, las cuales ya tienen errores, se presenta la propagación de esos errores, que se pueden magnificar y conducir a resultados desagradables o no esperados. Para el estudio de los errores se dividen en dos tipos: sistemáticos y accidentales.

Con el fin de alcanzar un léxico mínimo y contar con un lenguaje común de topografía, es necesario partir de las definiciones básicas, algunas clasificaciones y divisiones. Este capítulo tendrá un carácter introductorio y servirá como táctica para romper el hielo antes de entrar en materia. Se pretende dar una visión global de la asignatura para familiarizar al estudiante con los fundamentos de esta disciplina de la ingeniería y a la vez aprender algunos elementos conceptuales mínimos que le faciliten la comprensión y asimilación de los temas siguientes. La lectura de este capítulo dejará inicialmente algunas inquietudes y dudas, posiblemente alguna falsa interpretación, pero se espera que una vez finalizado el curso y al volver a leer este capítulo, se tendrá una mejor comprensión, asociación y asimilación de todos los tópicos presentados.

1.4.1. Errores Sistemáticos o Acumulativos

Son los que para condiciones de trabajo fijas en el campo son constantes y por lo tanto son acumulativos, tales como la medición de ángulos con teodolitos mal graduados, cuando hay arrastre de graduaciones. En la medición de distancias y desniveles con cinta mal graduadas, cintas inclinadas, errores en la alineación, errores por temperatura tensión en las mediciones con cinta, etc. Los errores sistemáticos se pueden corregir si se conoce la causa y la manera de cuantificarlo mediante la aplicación de leyes físicas.

1.4.2. Errores accidentales, aleatorios o compensatorios

Son los que se cometen indiferentemente en un sentido o en otro, están fuera del control del observador, es decir que las mediciones pueden resultar mayores o menores a las reales. Existe igual probabilidad que los errores sea por exceso o por defecto (positivos o negativos). Tales errores se pueden presentar en los siguientes casos: apreciación de fracciones en lecturas angulares en graduaciones de nonios o vernieres, visuales descentradas de la señal por oscilaciones del cordel de la plomada, interpolación en medición de distancias, colocación de marcas en el terreno, etc.

Muchos de estos errores se eliminan porque se compensan, se reducen con un mayor cuidado en las medidas y aumentando el número de repeticiones de la misma medida. Los errores aleatorios quedan aún después de hacer la corrección de los errores sistemáticos.

1.5. Clases y Unidades de las Mediciones en Topografía

Las distancias horizontales o inclinadas se miden de manera directa con cintas de acero, o de manera indirecta con medidores electrónicos de distancias o EDM, (Electronic Distance Meter). Debido al uso generalizado de éstos últimos equipos, en virtud de su precisión y rapidez, las cintas se usan cada vez menos y solo para distancias muy cortas. También hay métodos indirectos y rápidos para la medición de estas distancias, conocidos como taquimétricos o estadimétricos.

Para la medición de elevaciones se utilizan los niveles de topografía, que permiten determinar las diferencias de altura entre puntos consecutivos. La diferencia de alturas entre dos puntos del terreno también se puede obtener mediante la medición de la distancia inclinada y la pendiente entre ellos, y la aplicación de elementales principios de la trigonometría.

La medición de ángulos horizontales y verticales se miden con tránsitos o teodolitos, que posibilitan la lectura de ángulos con altas precisiones y fracciones muy pequeñas de grado.

Las aplicaciones de topografía incluyen la medición o determinación de longitudes, elevaciones, áreas, volúmenes y ángulos, los cuales requieren la utilización de un sistema de unidades consistentes.

1.5.1. Unidades Lineales

Las unidades lineales se utilizan para la medición de longitudes y elevaciones (distancias horizontales o inclinadas y distancias verticales) utilizan el sistema métrico conocido como el sistema internacional de unidades o simplemente SI, el cual se basa en el sistema decimal (múltiplos de 10) y la unidad base es el metro.

El metro se definió originalmente como la diez millonésima parte de la distancia meridional desde el Ecuador hasta el polo norte o hasta el polo sur, lo cual es una medida poco práctica para los usuarios. Posteriormente se utilizaron barras de acero con marcas que definían la longitud equivalente a un metro. El metro patrón o estándar más reciente es la distancia entre dos marcas en una barra de 90% de platino y 10% de iridio, el cual es más estable que la barra de acero, pero aún así, todavía esta barra está sujeta a cambios o variaciones de longitud a través del tiempo. En 1.960 cuando se descubrió que la longitud de onda espectroscópica de ciertos elementos gaseosos era excepcionalmente estable, el metro se redefinió la longitud equivalente a 1´650.763,73 longitudes de onda de la porción rojo - naranja del espectro producido por la luz del Criptón 86, un gas atmosférico raro. En 1.983 la Confederación General de Pesos y Medidas definió el metro como la longitud de un haz de luz que viaja en el vacío en un tiempo de 1/299.792.458 segundos.

1.5.2. Unidades de Area

Las unidades de área se usan para medir superficies y se expresan en metros cuadrados (m^2). Sin embargo, en nuestro medio, en las medidas de agrimensura para las áreas de lotes y parcelas, normalmente se emplea la hectárea (ha) y la fanegada (fan). Para grandes extensiones se usa el kilómetro cuadrado (Km^2).

La hectárea es equivalente a un cuadrado de 100 metros de lado o 10.000 m^2. Como un kilómetro cuadrado equivale a un cuadrado de 1000 metros de lado, se deduce que un kilómetro cuadrado equivale a 100 hectáreas. Una fanegada equivale a un cuadrado de 80 metros de lado o sea 6.400 m^2.

1.5.3. Unidades de Volumen

La unidad de volumen es el metro cúbico (m^3). Los volúmenes se utilizan para la cuantificación de los movimientos de tierra en las explanaciones que se requieren hacer para la construcción de proyectos u obras de ingeniería. Igualmente la producción de los equipos que ejecutan los movimientos de tierra o transportan el material excavado se expresa normalmente en m^3/Hora, aunque en los manuales de rendimientos de los equipos americanos de movimientos de tierras, los volúmenes vienen en yardas cúbicas, se puede hacer fácilmente la equivalencia, mediante el factor de conversión respectivo (1 yarda cúbica = 0.7646 m^3). Para los aforos de caudales en pequeñas corrientes se suele emplear como unidad de volumen, el litro o decímetro cúbico. Un metro cúbico es equivalente a mil litros.

1.5.4. Unidades Angulares

Las unidades para las mediciones angulares, tanto horizontales como verticales se basan en los sistemas sexagesimales o centesimales. Las medidas angulares en el sistema sexagesimal corresponden a las divisiones de un círculo de 360 grados y un cuarto de círculo o cuadrante equivale a 90 grados. Estas unidades se llaman grados sexagesimales. A su vez cada grado se divide en 60 minutos y cada minuto en 60 segundos, es decir, que un grado tiene 3600 segundos, por ejemplo un ángulo de 65° 45' 36". El sistema sexagesimal utiliza las mismas unidades que se emplean para expresar el tiempo en función de horas, minutos y segundos.

El sistema centesimal es una aplicación del sistema decimal. Aquí el círculo se ha dividido en 400 unidades, de tal manera que un cuarto de círculo o cuadrante equivale a 100 unidades, estas unidades se llaman grads, gones o simplemente grados centesimales, los cuales a su vez se subdividen centesimalmente. Por ejemplo: 45.2356 grad o gones. Un grad o gon es exactamente 0.9 grados sexagesimales, por lo que el factor de conversión es de 0.9 °Sexagesimal/°Centesimal.

1.6. Escalas

Para dibujar los resultados de cualquier levantamiento topográfico en un plano, es necesario utilizar el concepto de escala, la cual representa la relación entre el número de unidades de longitud en el plano y el número de unidades de longitud en el terreno. Para expresar el valor de la escala de un plano o dibujo se puede hacer en palabras, en forma gráfica o por fracciones representativas. La escala puede ser de ampliación o de reducción. En topografía normalmente se utilizan escalas de reducción, debido a que las dimensiones medidas en los levantamientos son mucho mayores que el tamaño del papel donde se va a dibujar el objeto medido, pero tienen el inconveniente que no se pueden representar los detalles. En mediciones de objetos diminutos, si se emplean escala de ampliación o de aumento, son bien detallados pero no se pueden representar muchos objetos en el mismo plano. Las escalas grandes son utilizadas por arquitectos para representación de detalles como puertas, ventanas y detalles constructivos especiales.

1.6.1. Metodos de dar Escala
En palabras

La escala en palabras, se expresa relacionando el número de unidades en el plano o dibujo (generalmente una unidad) respecto al número de unidades que representa en el terreno. Por ejemplo: un centímetro en el plano equivale a 10 kilómetros en el terreno, la cual indica que es una escala pequeña, debido a la reducción significativa en las dimensiones. Otra escala puede ser por ejemplo que 1 cm en el plano equivale a medio metro en el terreno, la cual representa una escala grande.

En escala gráfica

Se representa mediante una línea o barra dibujada en el mismo plano del levantamiento topográfico, con unas divisiones que representan la relación de unidades en el plano a unidades en el terreno. Puede ser abierta o plena. Normalmente la primera división de la escala gráfica tiene unas subdivisiones más pequeñas o secundarias y el resto de divisiones se llaman divisiones primarias. Todo plano debe llevar una escala gráfica, ya que si se hace una reducción o ampliación del dibujo, la escala gráfica lo hará proporcionalmente, facilitando la medición a escala entre dos puntos cualesquiera en el plano reducido o ampliado

Por una fracción representativa

Es el método corrientemente utilizado para indicar la escala en forma numérica. La fracción tiene por numerador el número de unidades en el plano que por lo general siempre es uno (1) y por denominador el número de unidades equivalentes en el terreno. Ejemplo: La escala 1/100 ó 1:100. Esta escala significa que un (1) centímetro el plano representa 100 centímetros en el terreno, ó que una (1) pulgada en el plano equivale a 100 pulgadas en el terreno. Como se deduce la escala expresada mediante fracción representativa es adimensional, o lo que es lo mismo, las unidades del numerador y del denominador deben ser iguales.

Las escalas expresadas anteriormente en palabras, al convertirlas en fracciones representativas quedarían de la siguiente forma:

1 cm en el plano ° 10 Km en el terreno: 1 _cm_ en el plano ° 1000000 _cm_ en el terreno, es decir la escala numérica sería 1: 1´000.000.

1 cm en el plano ° 0.5 metros en el terreno: 1 **cm** plano ° 50 **cm** en el terreno, es decir la escala numérica es: 1:50

Si la fracción de escala o escala numérica se expresa de la forma 1:E, al valor de E se le conoce como el factor de escala.

Fracción de Escala = 1 / Factor de Escala = Número de Unidades en el plano(1) / Número de unidades en el terreno

En términos generales la magnitud de las escalas para los trabajos de topografía puede ser del siguiente orden de magnitud:

- Escalas pequeñas: Mayores de 1:10.000

- Escalas intermedias entre 1:10.000 y 1:1.000

- Escalas grandes, menores de 1:1.000

Para el dibujo de planos de levantamiento de planos catastrales, se suelen emplear escalas de 1:10.000, para ciudades escalas de 1:50.000, para departamentos de 1:500.000 y escalas geográficas mayores de 1:500.000. En realidad la escala depende del tamaño del terreno a representar y del tamaño de la hoja de papel en la cual se va a dibujar el plano.

1.6.2. Conversión de Areas por Fracciones Representativas

Cuando se mide el área de un lote en un plano, directamente en un plano, ya sea dividiéndolo en figuras geométricas conocidas (triángulos, rectángulos, trapecios, etc.) o utilizando un planímetro ya sea mecánico o electrónico, se obtiene el área en el plano en cm^2 o en mm^2. Para obtener el área real en el terreno es necesario tener en cuenta el factor de escala E, que se tuvo en cuenta para la confección del dibujo respectivo. Por ejemplo suponga que se midió un rectángulo de 12 cm x 15 cm en el plano, lo que arroja un área de 180 cm^2, si la escala del plano es de 1:500, o lo que es lo mismo que el factor de Escala es de 500, significa que cada una de las dimensiones en el plano equivale a quinientas veces la distancia medida en el terreno. Por lo tanto:

Area en el terreno = $(12 \times 500)(15 \times 500) = 12 \times 15 \times (500)^2 = 45'000.000$ $cm^2 = 4.500$ m^2

De la expresión anterior se deduce que la expresión general para la conversión de áreas por fracciones representativas, utilizando un sistema consistente de unidades es la siguiente:

$$At = Ap \, (Fe)^2$$

Donde:

At = Area en el terreno

Ap = Area medida en el plano

Fe = Factor de escala

1.7. Definición de algunos otros términos

Con el fin de facilitar la comprensión de los temas anteriores se presentará un pequeño glosario de términos

1.7.1. Grado de Precisión

La precisión representa la posibilidad de repetición entre varias medidas de la misma cantidad. La concordancia entre varios valores medidos de una misma cantidad implica precisión, pero no exactitud. La medida de acercamiento de la medición al valor medio se expresa como precisión de la medida y el acercamiento al valor real exactitud. Hay muchos grados de precisión según sea el objeto del trabajo El grado de precisión que se obtiene en una medición de campo depende de la sensibilidad del equipo, de la destreza del observador y de las condiciones ambientales imperantes.

El grado de precisión lineal para una medición de distancia viene expresado de la forma 1:K, donde K es un número especificado que representa la longitud medida en la cual se comete un error unitario. Por ejemplo, un grado de precisión obtenido en una medición lineal de 1:1.000, significa que cada 1000 metros medidos se comete un error de un metro, o lo que es lo mismo que por cada metro medido se comete un error de un milímetro. Para garantizar el resultado de las mediciones, el grado de precisión obtenido en campo debe compararse con un valor del grado de precisión especificado, el cual está dado para los diferentes tipos de levantamientos topográficos.

En el caso de las mediciones angulares en poligonales cerradas, el grado de precisión se obtiene calculando el error de cierre angular (diferencia entre el valor de los ángulos observados y el valor teórico), y comparándolo con el valor máximo especificado, denominado error de cierre angular máximo permisible.

1.7.2. Comprobaciones de Campo

En todos los trabajos topográficos se debe buscar la manera de comprobar las medidas por más de un procedimiento, ya que al emplear el mismo método o la misma persona es muy fácil incurrir en el mismo tipo de error. Igualmente los cálculos elaborados deben tener chequeos aritméticos y comprobaciones con el objeto de determinar los errores o descubrir las equivocaciones para corregirlas o tomar la decisión de repetir las mediciones. Luego si se determina el grado de precisión obtenido. No hay resultados que merezcan confianza, mientras no se haya comprobado y no debe considerarse una medida como bien hecha hasta que no haya sido comprobada. Durante las mediciones se comente errores tanto en distancia como en ángulo. La magnitud del error se obtiene comparado el valor observado con el valor esperado o teórico y se conoce con el nombre de error de cierre.

1.7.3. Notas de Registro de Campo y Tipos de Carteras

La parte más importante del trabajo de campo es la toma de datos de las mediciones angulares o lineales y su registro correspondiente en unas libretas especiales que se llaman "carteras". Las notas de campo corresponden al registro permanente del levantamiento, se llevan "en limpio" y como tal deben aparecer con toda claridad y pulcritud, deben contener la mayor cantidad de datos, descriptivos, complementarios posibles, para evitar confusiones, y deben tener una interpretación fácil y única por cualquier persona que entienda el trabajo topográfico, ya que es muy común que los cálculos y dibujos sean realizados por personas diferentes a las que hicieron el trabajo de campo.

Los datos de campo no so solamente numéricos, sino que consisten también en notas aclaratorias u observaciones, croquis o "monos" del levantamiento y esquemas de alineamientos, se toman con lápiz, aunque después haya que pasarlos a tinta. Se consideran como un archivo permanente del levantamiento.

Otros datos que deben aparecer en la portada son el nombre de la entidad, nombre y misión de los miembros de la brigada de topografía, finalidad del levantamiento, referencia del lugar, fechas de iniciación, terminación y entrega del trabajo. Igualmente se debe registrar el estado del tiempo, los equipos o instrumentos utilizados y las especificaciones generales de los equipos, como marca, modelo, aproximación o sensibilidad, etc.

Las carteras de campo son libretas de diseño especial, de buena calidad, que resisten el uso fuerte y prolongado durante el trabajo de campo. Los diferentes tipos de cartera dependen del tipo de anotaciones o de trabajo topográfico que se vaya a realizar. Cada una de sus páginas tendrá un rayado tanto horizontal como vertical y los encabezamientos pertinentes. Los tipos de carteras de uso corriente en los trabajos de topografía son los siguientes:

Carteras de Tránsito

Son las que se utilizan para los levantamientos planimétricos de tipo general. La página del lado izquierdo se hallan divididas en varias columnas con un rayado horizontal por filas, donde se registran los datos numéricos de las mediciones y las observaciones correspondientes. Cada columna tiene un encabezado que indica el tipo de medida o anotación. En la página derecha está cuadriculada y con una línea roja vertical por el centro de la página. En esta página se dibujan los croquis, esquemas de alineamientos, esquemas de mediciones angulares, direcciones, referencias de vértices o estaciones y se colocan las notas u observaciones aclaratorias correspondientes.

Carteras de Nivel

Se utilizan para el registro de las mediciones o lecturas hechas con los equipos apropiados (niveles topográficos y miras), para la determinación de las alturas de puntos con una posición definida en el terreno. Las dos páginas (izquierda y derecha) vienen divididas en columnas con un rayado horizontal más espaciado.

Carteras para toma de Topografía.

Se utilizan para el registro de las operaciones de nivelación de parcelas, lotes o franjas de terreno, donde se indica la posición relativa de puntos de igual cota, puntos de quiebre del terreno o de puntos a distancias fijas medidas desde una línea de referencia y que se utilizan para la representación gráfica de la configuración topográfica o relieve del terreno. Las dos páginas vienen cuadriculadas y en cada página se marcan cuatro columnas con líneas de división resaltadas. La columna central entre páginas representa el eje del alineamiento y las páginas izquierda y derecha se utilizan para el registro de las mediciones a lado y lado del eje.

Cartera de chaflanes

Se utilizan para el registro de datos de secciones transversales de obras longitudinales tales como carreteras y canales y que para su construcción sea necesario realizar explanaciones y movimientos de tierra. El rayado y el encabezamiento están diseñados para registrar el abscisado y pendientes del eje, datos de las secciones transversales como las alturas de cortes y rellenos, puntos de quiebre y posición de los puntos de chaflanes, áreas de secciones transversales, volúmenes de tierra entre abscisas.

Carteras electrónicas.

Los teodolitos modernos y estaciones totales vienen equipados con un dispositivo recolector automático de datos, que son del tamaño de una calculadora o vienen directamente incorporados al equipo, que guardan magnéticamente los datos, tales como la identificación de puntos, distancias y ángulos horizontales y verticales y algunas anotaciones descriptivas. Estos datos pueden ser transferidos a un archivo de computador vía interfaz directa o vía módem para su posterior procesamiento. Las carteras electrónicas tienen la ventaja de eliminar las equivocaciones en la lectura y registro de ángulos y distancias y reducir el tiempo de digitación y procesamiento, pero existe siempre el riesgo del borrado accidental de los datos.

1.7.4. Superficies de Nivel

Si se supone que se puedan eliminar todas las irregularidades de la superficie terrestre se obtendrá una superficie imaginaria esferoidal, cada uno de cuyos elementos sería normal o perpendicular a la dirección de la plomada en el mismo. A la superficie de esta clase que corresponde a la altura media del mar se llama "nivel medio del mar" y es la superficie de referencia para las nivelaciones y mediciones topográficas. En realidad es un arco pero para efectos de la topografía se asume como superficie de referencia la cuerda subtendida por él.

1.7.5. Planos, líneas y Angulos Horizontales

Un plano horizontal es un plano tangente o paralelo a una superficie de nivel y representa la base productiva para la proyección de todos los puntos medidos en el terreno.

Una línea horizontal es una línea contenida en un plano horizontal y por lo tanto tangente a una superficie de nivel. En topografía se sobreentiende que toda línea horizontal es una recta. En las aplicaciones planimétricas de la topografía (cálculo y dibujo) solo se consideran las distancias horizontales. En caso de que se midan distancias inclinadas debe hacerse la respectiva reducción al horizonte o cálculo de la proyección horizontal de la medida.

Un ángulo horizontal es el formado por dos líneas rectas situadas en un plano horizontal. El valor del ángulo horizontal se utiliza para definir la dirección de un alineamiento a partir de una línea que se toma como referencia.

1.7.6. Planos, líneas y Angulos Verticales (cenit, elevación, depresión)

Un plano vertical es un plano perpendicular a un plano horizontal. Una línea vertical está contenida en un plano vertical pero que es normal a un plano horizontal, sobre esta línea se miden las diferencias de nivel entre puntos. Los ángulos verticales también están contenidos en un plano vertical, pero se miden con respecto a una línea vertical o con respecto a una línea paralela a una superficie de nivel.

El ángulo vertical sirve para definir el grado de inclinación de un alineamiento sobre el terreno. Si se toma como referencia la línea horizontal, el ángulo vertical se llama ángulo de pendiente, el cual puede ser positivo o de elevación o negativo o de depresión, y este es el ángulo que se conoce como pendiente de una línea, el cual puede ser expresado tanto en ángulo como en porcentaje.

Si se escoge como referencia el extremo superior de la línea vertical, el ángulo se llama cenital y si es el extremo inferior el ángulo se llama nadiral. El cenit es un punto perpendicular a la superficie de la tierra. El punto opuesto al Cenit es el Nadir.

1.7.7. Altura, Cota o elevación de un punto

La altitud de un punto es la distancia vertical medida desde el nivel medio del mar. Si la distancia vertical se mide desde cualquier otro plano tomado como referencia usualmente se le denomina cota.

El desnivel entre dos puntos está dado por la diferencia de altitud o cota entre dichos puntos.

1.7.8. Curvas de Nivel

Son líneas que se trazan en los planos de planta con el fin de representar el relieve o configuración topográfica de un terreno. Una curva de nivel une puntos del terreno que tienen igual cota o altura, por lo tanto representan la intersección del terreno con un plano horizontal. La separación entre las curvas de nivel en el plano de planta, como es obvio, representa la distancia horizontal entre ellas y la distancia o intervalo vertical se deduce por diferencia de las cotas anotadas. La cota o altura de una curva de nivel es la cota o altura del plano horizontal que la contiene.

1.7.9. Pendiente de una Línea

La pendiente de una línea está definida como la tangente del ángulo que forma con la horizontal, la cual se puede expresar tanto en grados como en porcentaje.

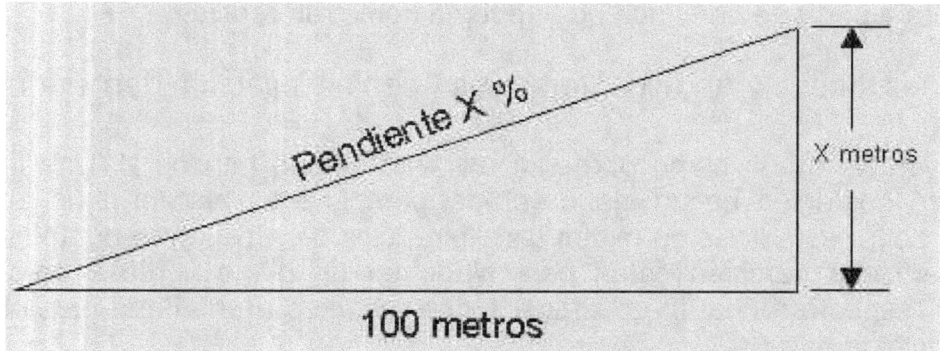

1.7.10. Vértices, Estaciones y Estacas

Un vértice se forma en la intersección de dos líneas, como el que se presenta en un ángulo o en una esquina de una poligonal abierta o cerrada. Si en un trabajo topográfico, se instala un aparato topográfico, tal como un teodolito o tránsito, directamente sobre un vértice, a este punto se le llama estación. Los vértices, estaciones y demás puntos auxiliares que se requieren durante las operaciones de campo del levantamiento topográfico de deben materializar ya sea en forma permanente o provisional. Normalmente se distinguen los siguientes tipos de puntos:

Puntos Instantáneos: Son los que se necesitan momentáneamente durante el desarrollo de las operaciones de campo, para dejar una marca provisional de referencia para la continuidad de las mediciones y orientación de las alineaciones.

Los elementos que se utilizan son los piquetes o fichas que son varillas que tienen forma de argolla y una punta de 25 a 35 cm de altura. También se utilizan jalones o balizas que son varas de 2 a 3 metros, construidos en madera o metálicos, con divisiones alternadas de rojo y blanco de 20 cm, con un refuerzo de acero en la punta llamado regatón metálico.

Puntos transitorios: Son los puntos que deben permanecer durante todo el tiempo que demande el trabajo de campo y es deseable que se conserven hasta la etapa de construcción de las obras. En la mayoría de los casos, estas estacas se pierden en ese lapso o son arrancadas en las labores de descapote al iniciar la construcción. Normalmente son estacas, que pueden ser de los siguientes tipos:

- <u>Tacos de tránsito:</u> son estacas de corta longitud, entre 8 y 12 cm, con grosor de cinco (5) cm que se utilizan para señalar las estaciones o sitios donde se instala un teodolito, llevan tachuela clavada en la parte superior y se hincan a ras del piso. Si el terreno donde se va a colocar es muy suelto hay necesidad de colocar estacas de mayor longitud, de alrededor de 30 cm.

- <u>Estacas testigo:</u> Son estacas de 30 cm de largo con una cara labrada para anotar la identificación de un punto que se encuentra a ras del piso.

- <u>Estacas de nivel:</u> Se utilizan para los puntos de cambio en las operaciones de nivelación diferencial, para fijar la posición de un punto provisional de altura conocida.

- <u>Estacas de Chaflán:</u> Se utilizan en las operaciones de campo para la marcar los puntos a partir de los cuales se deben iniciar las operaciones de movimientos de tierra, ya sean cortes o relleno en una obra de ingeniería. También son estacas de 30 cm de longitud con dos caras labradas, donde van anotadas la distancia del punto del chaflán a un eje de referencia y la altura del terraplén o la profundidad del corte. Un punto de chaflán representa la intersección del terreno natural con la superficie de un talud diseñado para una obra civil.

Puntos definitivos: Son los puntos que quedan fijos o permanentes aún después del levantamiento topográfico, antes, durante y después de los trabajos de construcción y que se utilizan conjuntamente con otras referencias para volver a colocar en la misma posición a los puntos transitorios del levantamiento topográfico que se han perdido o arrancado. A esta operación se le llama replanteo. Los puntos definitivos pueden ser de dos tipos:

Naturales: Son puntos que se encuentran materializados en el terreno, tales como intersección de orillas de ríos, carreteras, caminos, rocas, piedras grandes, prominencia de cerros, etc.

Artificiales: Son paralelepípedos de concreto prefabricados o fundidos in situ denominados mojones, los cuales quedan enterrados dejando 5 cm por fuera de la superficie o enterrados completamente con una tapa de protección. Si el terreno es muy suelto de coloca además una varilla de fijación. Sobre el mojón se dejan embebidos placas de bronce o elementos que identifique el mojón respectivo y su posición relativa (coordenadas y altura).

1.7.11. Referencias de un punto Topográfico

Son las mediciones de distancias y ángulos que se hacen en el campo, desde un punto notable de un levantamiento topográfico (vértice o estación) hasta un detalle estable y permanente con el fin de definir la posición relativa del punto. Estas medidas sirven posteriormente para replantear el punto, en caso de que se llegue a perder.

1.8. Dirección de Alineamientos

Un alineamiento en topografía se define como la línea trazada y medida entre dos puntos sobre la superficie terrestre. No se debe confundir con alineación, la cual es el conjunto de operaciones de campo que sirven para orientar o guiar las mediciones de las distancias, de tal manera que los puntos intermedios utilizados siempre queden sobre el alineamiento.

La dirección de un alineamiento siempre se da en función del ángulo horizontal que se forma entre el alineamiento y una línea que se toma como referencia. La dirección se mide siempre en planta o en un plano horizontal. Hay varias formas de dar la dirección de una línea:

- El ángulo que forma la línea con el alineamiento adyacente, indicando el sentido del ángulo medido, ya sea en forma horaria, en el sentido de la manecilla del reloj o positivo (+) o en sentido antihorario , contrario a las manecillas del reloj o negativo (-).

- El ángulo que forma cada uno de los alineamientos con respecto a una sola línea de referencia, denominado "meridiano de referencia". Este es el método corrientemente utilizado.

1.8.1. Tipos de Meridianos de Referencia

Los meridianos de referencia para la medición de la dirección u orientación en planta de un alineamiento en topografía pueden ser de varios tipos: verdaderos, magnéticos y arbitrarios.

Meridiano geográfico verdadero

Es una línea orientada a lo largo de los polos geográficos de la tierra y se determinan mediante observaciones astronómicas. Estos meridianos tienen permanentemente una orientación constante o fija.

Meridianos magnéticos

Son líneas orientadas en la dirección de los polos magnéticos de la tierra y es la dirección que da la brújula. La orientación de estas línea no es constante debido a que el polo norte magnético no tiene posición fija y se va desplazando lentamente a través del tiempo. El meridiano magnético sufre diferentes tipos de variaciones: Seculares (cada 300 años), anuales, diarias, irregulares y lunares. Las direcciones magnéticas son los que se determinan con ayuda de una brújula.

La brújula tiene una aguja imantada apoyada en el centro sobre un pivote, que le permite girar libremente y se orienta por las fuerzas de atracción de los polos magnéticos de la tierra, indicando directamente la dirección norte sur.

La diferencia que existe entre el meridiano verdadero y el meridiano magnético se conoce con el nombre de declinación magnética. Esta desviación puede ser por la izquierda o declinación Oeste (W), o por la derecha Declinación Este (E). La declinación magnética varía según la posición de la línea sobre la superficie de la tierra. Si en una gran zona de la tierra, se trazan líneas que unen puntos de igual declinación magnética, se conoce con el nombre de planos de líneas isogónicas o planos isogónicos. Las líneas de declinación magnética cero, se llaman líneas agónicas, es decir que allí los meridianos verdadero y magnéticos coinciden.

La aguja de la brújula también es atraída verticalmente inclinándose hacia el lado del polo que está más cerca, por éso la aguja de las brújulas llevan un contrapeso en un extremo por el lado opuesto del hemisferio donde se ubique el sitio de trabajo. Si en un plano de una zona de la tierra se unen puntos que tienen igual inclinación magnética, se denominan planos de líneas isoclínicas.

Meridianos arbitrarios:

Cuando en un levantamiento topográfico no se tiene la orientación de ninguno de los anteriores meridianos y el trabajo a realizar no lo exigen, se puede adoptar cualquier línea como referencia para la medición todas las direcciones de las líneas que sean necesarias para hacer el levantamiento topográfico respectivo. El meridiano de referencia arbitrario puede ser la línea del punto inicial a una torre, un árbol o a cualquier otro detalle que se pueda materializar fácilmente en el campo.

1.8.2. Conceptos de Azimut y Rumbo

La dirección de los alineamientos en topografía se dan en función del ángulo que se forma con el meridiano de referencia y puede ser de dos tipos: azimutes o rumbos.

Azimut de un alineamiento

Es el ángulo horizontal medido en el sentido de las manecillas del reloj a partir del extremo superior de un meridiano, conocido comúnmente como NORTE, hasta el alineamiento respectivo. Su valor puede estar entre 0 y 360° en el sistema sexagesimal o entre 0 y 400 gones en el sistema centesimal.

Rumbo de un alineamiento

Es el ángulo horizontal que el alineamiento dado forma con respecto al meridiano de referencia, medido con la línea de los extremos norte ó sur, según la orientación que tenga dicho alineamiento. Se expresa como un ángulo de 0 a 90°, indicando el cuadrante en el cual se encuentra situado.

Para calcular los rumbos a partir de los azimutes se emplean las obvias relaciones deducidas en la figura siguiente y que se presenta en la Tabla que la acompaña.

Conversión de Azimutes a rumbos

Valor del Azimut	Valor del Rumbo
Az° = 0° = 360°	Norte (**N**)
0° < Az° <90°	**N** Az° **E**
Az° = 90°	Este (**E**)
90° < Az° < 180	**S** (180-Az°) **E**
Az° = 180°	Sur (**S**)
180°< Az° < 270°	**S** (Az°-180) **W**
Az° = 270°	Oeste (**W**)
270 < Az° < 360°	**N** (360-Az°) **W**

Contrazimut de un alineamiento

El contrazimut de un alineamiento es el azimut observado desde el otro extremo del mismo. En la Figura se ilustran los casos posibles que se pueden presentar. Como se puede deducir, el contrazimut de una lineamiento se puede calcular por la siguiente expresión:

Contrazimut de un alineamiento = Azimut del alineamiento ± 180°.

Se aplica el signo (+) si el azimut del alineamiento es menor a 180° y el signo (-) si el azimut es igual o mayor de 180°.

Contrarumbo o rumbo inverso de un alineamiento

El contrarumbo de un alineamiento es el rumbo de ese alineamiento medido en sentido contrario. En la Figura se ilustran los casos posibles. Se deduce fácilmente que el contrarumbo de una lineamiento, tiene el mismo valor numérico que su rumbo, pero cuadrante opuesto. Son cuadrantes opuestos el NW con el SE y el NE con el SW.

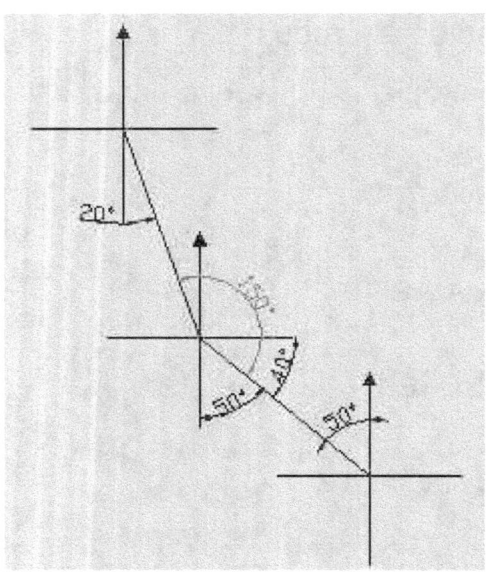

1.8.3. Tipos de ángulos Horizontales medidos en los vértices de poligonales

Una poligonal en topografía se entiende como una sucesión de alineamientos, que puede ser abierta o cerrada y que sirven de esquema geométrico de referencia para los levantamientos topográficos. En cada uno de los vértices se pueden medir tres tipos de ángulos: Angulos de derecha, ángulos de izquierda y ángulos de deflexión o de giro.

- **Ángulos de derecha:** Son los ángulos medidos en el sentido horario o de las manecillas del reloj, los cuales se consideran de signo positivo, ya que tienen el mismo sentido del azimut.

- **Ángulos de izquierda**: Son los ángulos medidos en sentido antihorario o contrario al de las manecillas del reloj. Se consideran de signo negativo por ir en sentido contrario al azimut.

- **Angulos de deflexión o de giro**: Son los ángulos medidos entre la prolongación del alineamiento anterior y el alineamiento siguiente y puede ser de sentido izquierdo I(-) ó derecho D(+).
- Mientras que los ángulos de derecha e izquierda están entre 0° y 360°, los ángulos de deflexión o de giro están entre 0° y 180°. Si un ángulo de deflexión medido hacia la derecha diera mayor de 180°, por ejemplo 200°D, se debe considerar como 160° o de izquierda.

1.9. Posición Relativa de puntos en el Terreno

Se sabe que una de las finalidades de la topografía plana es la determinación de la posición relativa de los puntos sobre el terreno, tanto en planta como en alzado, elevación o perfil.

Si se conoce la posición y orientación de una línea dada A3 y se desea conocer la posición relativa del punto P, se pueden emplear los siguientes métodos:

Radiación: Medición de un ángulo y una distancia tomados a partir de un extremo de la línea de referencia.

Trilateración: Medición de las dos distancias tomadas desde los dos extremos de la línea de referencia.

Intersección de visuales: Medición de los dos ángulos medidos desde los extremos de la línea de referencia, lo cual se conoce también como base medida. Se conforma un triángulo, donde se conocen tres elementos: una distancia y dos ángulos, que mediante la aplicación de la ley de los senos pueden calcular las distancias desde los extremos de AB al punto P.

Intersección directa: Medición de la distancia desde un extremo y la medición del ángulo desde el otro extremo. Los datos faltantes se pueden calcular mediante la generalización de la fórmula de Pitágoras ó la ley del coseno.

Mediciones por Izquierdas y Derechas: Medición de la distancia perpendicular en un punto definido de una línea definida.

Intersección Inversa: Medición de dos ángulos desde el punto por localizar a tres puntos de control de posición conocida, método conocido como trisección. Si la determinación de las coordenadas de un punto se hace observando únicamente dos puntos de posición conocida se conoce como bisección.

TOPOGRAFIA
SUBTERRANEA

2.1 Introducción:

Desde el punto de vista histórico diremos que los túneles, como vías de comunicación y transporte, son relativamente recientes si los comparamos con los primeros túneles destinados a la explotación de minerales que se remontan a la Edad de Piedra y que tenían por objeto la extracción del sílex o pedernal, material indispensable con el que se fabricaban multitud de armas y herramientas; cuando se agotaba en la superficie se seguía la veta por medio *de pozos y* galerías. Este proceso debió iniciarse hace unos 15.000 años

Se han encontrado minas de sílex en Inglaterra, Bélgica y Francia del 2500 a.C., y son algo más antiguas las encontradas en la península Escandinava: en ellas la excavación se realizaba con picos y martillos de mango de hueso y hoja del propio pedernal.

Otro producto necesario fue la sal. Las minas de sal más antiguas se localizaron en Austria (2500 a.C.) y Polonia (3500 y 2500 a.C.). Estas últimas se reabrieron en el siglo XIII y siguen produciendo en la actualidad.

Ya en la Edad de los Metales, se excavaban pozos de los que partían galerías para extraer el cobre. Para ello se utilizaba la *técnica del fuego* que consiste en calentar la piedra con fuego para enfriarla después bruscamente con agua, produciendo así el agrietamiento de la roca. El gran consumo de cobre, utilizado para la fabricación de herramientas y otros utensilios, heredado el arte de fundirlo de los sumerios, hizo que en Egipto se desarrollase de gran manera la minería, utilizándose para la excavación técnicas más sofisticadas como introducir tacos de madera en las muescas y a continuación empaparlos en agua, pues la dilatación de la madera producía la fractura de la roca. Gran parte del cobre se obtuvo de las minas de la península del Sinaí.

También fueron los egipcios los que empezaron a explotar el oro, en un área situada entre el Mar Rojo y el Nilo, con minas situadas a profundidades de 90 m y longitudes de galerías, cuyo techo se entibaba con maderas, superiores a los 400 m. La palabra *"mna"* (mina) proviene de una moneda informe de oro que se utilizaba en la antigüedad y que se cambiaba según el peso. También existían explotaciones mineras de turquesas y de esmeraldas, éstas últimas con profundidades de hasta 240 m. Los trabajadores en esta época eran esclavos o prisioneros de guerra, y las condiciones de trabajo eran durísimas.

Al igual que en Egipto, en Europa existían minas de cobre, sobre todo en el Tirol (Austria), del 2500 a.C. Hacia el año 1000 a.C. los mineros no eran esclavos y crearon una comunidad muy próspera. En España hacia el 1100 a.C., se creó en Cartagena uno de los centros más importantes de la minería de la plata.

En la época griega no se experimentaron cambios importantes. Las minas de plata y plomo del monte Laurium, cerca de Atenas, se trabajaron en el 2000 a.C.; en ellas se perforaron unos 200 pozos que conectaban las galerías entre sí, el más profundo de los cuales tenía 117 m.

La innovación de los romanos en la minería fue la introducción de sistemas de drenaje mediante norias de cangilones, que permitían la explotación de minas inundadas o en niveles más profundos. También es innovadora la metodología empleada en las minas de oro: se perforaba la montaña con multitud de galerías por las que se hacían circular las aguas de un río que previamente se había desviado de su cauce por medio de canales, viaductos y túneles, y el agua arrastraba el oro en bruto que quedaba depositado a la salida. Es el caso de las explotaciones auríferas de Las Médulas (León) de enorme importancia y volumen, cuyo período de explotación duro los 200 primeros años de nuestra era (fueron consideradas monumento histórico-artístico en 1931); también es de reseñar la explotación de oro de Monteforudado (Lugo) en la que se desviaron las aguas del Sil con un túnel que originariamente (200 a.C.) tenía unos 200 m de longitud y una sección de 20 de anchura y altura.

Ya en la Edad Media la minería se consolida en Europa, aunque las técnicas no se modifican y perduran hasta prácticamente la Revolución Industrial. A mediados del siglo XII se comienzan a codificar los derechos y obligaciones de los mineros, así como una especie de títulos de propiedad que hicieron que se desarrollara la industria minera.

Con lo que respecta a la primera obra técnica sobre la construcción de túneles, data del año 1556 y fue escrita en latín por Georges Bauer y posteriormente traducida a varios idiomas; durante tres siglos fue la autoridad máxima en lo que se refiere a minas y túneles.

2.2 Vías de penetración en el subsuelo:

A continuación se describirán las características principales de las distintas excavaciones que se realizan en las explotaciones mineras subterráneas, en principio aisladamente y al final (en minas) en conjunto; también se describirán someramente las actuales técnicas de construcción, pues nuestra pretensión es iniciar al lector en el laboreo de minas.

Atendiendo a la inclinación o pendiente que sigan podemos clasificar, las vías de penetración en el subsuelo en pozos, galerías y rampas. También distinguiremos las chimeneas y coladeros que, como veremos, no se pueden considerar propiamente pozos, aunque tengan algunas similitudes.

2.2.1 Pozos:

Son excavaciones, generalmente verticales, cuya misión es la comunicación entre el exterior y el interior, o entre las distintas plantas ya en el interior de la mina.

La función del pozo es múltiple: se utiliza para el descenso y la subida del personal, para la extracción del mineral, para la introducción de materiales de relleno en galerías ya explotadas, para el descenso o subida del material de trabajo,... Por todo ello se deduce su gran trascendencia en el buen funcionamiento de la mina.

En la superficie, sobre la boca del pozo, se construye una estructura llamada castillete cuya misión es evitar la entrada de aguas pluviales al interior, así como albergar distintos mecanismos (poleas por las que corre el cable de la jaula...).

2.2.1.1 Sección y profundidad:

La sección más utilizada en Europa es la circular, por ser la que mejor resiste a las presiones del terreno; el diámetro es muy variable, desde 1 o 2 m para pozos de servicio hasta 8 m en pozos de extracción de grandes explotaciones mineras. En América, sin embargo, son más normales las secciones rectangulares ya que tienen mayor aprovechamiento; sus dimensiones más comunes son de 5 por 4 m, aunque el lado mayor puede alcanzar los 12 m en las explotaciones más modernas.

Otras secciones menos usuales son la cuadrangular y la elíptica. Esta última se ha utilizado en las minas de Cardona para la ejecución de pozos interiores, ya que resiste en su zona más estrecha las presiones máximas.

Con respecto a la profundidad, en minería son en la actualidad muy corrientes profundidades de varias centenas de metros. En Europa las mayores profundidades de pozos se dan en Bélgica con explotaciones a más de 1.300 m. En América algunas minas ya sobrepasan los 2.000 m y es en Sudáfrica, en las minas de Transvaal (oro, platino y cromo), donde se alcanzan las mayores profundidades, pues se trabaja a más de 2.200 m.

2.2.1.2 Revestimiento:

Los pozos en minería deben ser utilizados durante numerosos años, por ello se revisten con materiales que aseguran su perfecta conservación; este revestimiento recibe el nombre de entibación, y los materiales empleados son en la actualidad el hormigón o el acero.

Si el revestimiento es de hormigón suele hacerse a base de dovelas (pieza para formar arcos o círculos) de hormigón prefabricadas, de distintas anchuras y espesores, que se unen entre sí y al anillo posterior y siguiente, quedando perfectamente ensambladas. Si el revestimiento es de acero suelen ser tramos de cilindro que se sueldan entre sí.

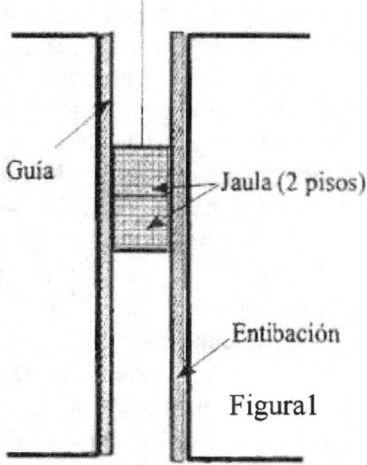

Sobre esta entibación se fijan unas guías metálicas, necesarias para el descenso y la subida de las jaulas (Figura 1), armazón generalmente de hierro con el que se equipa a los pozos para subir y bajar operarios y materiales, y de los *"skips"* preparados principalmente para la subida del mineral y la bajada de materiales de relleno si fuese necesario.

Las minas más modernas disponen de skips de alta velocidad en los que uno sube cuando el otro desciende.

También anclados a la entibación del pozo se hacen bajar otros servicios como son las tuberías de agua, las de aire comprimido y distintas líneas de cables (eléctricos, telefónicos...).

2.2.1.3 Excavación:

Existen distintos métodos de excavación de pozos, en función del tipo de terreno del que se trate y de la profundidad; desde la excavación manual con herramientas neumáticas hasta por explosivos, método que se adapta a todo tipo de durezas. La extracción del material se suele realizar con ayuda de dragas de cuchara manejadas desde una torre situada encima de la boca del pozo en la que se alojan las poleas por las que corre el cable del que pende la draga. El material se vierte en una tolva que carga los camiones directamente para el transporte (Fig.2.4).

La excavación mecanizada (máquinas tuneladoras) no tiene gran aplicación en la construcción de pozos, aunque sí existen aplicaciones para galenas muy inclinadas, pero siempre trabajan de hacia arriba. También trabajando de abajo hacia arriba se hacen prolongaciones de pozos por un método que, aunque no completamente mecanizado, facilita considerablemente la excavación convencional: una jaula para los mineros con una plataforma de trabajo situada encima asciende y desciende eléctricamente o por aire comprimido por una barra de guía anclada a la pared. Una vez elevados los mineros al frente de ataque y ya en la plataforma, taladran la roca y cargan los barrenos; a continuación tanto la jaula como la plataforma se retiran a la galería y se efectúa la voladura. Una vez regada y aireada la zona volada los mineros suben de nuevo arriba y prolongan la barra de guía.

Si el pozo no es muy profundo (menos de 150 m) se utiliza un método que consiste en fabricar un cilindro de hormigón armado del diámetro necesario y con una base cortante (en forma de cuchilla); este cilindro desciende por gravedad al ir vaciando el material con ayuda de la draga de cuchara y gracias a su propio peso y a la acción de la cuchilla. El cilindro se va recreciendo a medida que desciende, a base de piezas prefabricadas o *in situ*. Este método es de los más seguros, aunque tiene la desventaja de no poder alcanzar grandes profundidades ya que la fricción con las paredes crece con el cuadrado de la profundidad (Figura 2).

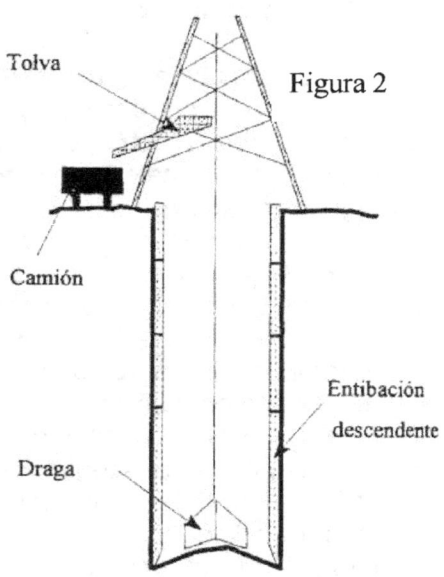

Figura 2

Existen otros tipos de maquinarias para la construcción de pozos como la sonda de percusión, también llamada de caída libre, y la sonda de rotación, pero no se adecuan a las grandes profundidades ni a los diámetros necesarios en la minería.

2.2.2 Galerías:

Podríamos definirlas como pasos subterráneos que permiten el acceso del personal a los frentes de trabajo, el traslado del mineral hasta la estación del pozo, el transporte del material etc. En las galerías se sitúan las vías o cintas transportadoras para la evacuación del mineral y todo tipo de conducciones, desde cables eléctricos hasta tuberías de aire comprimido.

2.2.2.1 Sección:

El tamaño de la sección es muy variable: según la finalidad a la que se destinen pueden ser desde 4m^2 hasta los 20 las mayores. Las más usuales no sobrepasan los 13 m^2 ya que a mayor superficie excavada mayor presión ejerce el terreno, lo que ocasiona graves problemas de sostenimiento. La anchura usual suele ser de unos 4 m que permite la instalación de vía para el tráfico de las vagonetas.

Actualmente su forma tiende a ser semicircular, aunque también se encuentran galerías trapezoidales. En la *solera* se prepara una cuneta, de pendiente muy regular, para la conducción de las aguas que inevitablemente se filtrarán a la galería.

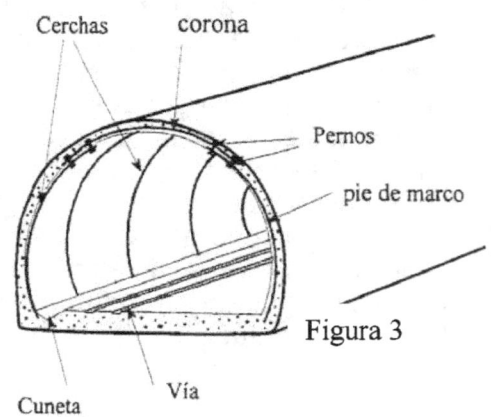

Tramo galería con cerchas metálicas y ho rmigonada

Figura 3

2.2.2.2 Sostenimiento:

Las galerías suelen reforzarse para su sostenimiento de diferentes formas. Aquellas que tienen que durar durante toda la vida de la mina, galerías principales, se refuerzan con cerchas metálicas (delgadas vigas metálicas con forma curva) colocadas cada pocos metros e incluso medio embebidas en hormigón (Figura3). El arco superior, llamado corona, se une a los arcos laterales llamados pies de marco, con pernos (piezas cilíndricas alargadas y metálicas de cabeza redonda en un extremo y provistas de tuerca en el otro).

Otro método de sostenimiento es el bulonado o empernado (Figura 4) que consiste en realizar unos taladros en las zonas que lo requieran o en toda la galería. Según la utilización a la que se destine y la resistencia de la roca, en los taladros se introducen unos pernos de 1 a 4 m de longitud cuya punta se abre al apretar, lo que se produce al enroscar una tuerca en el otro extremo, separada de la pared o bóveda de la galería por una placa. En la actualidad para el anclaje del perno se utilizan unas cargas de resina que introducidas en el fondo del taladro se rompen al introducir el perno, y rellenan el espacio entre el taladro y éste con una sustancia que fragua en pocos minutos.

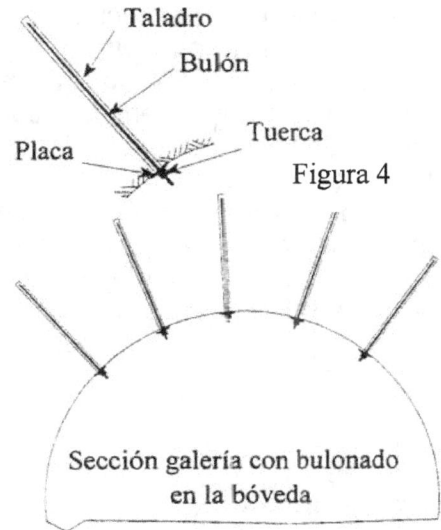

Figura 4

Sección galería con bulonado en la bóveda

2.2.2.3 Excavación:

Las técnicas de excavación, como siempre, dependerán del tipo de terreno. Se utiliza maquinaria rotativa (rozadoras), o por percusión (máquinas que tienen en el extremo de su brazo una *pica* de gran tamaño con la que golpean la roca), o bien explosivos utilizando máquinas que perforan los taladros *(Jumbos)* y otras, que los cargan *(Joy y Einco)*.

La experiencia conseguida en la excavación de galerías en el campo de la minería ha sido de gran importancia para la construcción de túneles como vías de comunicación en obra civil; en el tema 4 se estudian más ampliamente los sistemas de construcción de túneles, que no son más que amplias galerías, distinguiendo sus fases de arranque, carga, transporte y sostenimiento.

2.2.3 Chimeneas y coladeros:

Las *chimeneas* podríamos definirlas como excavaciones estrechas abiertas en el cielo de una labor de minas; sirven, pues, como conexión entre niveles horizontales, como paso para el mineral, el personal o para la ventilación.

No son necesariamente verticales: la inclinación máxima aceptable para la evacuación del mineral suele ser de unos 30° respecto a la vertical. La sección normal ronda los 5 m², y su forma es circular, cuadrada, incluso rectangular. La excavación de las chimeneas suele hacerse de abajo hacia arriba y el método más cómodo es el descrito para la ampliación de pozos (combinación de manual y mecanizado).

Se define como *coladero* el boquete que se deja en el entrepiso de una mina para echar por él los minerales al piso inferior y desde allí sacarlos afuera. Los coladeros también llamados pocillos, se excavan efectuando un taladro, de unos 30 cm. de diámetro, en sentido ascendente, que posteriormente se amplía, en sentido descendente, por medio de explosivos o con perforadoras.

2.2.4 Rampas:

Las rampas, al igual que las chimeneas, sirven como comunicación entre niveles horizontales. Las pendientes más usuales varían entre el 10 y el 15% y su definición espacial puede ser en espiral o en zig-zag. Las rampas permiten la circulación de maquinaria rodante autopropulsada, tanto destinadas a la excavación (rozadoras, taladradoras) como a la carga (palas cargadoras), e incluso para el transporte del material y del personal *(jeeps),* con la ventaja de una gran movilidad.

Las rampas destinadas al transporte del mineral llegan a pendientes del 33 % ya que van equipadas con cintas transportadoras, suelen ser en zig-zag y las más largas parten de niveles muy profundos (más de 1.000 m) y llegan directamente hasta la fábrica, instalada en la superficie.

Los sistemas de excavación son los mismos utilizados para la excavación de galerías, aunque siempre se realizan en sentido ascendente.

Las grandes ventajas de las rampas hacen que en la actualidad se tienda a su utilización frente a otros sistemas de transporte.

2.3 Minas

2.3.1 Descripción

Podríamos definir en el sentido <u>más</u> estricto como mina el criadero o lugar abundante en algún mineral; sin embargo, en general se llama mina al conjunto de pozos y galerías destinados a la explotación de un mineral o de hulla (Figura 5).

Normalmente la comunicación con la superficie se realiza por medio de pozos, aunque en la actualidad se tienden a construir rampas equipadas con cintas transportadoras que llevan el material directamente hasta la fábrica, situada en la superficie, y que también permiten el tránsito de vehículos. En la minas de carbón es obligatoria la existencia de dos pozos (pozos gemelos) que situados en los extremos de la explotación aseguren la ventilación y faciliten las labores de evacuación del personal en caso de necesidad.

La superficie de la mina es el lugar donde se sitúan las instalaciones para el personal, las oficinas, los castilletes de los pozos, es donde se acopia el material estéril (escombreras), etc.

Para explotar el yacimiento normalmente se trabaja por plantas, excavando galerías transversales que arrancan del pozo (estación) y llegan hasta el yacimiento. Estas primeras galerías se suelen llamar vías de base o de transporte. Entonces se comienza la explotación excavando otras galerías, llamadas vías de arrastre principales, de las que partirán las que lleven a los frentes de producción.

Las filtraciones de agua, que siempre se producen, se canalizan a través de las cunetas practicadas en las galerías hasta el pozo, en cuyo fondo se acumulan para posteriormente ser bombeadas

El transporte del material se realiza normalmente con vagonetas sobre vía, desde las galerías principales hasta las de base y desde éstas hasta la estación, donde se descarga en un gran cajón metálico (skip), de carga y descarga automáticas, que lo sube a la superficie.

En la actualidad el transporte por vía se tiende a reemplazar por cintas o bandas transportadoras que operan de la misma manera. El mineral también se puede almacenar en unas grandes cavernas que en los momentos de alta producción o de avería del sistema de extracción al exterior actúan de silos, a la espera de su traslado.

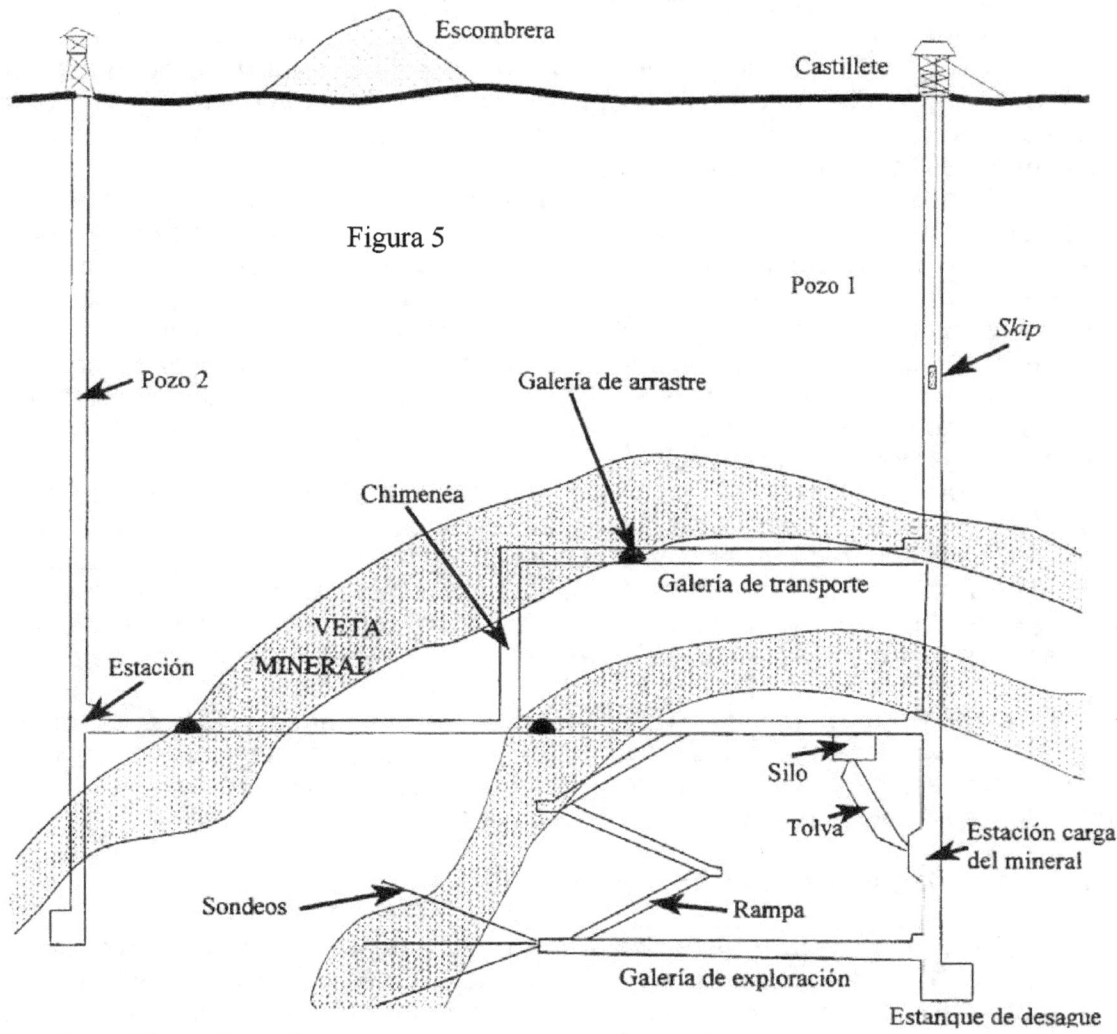

Figura 5

2.3.2 Explotación subterránea:

Para la perfecta explotación de una mina subterránea, es decir, para conseguir productividad y seguridad, es necesario un minucioso estudio de la red formada por los pozos, las galerías, las rampas, las chimeneas y los coladeros (es lo que se llama la planificación de la mina).

En lo que se refiere a los trabajos de excavación, se diferencian los trabajos de acceso al yacimiento y de preparación de los cuarteles (lugar donde se agrupa el personal de la mina) como preparación general, de los de la propia explotación del mineral.

Hablando ya de la explotación del mineral, se distinguen dos grandes formas de explotación subterránea: las explotaciones por relleno, en las que los vacíos de la parte trasera de la excavación se rellenan con materiales estériles, descendidos desde la superficie o producidos por la excavación de galerías en roca; y las explotaciones por hundimiento, en las que se hace derrumbar intencionadamente los terrenos de encima de los huecos que quedan tapados con estos derribos.

Si el relleno o el hundimiento no se hicieran sistemáticamente se producirían, cuando el hueco fuera extenso, grandes derrumbamientos incontrolados que alcanzarían al personal que trabaja en la mina. Sin embargo, sea con relleno o con hundimiento, una explotación, incluso a más de 1.000 m. de profundidad, provoca en la superficie hundimientos, pues las tierras del relleno y los desprendimientos del hundimiento se amontonan progresivamente debajo del peso de los terrenos coronados; no obstante, con relleno los hundimientos en la superficie son menos importantes.

Los hundimientos en la superficie comienzan a manifestarse al cabo de unos meses, de un año o incluso más, según la profundidad y la naturaleza de los terrenos. Duran varios años, hasta que los terrenos se equilibran y recuperan la superficie explotada.

En la superficie, hay no sólo un hundimiento, sino también un desplazamiento horizontal en la dirección de la explotación; el hundimiento, si es en un llano, puede formar un estanque que requerirá de un bombeo para ser desecado, y el desplazamiento horizontal puede provocar fisuras superficiales en los campos y grietas en las construcciones. La zona del borde del hundimiento es la que más afecta a las construcciones, que se desequilibran inclinándose en dirección de la explotación.

Si se quiere evitar que la explotación subterránea afecte a la superficie es necesario realizar una explotación parcial con pilares abandonados capaces de resistir el peso de los terrenos. Estos pilares de mineral, bien cuadrados o bien rectangulares, corresponden del 30 al 70% del yacimiento. Cuanto más profundo sea éste, más importante es la parte de mineral que hay que abandonar; por ello no se practica más que a escasa profundidad, algunos centenares de metros a lo más (canteras subterráneas de yeso, de piedras de construcción, etc.).

El hundimiento es mucho más económico que el relleno, ya que evita los gastos de transporte y la colocación del material estéril. El relleno es conveniente para utilizar los residuos estériles, para evitar subir a la superficie dicho material, y por último cuando el hundimiento sea peligroso (capa de carbón muy densa).

2.3.3 Métodos de explotación (abatimiento):

Según la naturaleza y disposición de los yacimientos se utilizan diversos métodos. Atendiendo a la pendiente o inclinación de la veta los métodos varían desde el caso de un yacimiento alzado o en pila donde se utiliza la gravedad para hacer descender el mineral a la galería de evacuación, situada en la base del bloque, hasta los que a continuación se describen que son los más corrientes y que se aplican a yacimientos de pendiente moderada.

2.3.3.1 Explotación por cortes largos:

Un largo corte forma un frente de ataque al yacimiento de 100 a 300 m de longitud (Figura6). Este largo pasillo queda limitado por el macizo virgen a un lado y al otro por pilares de sostenimiento; estos pilares pueden ser sustituidos por puntales metálicos colocados en líneas paralelas al frente, y sostienen tapas metálicas pegadas al techo asegurando su fortificación lo que permite dejar al descubierto una superficie importante. Entre los puntales y el frente queda paso suficiente para la maquinaria de arranque, siendo esta fortificación progresiva a base de desplazamientos hidráulicos.

Al largo corte se ha llegado desde dos galerías transversales llamadas vía de cabeza y vía de base. El derribo del material se puede llevar a cabo por distintos métodos, dependiendo de la naturaleza de éste: con un largo tiro de explosivos se consigue derribar de una vez 1,5 m de ancho o incluso más; actualmente existen máquinas como las rozadoras, también llamadas fresadoras, cuyo brazo termina en un cabezal provisto de unas herramientas de corte, llamadas picas, que disgregan el material y que producen altos rendimientos hasta con las rocas más duras; otro sistema de arranque es el raspador que, arrastrado por un tractor o por un cable del que tira un cabestrante (grúa), derriba y carga el material en una sola operación.

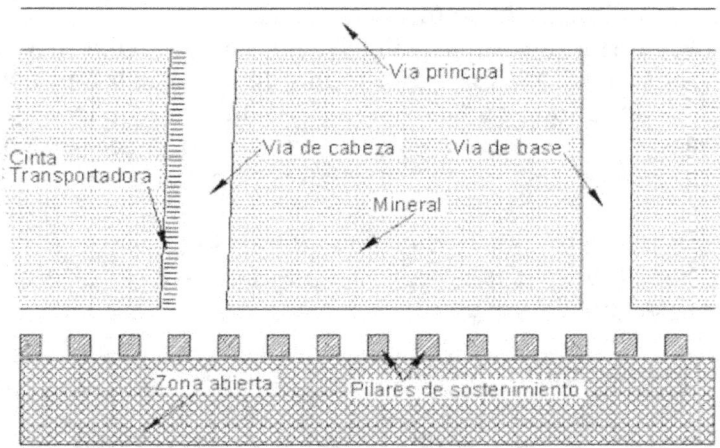

Figura 6

2.3.3.2 Explotación por cámaras y pilares:

A partir de una galería principal se trazan (Figura 7), en una dirección sensiblemente perpendicular, unas anchas galerías (de 4 a 6 m) paralelas y en toda la longitud del bloque a abatir, o sea unos cien metros, estas galerías se llaman cámaras y los espacios de mineral entre ellas pilares; las cámaras se comunican entre sí por unos recortes espaciados realizados en los pilares. Una vez trazadas las cámaras comienza la fase de despilaramiento atacando cada pilar, de una anchura análoga a la de las cámaras, hasta dejar solamente una delgada cortina de mineral.

Este método requiere un techo bastante bueno para aguantar, al menos momentáneamente, sin fortificación.

La maquinaria utilizada para este tipo de explotación es automotor sobre neumáticos, con el fin de poder desplazarse rápidamente de una cámara a otra. Perforadoras y rozadoras se encargarán del arranque, cargadoras sobre vehículos basculantes lo depositarán sobre vagonetas o cintas transportadoras situadas en la vía principal.

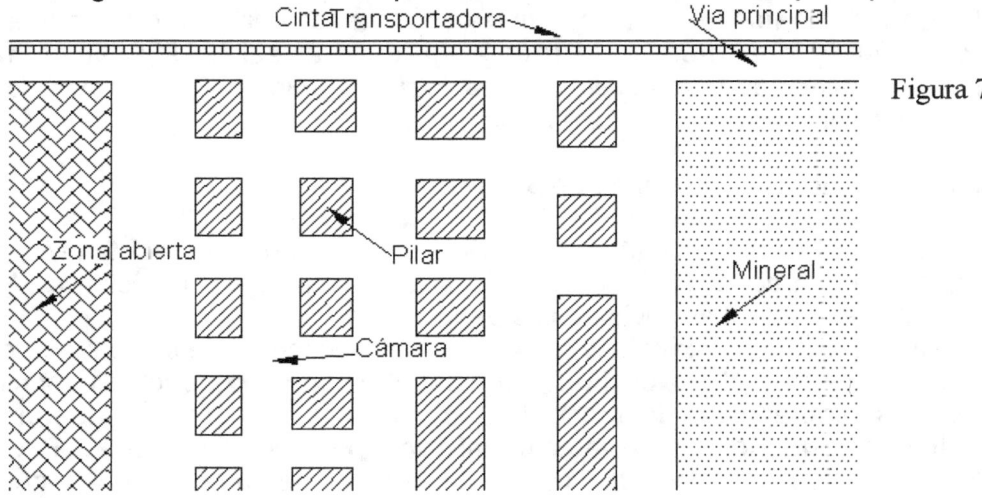

Figura 7

2.4 Trabajos topográficos propios de la explotación minera:
2.4.1 Toma de avances:

En el interior de la mina hay que tomar los datos topográficos necesarios para actualizar los planos de labores. Estos trabajos se denominan toma de avances y se realizan periódicamente, generalmente cada mes.

Convendrá informarse en la oficina del volumen excavado desde la última toma para así poder deducir la longitud aproximada del avance y con este dato localizar el último punto del itinerario interior que continuaremos prolongando; la localización del punto anterior al último será sencilla una vez estemos estacionados, ya que conocemos la distancia entre ellos. Una vez aquí tendremos que tomar los datos necesarios para actualizar los planos de labores.

En el último punto del itinerario utilizado en la toma de avances es conveniente dejar una placa refrectante y la fecha en la que se realizó el trabajo, ya que se facilita enormemente la localización del punto.

2.4.2 Rompimientos mineros:

Es la realización de una labor subterránea proyectada para comunicar dos labores existentes. Puede ser en planta una recta, una curva o la combinación de ambas; en alzado podrá ser horizontal (galería), inclinada (trancada o rampa si es bajando), vertical (pozo) o mixta (galería-trancada, galería-pozo, pozo-trancada).

Pueden comenzar los trabajos de perforación por uno o los dos puntos extremos de la misma, y también por puntos intermedios.

2.4.3 Intrusiones mineras:

Se conoce por intrusión la acción de que un explotador efectúe labores mineras fuera del perímetro de sus concesiones.

En el caso de que la intrusión de las labores sea en terrenos de registros mineros otorgados a otros concesionarios, generalmente no se indemniza a éstos económicamente sino que se les autoriza a extraer un tonelaje aproximadamente igual al que se explotó indebidamente en una zona previamente acordada.

Si no se llega a un acuerdo habría que calcular las toneladas de mineral vendible extraído indebidamente para indemnizar económicamente al concesionario perjudicado, y para ello el *responsable de la topografía* deberá realizar los planos, tanto horizontales como verticales, correspondientes a la intrusión minera, y así poder disponer de datos suficientes para calcular el volumen extraído.

2.4.4 Hundimientos y macizos de protección:

Se hablará de los daños ocasionados en la superficie del terreno por la explotación subterránea, así como también del cálculo del macizo de protección (zona que se deja sin arrancar), necesario para evitar estos daños.

Imaginemos la explotación de una capa de carbón sensiblemente horizontal en la que se utiliza el método de hundimientos. Si suponemos que el esponjamiento de estos materiales desprendidos del techo de la capa es de 1,4, el hueco que producen será igual al vacío dejado por la explotación dividido por este coeficiente. Este nuevo hueco es rellenado a su vez por materiales que se desprenden de su techo, que siguen la misma regla de esponjamiento, y dejan así un nuevo vacío.

Siguiendo este razonamiento, los nuevos huecos son sustituidos por una infinita serie decreciente de volúmenes: es decir, que el volumen total del terreno desprendido es la suma de los términos de una progresión geométrica decreciente e ilimitada, siendo el primer término el hueco causado por la explotación y la razón de decrecimiento 1/1,4.

El conjunto de estos desprendimientos forman una figura irregular que podemos aproximar a la de la pirámide de la cual conocemos la base y el volumen y, por lo tanto, podemos calcular un valor de la altura "H".

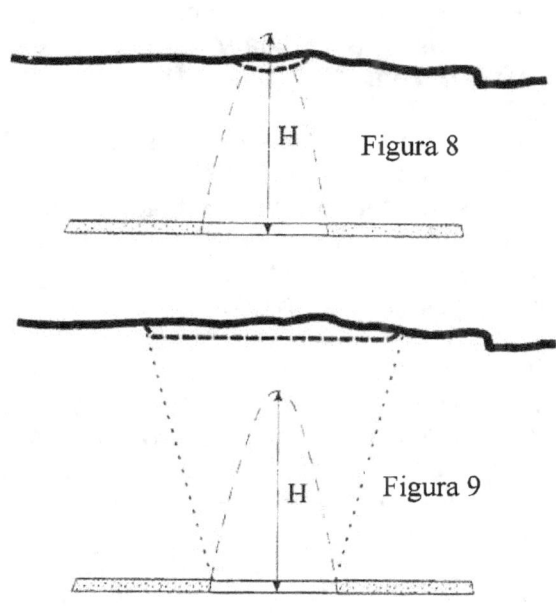

Figura 8

Figura 9

Si las labores subterráneas se encuentran a una profundidad inferior a "H" el hundimiento se declarará en la superficie de una forma brusca (Figura 8). Por el contrario, si las labores se encuentran a profundidad superior a "H" el hundimiento se manifestará en forma de artesa (Figura 9).

La formación de la depresión en el terreno es tanto más rápida y brusca cuanto más se acerca "H" a la distancia de la labor a la superficie. Cuando esta distancia es grande tarda algunos años en manifestarse en la superficie del terreno.

Una vez el hundimiento aflora en la superficie se inicia una segunda fase y la artesa gana paulatinamente en profundidad y extensión, hasta que se restablece el equilibrio del terreno dislocado. Esta fase es de larga duración y provoca grandes depresiones en el terreno que afectan a los edificios y desecan los campos. Las zonas más peligrosas para la estabilidad de los edificios son los bordes de la artesa, zona donde pierden la verticalidad (no así en la base de la misma).

Las medidas a tomar para evitar éstos daños corresponden a la dirección de la mina. El *responsable de la topografía* debe fijar el límite de la zona posiblemente afectada por una explotación subterránea, así como delimitar en el interior los macizos de protección de fincas rústicas o urbanas, y también los macizos de protección de algunas labores mineras, como pueden ser los pozos verticales (de extracción o de servicios).

Para efectuar este trabajo se puede utilizar una tabla en la que la única entrada o argumento es el ángulo de inclinación de la capa, que nos da el valor de los ángulos límites del terreno afectado, siendo Á el que forma con la horizontal el límite que parte del punto más alto de la explotación y B el del más bajo (Figura 10).

TERRENO AFECTADO

Figura 10

EXPLOTACIÓN

Se siguen las mismas reglas cuando se aplica esta tabla a los macizos de protección, teniendo en cuenta que debemos considerar en este caso dos explotaciones (la parte más baja de una y la más alta de otra), límites del macizo (Figura 11).

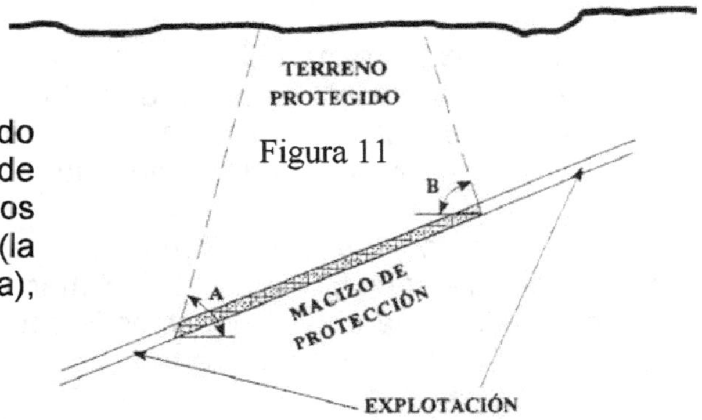

Figura 11

Para el control de las deformaciones producidas en la superficie se situarán varios puntos perfectamente definidos por sus coordenadas XY, obtenidas por métodos de precisión, y su Z resultante de una nivelación geométrica de precisión. Efectuando observaciones periódicas de estos puntos podremos deducir los desplazamientos en X e Y; y los hundimientos en Z.

*"Para finalizar este capítulo se debe hacer una referencia a la **responsabilidad del topógrafo** en la realización de todos estos trabajos, que podríamos resumir así: control de la verticalidad en la excavación y revestimiento de los pozos, en la dirección y pendiente de las galerías y rampas, en las complejas estructuras de la explotación, en la toma de avances, en evitar las intrusiones, e incluso en los controles en la superficie afectada por la explotación."*

2.1 Introducción:

2.2 Vías de penetración en el subsuelo:
.2.1 Pozos:
.1 Sección y profundidad.
.2 Revestimiento.
.3 Excavación.
.2.2 Galerías:
.1 Sección.
.2 Sostenimiento.
.3 Excavación.
.2.3 Chimeneas y coladeros:
.2.4 Rampas:

2.3 Minas:
.3.1 Descripción
.3.2 Explotación subterránea
.3.3 Métodos de explotación (abatimiento):
.1 Explotación por cortes largos.
.2 Explotación por cámaras y pilares.

2.4 Trabajos topográficos propios de la explotación minera:
.4.1 Toma de avances:
.4.2 Rompimientos mineros:
.4.3 Intrusiones mineras:
.4.4 Hundimientos y macizos de protección:

5.1 Introducción:

La topografía subterránea se realiza en dos campos de la ingeniería, que son la minería y las obras civiles.

En este capítulo se desarrollará exclusivamente lo referente a los levantamientos topográficos subterráneos, aunque se haga mención en algún momento a los trabajos de replanteo de los que se hablará en profundidad en el siguiente capítulo.

Hay circunstancias en las que es necesaria la realización de un levantamiento topográfico subterráneo como ocurre en las explotaciones mineras, en las que es una obligación legal el mantener al día los planos de las labores, o en la obra civil, en el caso de ampliación o mejora de túneles, ya sean de carreteras, de ferrocarril, de canales, o de Metro y alcantarillado en las grandes ciudades.

En principio los trabajos subterráneos siguen las mismas pautas que los realizados en el exterior aunque con características especiales debidas a las condiciones mismas del trabajo bajo tierra.

La falta de luz natural obliga a utilizar aparatos con iluminación interior así como a identificar puntos a observar.

En ocasiones las galerías son estrechas y los aparatos no se podrán estacionar sobre trípode para no obstaculizar el paso de maquinaria y personal. También suelen ser sinuosas, con lo que el trabajo será lento. Incluso se han ideado aparatos para facilitar este tipo de trabajos.

Otros inconvenientes serán la humedad, los fuertes ruidos cuando hay maquinaria trabajando, o el silencio, la falta de ventilación..., características del trabajo a las que el topógrafo deberá habituarse.

5.2 Distribución de la planimetría y la altimetría:

Todo levantamiento subterráneo debe apoyarse en una red exterior cuya función es dar coordenadas a todos los puntos de comunicación con el interior así como hacer el levantamiento de los detalles exteriores que se precisen.

La red exterior planimétrica constará de una triangulación, o un itinerario de precisión, o ambas cosas a la vez, según sea la extensión de la zona, y se intentará que los puntos de comunicación con el interior coincidan con vértices de la triangulación o el itinerario; en la actualidad, también los sistemas de posicionamiento global (GPS) son perfectamente utilizables para estos trabajos, siendo su mayor ventaja el menor número de puntos a determinar. La red altimétrica tendrá como objeto dar cota a estos puntos y a todos aquellos que se precisen.

La transmisión del trabajo del exterior al interior será directa, como simple prolongación de las redes tanto planimétricas como altimétricas al interior, en el caso de que la comunicación sea a través de rampas o escaleras o incluso sea por las bocas del túnel. Sin embargo, en ocasiones la comunicación será a través de pozos, sobre todo en el caso de minas; entonces el enlace constará de las siguientes fases:

Desde el punto de vista planimétrico habrá que transmitir coordenadas y acimut por los métodos que se estudiarán mas adelante. Y desde el punto de vista altimétrico se transmitirá la cota midiendo la profundidad del pozo.

Por último los trabajos en el interior constarán de un itinerario principal que se apoyará en los puntos transmitidos desde el exterior, unos itinerarios secundarios, para concluir con el levantamiento de los detalles. La red altimétrica interior dará cota a los vértices de los itinerarios.

5.3 Trabajos en el exterior:

Como ya se ha dicho el objeto de estos trabajos es dar coordenadas (X, Y, Z) a todos los puntos de comunicación con el interior, y también el levantamiento topográfico de aquellas zonas de interés, como pueden ser en el campo de las explotaciones mineras, las edificaciones existentes en la concesión, las escombreras, las instalaciones de la propia explotación, etc.; en obra civil serán de interés las zonas que puedan verse afectadas por algún proyecto provisional como pueden ser el proyecto de caminos de acceso a la obra, el montaje de una planta de hormigonado, oficinas, almacenes, etc.; o por algún proyecto definitivo (nuevos enlaces, variantes de la antigua carretera o línea férrea o canal...).

Las escalas utilizadas en este tipo de trabajos son grandes, 1:1.000 o 1:500, e incluso en zonas concretas se utiliza la escala 1:200. Por ejemplo para el levantamiento topográfico de la zona de las boquillas de un túnel, o en levantamientos de precisión como son los de túneles ya construidos en los que se pretende proyectar el encaje de una vía férrea.

Si consideramos que en todo levantamiento se debe conseguir que cualquier punto representado tenga una precisión no inferior al error gráfico, la quinta parte del milímetro a la escala en la que estemos trabajando, nos daremos cuenta que una triangulación o bien un itinerario de precisión es imprescindible. Por ejemplo en trabajos a escala 1:200 en cualquier punto radiado se debe asegurar una precisión de 20/5 cm., es decir de 4 cm.

Según los medios de los que se disponga se decidirá el método topográfico a seguir en la observación de la red exterior. Si sólo disponemos de taquímetro lo más adecuado será la realización de una triangulación con el fin de asegurar la precisión requerida; si disponemos de una estación total de precisión adecuada, el método aconsejable podrá ser el itinerario.

5.3.1 Triangulación:

Se intentará que los vértices de la triangulación estén en las proximidades de los puntos de comunicación con el interior, o mejor aún, que coincidan con dichos puntos.

Seguirá las mismas pautas aplicadas a cualquier triangulación, es decir, que los triángulos sean lo más próximo a equiláteros, y en ningún caso existan ángulos inferiores a 25 g o superiores a 175 g.

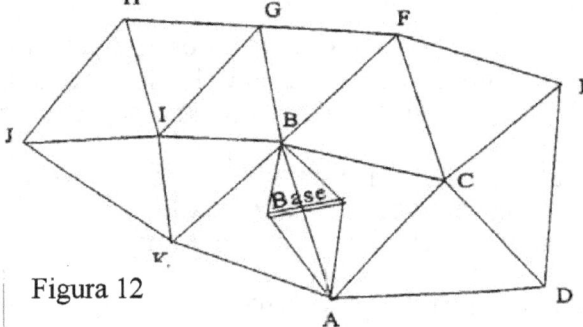

Figura 12

Los lados de los triángulos en general suelen ser cortos, varios centenares de metros. La medición de la base, con cinta metálica o con estadía horizontal si no disponemos de distanciómetro, y su posible ampliación no ofrecerá ninguna dificultad; deberá ocupar un lugar centrado dentro de la triangulación y realizarse con la mayor precisión ya que no olvidemos que será el dato de partida para el cálculo de la triangulación, no midiéndose después más que ángulos (Figura 12).

La orientación de la base convendrá que sea astronómica, ya que nos servirá para comprobar la declinación de las brújulas y declinatorias que se puedan usar en el interior.

Si en la zona de trabajo o en sus proximidades existen dos vértices geodésicos los enlazaremos con la triangulación, con lo cual el acimut será conocido y además trabajaremos en un sistema de proyección (UTM) que permitirá enlazar nuestro levantamiento con otros colindantes o con futuros proyectos.

5.3.2 itinerario:

Las estaciones totales y los distanciómetros que existen actualmente en el mercado consiguen precisiones milimétricas en la medida de distancias, por lo que se suele sustituir la triangulación por un itinerario de precisión.

Este itinerario debe ser siempre encuadrado, es decir, que parta y que llegue a puntos de coordenadas conocidas, y en ningún caso se debe dejar colgado, volveríamos al punto de partida realizando entonces el llamado itinerario cerrado. Al igual que en el caso de la triangulación, lo enlazaremos con vértices geodésicos próximos a la zona.

El itinerario también será complemento de la triangulación cuando no se haya podido situar algún vértice de ésta en el punto de comunicación con el interior o no se hayan podido tomar detalles exteriores necesarios por falta de visibilidad. En estos casos el itinerario será de vértice a vértice de la triangulación.

5.3.3 Altimetría:

Las cotas trigonométricas que se han obtenido con el cálculo de la triangulación o del itinerario tienen precisión suficiente para dar cota a los puntos radiados en el levantamiento de los detalles exteriores.

Sin embargo será necesaria una nivelación por alturas que dé cota a los puntos de comunicación con el interior y a otros puntos, de los que se partirá cuando haya que realizar trabajos exteriores como el replanteo de rasantes de caminos o de rasantes de carriles, o para dejar cota de precisión en edificaciones o terrenos que se tema que puedan ser afectados por los hundimientos mineros en el caso de explotaciones mineras.

Siempre que sea posible se partirá, en la realización del itinerario altimétrico, de puntos de Nivelación de Alta Precisión (NAP) y por supuesto la nivelación será cerrada entre dos puntos, o de ida y vuelta si sólo disponemos de uno conocido.

5.4 Trabajos de enlace con el interior:

Cuando la comunicación con el interior sea por las bocas (extremos) de un túnel o bien por rampas en una explotación minera, la transmisión de los datos del exterior al interior será directa, como simple prolongación de los itinerarios exteriores, tanto planimétricos como altimétricos, al interior.

Pero cuando la comunicación sea a través de pozos, las dificultades serán mayores, debido a la escasa longitud de los tramos a transmitir, obligada por el diámetro de los pozos, y a la gran profundidad de éstos sobre todo en minería (varios centenares de metros).

A continuación se describirán, para una mayor claridad, los distintos procedimientos o métodos utilizados para la transmisión de la planimetría a través de un pozo, y posteriormente los utilizados para la transmisión de la altimetría, aunque se intuirá que en algún caso podría realizarse al unísono.

5.4.1 Transmisión de la planimetría

Consistirá en trasladar al menos dos puntos, uno de los cuales sea de coordenadas (X, Y) conocidas y defina con el segundo una línea de acimut conocido.

La precisión en la transmisión del punto de coordenadas conocidas dependerá de las necesidades impuestas por el tipo de trabajo a realizar y también del método utilizado. No obstante, la imprecisión obtenida se mantendrá como valor constante en la prolongación de los itinerarios interiores del túnel o de la mina, es decir, que no tendrá trascendencia en el levantamiento.

No ocurrirá lo mismo en la transmisión del acimut, ya que un error o una precisión inferior a la exigida provocará un giro en el itinerario interior y el error cometido irá aumentando progresivamente hasta el final de dicho itinerario.

La transmisión del punto de coordenadas conocidas se suele efectuar dentro de las operaciones de transmisión del acimut, por lo que nos iremos refiriendo a esta fase en cada uno de los métodos de transmisión del acimut que a continuación se describen.

La transmisión de(acimut es la operación más delicada y en la que deben extremarse al máximo las precauciones; como ya se ha comentado, un error en el acimut de partida imprime un giro a todo el itinerario, circunstancia posible de subsanar cuando el itinerario vaya encuadrado entre dos puntos conocidos. Pero si el itinerario fuese cerrado, por no haber más que una sola comunicación con el exterior, no habría medio de comprobar el giro.

Este defecto puede tener muy graves consecuencias en el caso de replanteos: si se trata de las galerías de una mina y el error es grande puede conducir a litigios por invadir alguna concesión colindante; si se trata del replanteo de túneles, los cuales se suelen excavar desde las dos bocas para encontrarse en el centro, un error provocaría un encuentro defectuoso o, peor aún, si el error es grande, podría ocurrir que ambos túneles se cruzasen.

5.4.1.1 Comunicación directa:

Cuando la transmisión del acimut se realiza por rampas o pozos inclinados, o como en el caso de túneles, por las bocas, o incluso por escaleras como en el del Metro, esta operación no ofrece grandes dificultades ya que se reduce a la simple prolongación de los itinerarios exteriores al interior, con un mayor o menor número de tramos según el caso.

5.4.1.2 Comunicación por un pozo:

Si la transmisión del acimut al interior de un túnel se lleva a cabo por pozos intermedios, o si se trata de orientar las labores mineras correspondientes a las diferentes plantas de un pozo vertical, el problema se complica y, según los medios de los que se disponga o de la precisión que se necesite, se le puede dar diferentes soluciones.

Los métodos usuales para la transmisión del acimut son los siguientes:

a) *Por medio de plomadas*
b) *Con taquímetro o teodolito*
c) *Con rayo láser*
d) *Con brújulas o declinatorias*
e) *Por métodos giroscópicos*

El inconveniente común a todos los métodos de transmisión del acimut a través de un solo pozo, estriba en la corta longitud que puede tener el lado que sirve de base en el fondo de pozo, y que necesariamente es menor que el diámetro del mismo.

a) Por medio de plomadas

a. 1) Con plomadas de gravedad

Son plomadas de gran peso que penden de un hilo de acero o de invar de 1 o 2 mm. de diámetro y de hasta 1.000 m de longitud. El hilo va enrollado en un tomo que dispone de freno para evitar un descenso muy rápido y para detenerlo en el momento que convenga.

Del extremo del hilo pende una plomada cuya misión es la de tensar dicho hilo. El peso de la plomada es proporcional a la profundidad del pozo, oscilando entre 15 Kg para profundidades de 100 m y 100 Kg para profundidades de 1.000 m (sólo alcanzables en explotaciones mineras).

Es el método clásico, aunque tiene el inconveniente de ser de realización lenta; consiste en utilizar dos plomadas que señalen un plano vertical cuyo acimut se determina desde el exterior y trasladarlo después al interior del túnel o galería mediante la observación de los hilos por medio del teodolito.

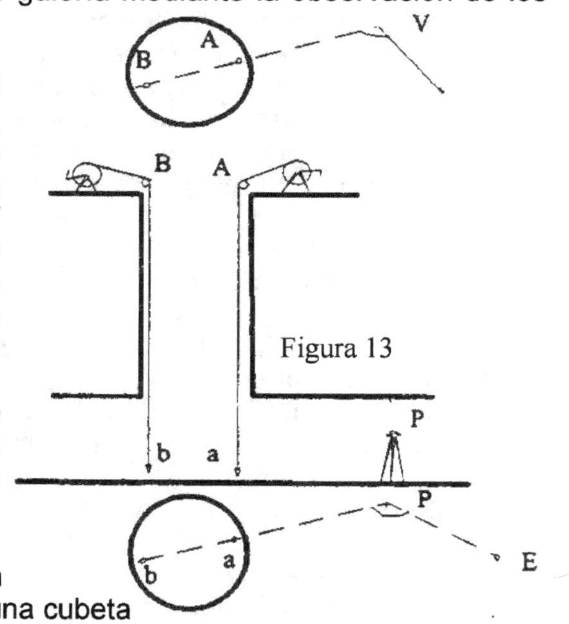

Para ello desde el punto V, punto de la red exterior más próximo a la boca del pozo, replanteamos la alineación VAB, siendo A y B dos polea que alineamos desde V y por las que se hará pasar el hilo de las plomadas (Figura 13). Desde V visaremos a otro punto de la red exterior y mediremos el ángulo en V por lo que la alineación VAB será de acimut conocido. También mediremos la distancia VA, con lo que obtendremos las coordenadas de A.

Figura 13

Los hilos de las plomadas que pasan a través de las poleas materializarán el plano vertical de acimut conocido, una vez que consigamos que cese la oscilación y alcancen su posición de equilibrio.

Para conseguir la estabilidad de los hilos se pueden acoplar unas aletas a las plomadas e introducirlas en una cubeta con algún líquido oleaginoso. Como ejemplos ilustrativos, en un pozo de 300 m. de profundidad al cabo de 1 hora las oscilaciones de las plomadas son prácticamente imperceptibles a través del teodolito; en el caso de un pozo de 500 m de profundidad al cabo de 3 horas la oscilación es inapreciable con el teodolito. Estas oscilaciones residuales son muy lentas, por lo que hay veces que para ganar tiempo se coloca una escala horizontal graduada en la parte posterior del hilo, se observan los extremos de la oscilación sobre la escala graduada y se sitúa el hilo vertical del retículo del aparato en el promedio de las lecturas.

Existen diversos métodos para una vez materializado el plano vertical de acimut conocido por medio de las plomadas en el fondo del pozo, trasladarlo al primer eje de nuestro itinerario interior:

a.1.1) Alineándose

- Colocando el teodolito en la alineación por tanteos

Como se intuye por el título, colocándose el aparatista en línea con las plomadas, se estaciona el aparato en un punto aproximado. A continuación se visa a los hilos de las plomadas, observando cómo al enfocar a uno queda desenfocado el otro; es lo más probable que en un primer intento no se vean los hilos de las dos plomadas alineados, por lo tanto debe moverse el teodolito desplazándolo sobre la plataforma nivelante. Esta operación se repetirá tantas veces como sea necesario hasta conseguirlo.

- Calculando el desplazamiento necesario para conseguir la alineación (Figura 14)

Sean P y P' las dos plomadas y M' la posición del taquímetro en una primera aproximación. Si M es la posición correcta de éste, y P" es la prolongación de la alineación M' P a la altura de P', por triángulos semejantes, podemos decir que:

Figura 14

$$M'M = \frac{P'P'' \times PM'}{PP'} \quad (1)$$

siendo conocidas las distancias PP' y la PM' por haberlas medido con anterioridad, teniendo un extremo cuidado en, al hacerlo, no tocar las plomadas, y P'P" una distancia estimada al compararla con el grosor conocido del hilo de la plomada 'que debe aparecer en el campo del anteojo.

a.1.2) Midiendo el ángulo de error en M

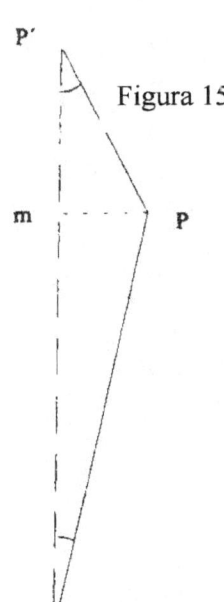

Figura 15

Sean P y P' las dos plomadas y M la posición del taquímetro (Figura 15). En el triángulo MPP', el ángulo en M lo leemos en círculo directo e inverso y varias veces. El ángulo en P' será la incógnita ya que una vez conocido es fácil deducir el acimut de la alineación P'M y trasladarlo a nuestro primer eje. Según la figura, siendo el ángulo en M y en P' muy pequeños y midiendo la distancia MP con una cinta, podemos decir que

$$mP = \frac{M'' \times MP}{r'} \qquad mP = \frac{P'\,'' \times P'P}{r''} \quad (2)$$

- Estacionando a los dos lados del pozo

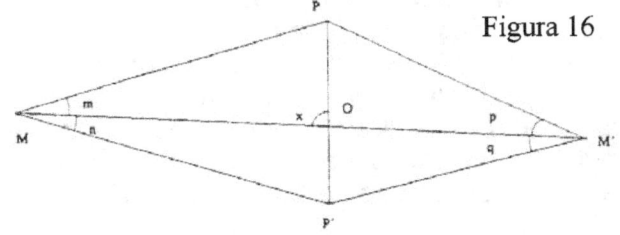

Figura 16

En este caso, la ventaja es que no intervienen las distancias para el cálculo del acimut. De los triángulos OPM y OP'M (Fig. 5.5) podemos deducir

55

$$\frac{OP}{\text{Seno } m} = \frac{OM}{\text{Seno}(x + m)} \qquad \frac{OP'}{\text{Seno } m} = \frac{OM}{\text{Seno}(x - n)} \qquad (3)$$

Dividiendo estas dos igualdades:

$$\frac{OP \times \text{Seno } n}{OP' \times \text{Seno } m} = \frac{\text{Seno}(x - n)}{\text{Seno}(x + m)} \qquad (4)$$

Y despejando, obtenemos:

$$\frac{OP \times \text{Seno}(x - n)}{OP' \times \text{Seno}(x + m)} = \frac{\text{Seno } m}{\text{Seno } n} \qquad (5)$$

De la misma manera, de los triángulos OPM' y OP'M' deducimos que:

$$\frac{OP}{OP'} = \frac{\text{Seno}(x + q) \times \text{Seno } p}{\text{Seno}(x - p) \times \text{Seno } q} \qquad (6)$$

Como los dos primeros miembros de las ecuaciones son iguales también lo serán los segundos.

Seno(x – n) x Seno m x Seno(x – p) x Seno q = Seno(x + q) x Seno p x Seno(x + m) x Seno n

(7)

En esta ecuación hay una única incógnita que es el ángulo x, quitando denominadores, dividiendo por (seno x .cos x), haciendo el segundo miembro de la ecuación obtenida igual a cero y dividiendo por (seno n seno m seno p seno q), obtendremos la siguiente fórmula

$$\tan x = \frac{(\cotg m + \cotg n + \cotg p + \cotg q)}{(\cotg n \times \cotg p - \cotg m \times \cotg q)} \qquad (8)$$

Conocido ahora el ángulo x, se deduce fácilmente el acimut de la alineación MM'.

-Observando tres plomadas alineadas
Las tres plomadas deberán estar en el mismo plano vertical y las de los extremos equidistantes de la central. La dirección que definen debe ser aproximadamente perpendicular al eje longitudinal del túnel o de la galería de acceso al pozo vertical (Figura 17).

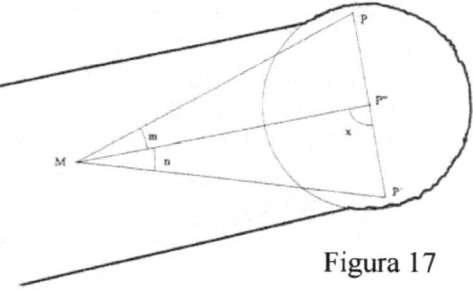

Figura 17

56

En el triángulo MPP":

$$\frac{PP''}{Seno\ m} = \frac{MP''}{Seno\ (x-m)}, \qquad (9)$$

De la misma manera, en el triángulo MP"P'

$$\frac{P'P''}{Seno\ n} = \frac{MP''}{Seno\ (x+n)'} \qquad (10)$$

Dividiendo estas dos igualdades miembro a miembro, y como las distancias PP" y P"P' son iguales por construcción tendremos:

$$Seno\ n \times seno\ (x-m) = seno\ m \times seno(x+n), \qquad (11)$$

expresión en que la única incógnita es el ángulo "x". Desarrollándola obtendríamos la siguiente formula:

$$tg\ x = \frac{(2 \times seno\ m \times seno\ n)}{seno\ (n-m)} \qquad (12)$$

Conocido el ángulo x se deduce con facilidad el acimut de la alineación MP".

En este caso que acabamos de describir, aunque no interviene en la fórmula la medida de las distancias entre las plomadas, es muy importante conseguir la máxima precisión en la igualdad de éstas, ya que la falta de precisión en este dato afectará a la transmisión del acimut y podría provocar un giro en todo el itinerario interior, mientras que una imprecisión en la medida de la distancia solo se trasladaría como valor constante.

Es obvio señalar que en todos los métodos que hemos expuesto, los ángulos deben medirse con la máxima exactitud, y que las lecturas debe hacerse en círculo directo e inverso y repetidas veces.

Una vez realizada la observación angular, más delicada, tomaremos la distancia al punto (plomada) de coordenadas conocidas. Obtendremos así las coordenadas del punto de estación y finalizaremos de esta manera la transmisión de la planimetría.

La precisión obtenida con el método de plomadas de gravedad es muy variable, dependiendo de la profundidad de los pozos, la ventilación, etc.

a.2) Con plomadas ópticas

Cuando la profundidad del pozo no excede de 200 m, se opta por utilizar plomadas ópticas de gran precisión o anteojos cenit-nadir. Son aparatos que, montados sobre la misma base nivelante del teodolito, son capaces de transmitir una visual al cenit, al nadir, o a ambas direcciones. La precisión obtenida varía entre 1 mm. a 30m hasta 1 mm. a 100 m en los más sofisticados.

La condición de que la profundidad no sea excesiva (inferior a 200 m) se debe a que la visual se vea afectada por el aumento de la temperatura con la profundidad (grado geotérmico), además de la humedad y del polvo en suspensión. Todo ello origina una serie de perturbaciones en la visual (refracción, vibración de las imágenes, etc.).

Cualquiera de los métodos utilizados con las plomadas de gravedad puede ser seguido utilizando una plomada óptica, con la ventaja de poder transferir al fondo del pozo puntos. No obstante, también se puede estacionar en los mismos; de este modo la transferencia se hace de forma directa, sin necesidad de cálculo auxiliar alguno.

b) Uso del teodolito o taquímetro

Este método sólo es aplicable al caso de pozos poco profundos y de gran diámetro.

Por lo que respecta a la profundidad podemos resumir diciendo que hasta 100 m de profundidad las visuales ópticas son buenas, entre 100 y 200 m empiezan a ser regulares, y a partir de esta profundidad se producen altas vibraciones y mala calidad en las imágenes.

El fundamento del método es el mismo que en el caso anterior, con la diferencia de que el plano vertical se materializa con el teodolito, en lugar de utilizar las plomadas, de las siguientes manean:

b. 1) Estacionando el teodolito en el exterior

El aparato empleado debe estar equipado con accesorios que le permitan efectuar visuales al nadir (ocular acodados, ocular para visual inclinada, prisma ocular...). Antiguamente se fabricaban teodolitos con anteojo excéntrico, lo que permitía efectuar este tipo de visuales leyendo el limbo en las dos posiciones del anteojo y calculando el promedio. Actualmente están en desuso.

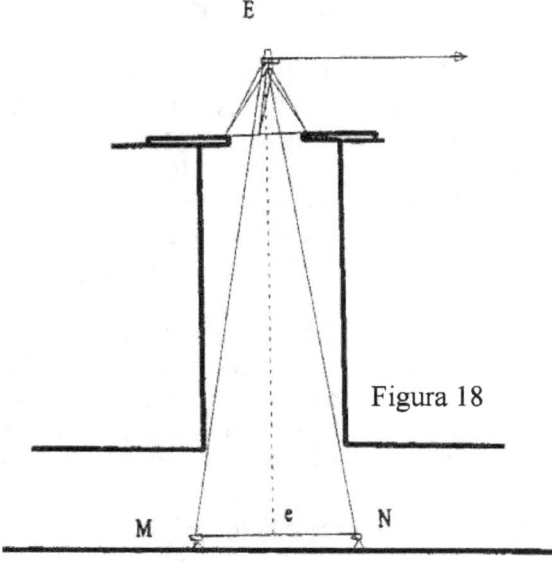

E

Figura 18

Con el teodolito clásico la forma de operar es la siguiente: en la boca del pozo se construye un andamio para el teodolito, y una plataforma independiente para el operador, montando el trípode de manera que no estorbe a la realización de las visuales nadirales.

Siendo conocido el punto de estación y visando a otro también conocido, se define la alineación que queremos trasladar al interior.

Cabeceando el anteojo en dirección al nadir, bajo las indicaciones del operador, unos ayudantes tienden en el fondo un hilo metálico tenso y cuyos extremos puedan desplazarse, haciéndolo coincidir, en la mayor extensión posible, con el hilo vertical del retículo; en esta posición se señalan unos puntos M y N simétricos con respecto al eje principal del aparato. (Figura 18).

De esta manera hemos conseguido materializar en el fondo del pozo una alineación MN de acimut conocido y cuyo punto medio es de coordenadas conocidas.

b.2) Estacionando el teodolito en el fondo

También en este caso, el teodolito debe ir equipado con elementos que le permitan efectuar visuales cenitales. Estacionando el teodolito en el interior del pozo, dirigiremos la visual al primer punto de nuestro itinerario interior (P) y después señalaremos por tanteos en la superficie los puntos M y N en el plano vertical que contenga a la visual a P. Enlazando los puntos M y N con la red exterior, obtendremos el acimut (Figura 19).

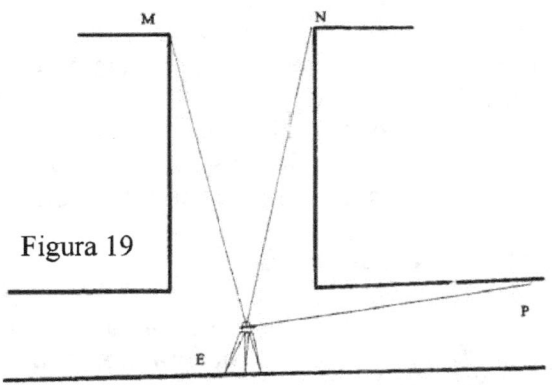

Figura 19

b.3) Utilizando el prisma pentagonal

El prisma pentagonal es un accesorio que se acopla en el objetivo del teodolito. Un contrapeso se coloca en el extremo del ocular. La montura del prisma puede girar por sí misma, y esta rotación hace describir al eje de puntería un plano perpendicular al eje óptico del anteojo.

Su principal utilización es la del traslado de una dirección dada a otro nivel. Para conseguir lo anteriormente expuesto se procederá de la siguiente manera:

Primeramente se construirá un andamiaje en la boca del pozo sobre el que se pueda estacionar el teodolito y que no dificulte la observación del fondo. También se construirá una plataforma independiente para el operador.

Sea "E" el punto de coordenadas conocidas sobre el que se estaciona el aparato, y "P" un punto de la red exterior, también de coordenadas conocidas (por lo tanto la alineación EP será de acimut conocido (Figura 20)).

En el fondo del pozo se sitúan dos escalas, lo más alejadas entre sí posible y en una dirección que sea sensiblemente perpendicular a la de la orientación que se desea transmitir.

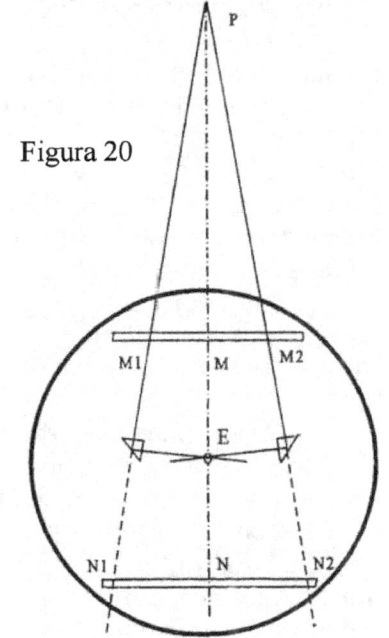

Figura 20

Se estaciona el teodolito en el punto E, con el prisma ya colocado en el objetivo del anteojo; se coloca la lectura 100^9 en el limbo vertical; y se visa al punto P girando la alidada y basculando el prisma. En este momento se anota la lectura del limbo vertical que será sensiblemente 100^9. Se bascula el prisma, con precaución, hacia abajo hasta que aparezca la primera escala, y se anota la lectura M1 que marca el hilo vertical del retículo sobre dicha escala. Se prosigue el giro hasta ver aparecer la segunda escala, y se anota la lectura N 1.

A continuación se gira la alidada 200^9 y se busca nuevamente el punto P con pequeños movimientos horizontales y basculando el prisma hasta que aparezca en el campo óptico; se obliga a coincidir la lectura del limbo vertical con la leída en la posición anterior; se comienza a girar el prisma hacia abajo hasta conseguir de nuevo ver la primera escala y anotar la lectura M2, y ver la segunda y anotar la lectura N2.

59

Las medias (M y N) de las lecturas en cada escala, definen la dirección EP en el fondo del pozo, ya que lo que hemos conseguido materializar en el fondo, es la intersección con las escalas de dos planos simétricos respecto del plano vertical que pasa por la alineación de acimut conocido.

Repitiendo el proceso con una inclinación del anteojo ligeramente distinta, se obtiene un control de los valores medios M y N.

La precisión, según el fabricante, en una puntería es de 1,5 mm. en 100 m.

c) Uso del rayo láser

El rayo láser materializa una visual que puede ser interceptada por una pantalla definiendo un punto, normalmente de color rojo. La aplicación del rayo láser en el campo de la topografía es cada vez mayor. Describiremos las características del rayo en el siguiente capítulo ("Replanteo de túneles") ya que es donde su aplicación facilita una gran serie de operaciones topográficas.

Una de las presentaciones comerciales consiste en un productor de rayos láser que unido al ocular de algunos aparatos topográficos por medio de un cordón metálico flexible, consigue transmitir el haz láser en coincidencia con el eje de colimación del aparato. Este ocular láser permite materializar en el espacio cualquier dirección.

Si disponemos de un teodolito con ocular de rayos láser, la forma de operar será idéntica a la descrita para teodolito o taquímetro, con la ventaja de que puede utilizarse a mayor profundidad y de que la materialización de la señal, tanto si operamos desde el exterior como si lo hacemos desde el interior, es directa.

Si es a una plomada óptica de precisión o a un anteojo cenit-nadir a los que se les acopla el ocular láser, las ventajas serán las mismas.

También existen emisores láser que llevan acoplados un nivel tórico y que estacionados en unas plataformas especiales transmiten el rayo al cenit o al nadir, aunque no consiguen la precisión requerida para el tipo de trabajo del que estamos hablando a más de 100 m de profundidad. No obstante, existen algunos que permiten el giro alrededor de su eje vertical. En este caso, una vez calada la burbuja del nivel tórico, giraríamos lentamente el aparato un círculo completo comprobando que el punto luminoso en el fondo del pozo permanece inalterable en su posición, garantía de que el eje materializado por el láser es vertical. De no ser así el punto luminoso habría descrito un círculo cuyo centro sería el punto que buscamos.

d) Uso de brújulas y declinatorias

Debido a las perturbaciones magnéticas provocadas por los soportes metálicos, las líneas eléctricas, la mecanización de las explotaciones, los carriles de hierro, el uso de la brújula tiende a desaparecer. Sólo si las circunstancias lo permiten, la usaremos, ya que es el método más sencillo y cómodo para determinar el acimut.

El instrumento está formado, en general, por una brújula circular de anteojo céntrico, o bien excéntrico. El anteojo excéntrico permite hacer visuales nadirales y cenitales; el error debido a la excentricidad del anteojo se compensa visando al punto en las dos posiciones y anotando la lectura media.

Las brújulas, aun las más perfectas, no son instrumentos de precisión, pues su apreciación máxima es de 10 ^{mts}.

Más precisos son los taquímetros con declinatoria, accesorio que se atornilla en el montante del teodolito y que permite la orientación del círculo horizontal hacia el norte magnético. Si la declinatoria lleva acodados los extremos de la aguja, de manera que se percibe la superposición de ambos, se puede conseguir una precisión de 5 ^{mts}.

Otro instrumento es la brújula teodolito Wild "TO", el más pequeño de los fabricados por esta casa, y que permite apreciar el minuto centesimal. La particularidad de este modelo es que su limbo puede permanecer fijo, modo en el que se utiliza como teodolito, pero al desbloquear una palanca queda libre y se auto-orienta por ir solidario a un imán, convirtiéndose en brújula.

Cualquiera que sea el instrumento magnético utilizado, lo primero que haremos será comprobar la declinación. Para ello operaremos de la siguiente manera:

Con la Brújula:

Estacionaremos en un vértice de la triangulación exterior a media mañana, ya que la oscilación magnética diurna alcanza su valor medio a esta hora; visaremos a todos los vértices posibles, y a los rumbos leídos restaremos los respectivos acimutes, previamente calculados; el promedio de las diferencias será el valor de la declinación en ese momento. A continuación trasladaremos la misma brújula al fondo, leeremos el rumbo del primer eje del itinerario interior y restando la declinación obtendremos el acimut.

Con las declinatorias de los taquímetros:

Al igual que con la brújula, estacionaremos en un vértice de la triangulación a media mañana, señalaremos en el limbo la lectura cero y con el movimiento general del aparato calaremos la declinatoria (en este momento lo tendremos orientado al norte magnético); entonces con el movimiento particular observaremos a los otros vértices, obtendremos rumbos que restando a los acimutes calculados nos permitirá obtener el valor de la declinación.

Además de las declinatorias existe otro accesorio para el taquímetro mucho más preciso llamado magnetómetro, que va colocado encima del taquímetro; la brújula se ha sustituido por un imán que pende de un hilo de cuarzo y las oscilaciones se perciben por reflexión de un rayo de luz en un espejo unido al hilo. Con este aparato se consiguen precisiones del cuarto de minuto centesimal.

El magnetómetro se suele utilizar para obtener valores de la declinación en la superficie a distintas horas del día, mientras se trabaja en el interior utilizando brújulas.

Se deduce que en este caso, una vez transmitida la orientación al fondo del pozo, nos faltaría transmitir un punto de coordenadas conocidas. Para ello emplearíamos cualquiera de los métodos ya descritos: plomada de gravedad, anteojo cenit-nadir, o emisor de rayo láser.

e) Con teodolito giroscópico

En 1852, Léon Foucault acababa su exposición en la Academia de Ciencias francesa así: "Sin el concurso de un instrumento astronómico, la rotación de un cuerpo en la superficie de la tierra basta para indicar el plano meridiano y la latitud del lugar".

Su aparato, que él llamaba giroscopio, está formado por una masa pesada sujeta por una suspensión Cardan (Figura 20). A esta masa se le imprime un rápido movimiento de rotación alrededor de su eje AA' que va encajado en un doble soporte circular, el primero con eje horizontal BB' y el segundo con eje vertical CC' montado sobre el primero. El centro de gravedad de todo el sistema debe coincidir con el punto de intersección de los tres ejes.

La inercia hace que la posición de partida del eje de giro AA' se mantenga inalterable mientras no existan fuerzas externas que la obliguen a cambiar de posición, para lo que se precisa hacer un esfuerzo. El movimiento de rotación de la Tierra actúa como fuerza perturbadora de la posición inicial del eje AA' y le obliga a describir una superficie cónica de revolución (movimiento de presesión) alrededor de la paralela al eje de la Tierra, trazada desde el centro del giroscopio.

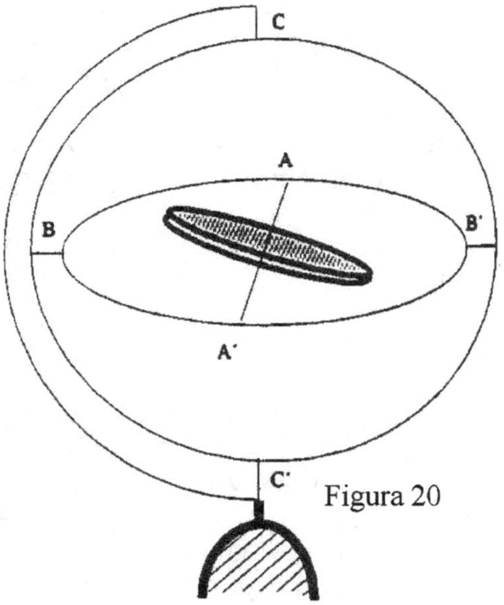

Fijando uno de los anillos de suspensión, se consigue que el eje se mueva solamente en el plano horizontal o en el vertical. En el primer caso el eje se mueve siguiendo la linea norte-sur geográficos, después de las oscilaciones que se amortiguan más o menos deprisa. En el segundo, el eje toma una inclinación variable con la latitud del lugar, y por ello puede medirse esta latitud.

Figura 20

Una vez explicado el fundamento, se deduce que el "giroscopio direccional" nos puede llegar a dar directamente el acimut geográfico. Las primeras aplicaciones del invento de Foucault se realizaron en el campo de la navegación marítima y posteriormente en la navegación aérea, ya que el empleo de las brújulas muchas veces se veía afectado por la proximidad de las partes de acero y de corrientes eléctricas. Estos primeros aparatos no conseguían la precisión necesaria para los trabajos topográficos. Más adelante se fabricaron nuevos modelos: su aplicación iba dirigida a las operaciones topográficas subterráneas, y se consiguieron precisiones de hasta 15", siendo el mayor inconveniente el excesivo peso de éstos (alrededor de los 35 Kg.)

Hoy en día existen en el mercado giróscopos de poco peso (unos 2 Kg.), adaptables como accesorio a los teodolitos. La parte fundamental es un giro-motor alimentado por una batería que hace girar al rotor a una velocidad de 22.000 rpm. El sistema de suspensión es una cinta metálica contenida en la parte superior alargada del aparato, que consigue la horizontalidad del eje del rotor. De esta manera las oscilaciones son alrededor de una posición media que es la del plano meridiano; conviene que la oscilación esté comprendida entre 3^{gr} y 6^{gr}, lo que se consigue mediante un amortiguador y orientando previamente el teodolito de modo aproximado.

La duración de una semi-oscilación es variable con la latitud, siendo de unos 4 minutos en latitudes medias. Se siguen las oscilaciones a través de un anteojo provisto de un retículo graduado a derecha e izquierda con una marca en el centro en forma de V (Figura 21). Una señal luminosa oscila con el rotor, y permite seguir las oscilaciones con el tomillo del movimiento horizontal del teodolito.

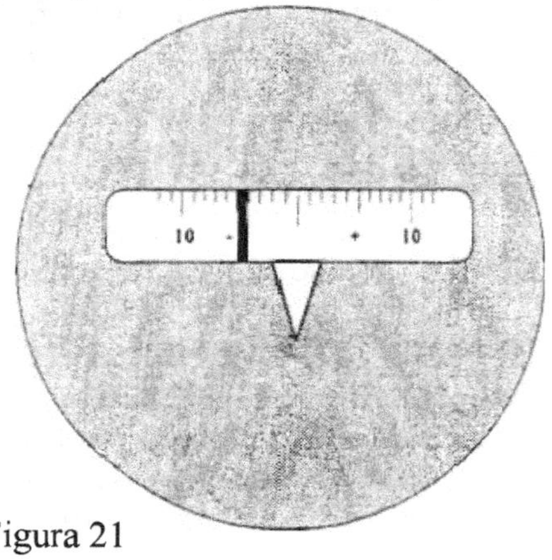

Figura 21

Como operadores efectuaremos una lectura del limbo horizontal en cada elongación máxima, momento en el que el índice permanece un instante parado, pudiendo aforar el centrado de la marca en V. Repetiremos las lecturas en dos oscilaciones completas como mínimo, y como éstas se van amortiguando, obtendremos la posición del norte geográfico calculando la llamada media de Schuler (Figura 22)

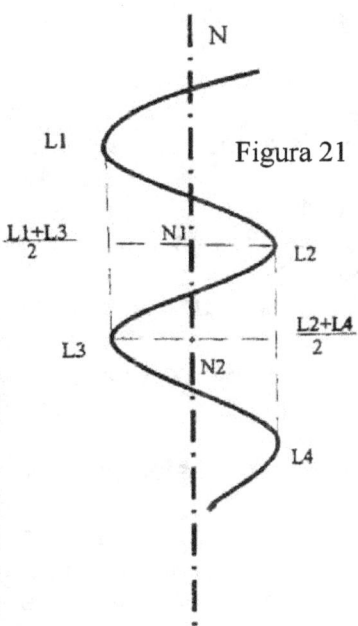

Figura 21

$$N = \frac{(N1 + N2)}{2} \qquad (13)$$

El tiempo de duración de toda la operación es de unos veinte minutos, y la precisión conseguida aproximadamente de 1°.

Hay que resaltar que la dirección proporcionada por el giróscopo es un acimut verdadero, es decir, la dirección del meridiano; si la cuadrícula que se está utilizando se basa en otra dirección, habrá que aplicar una corrección a los datos obtenidos con el giróscopo.

Para ello estacionaremos el teodolito giroscópico en un vértice de la triangulación exterior y efectuaremos varias observaciones para determinar el norte verdadero, visando a continuación a todos los vértices visibles desde el de estación; obtendremos sus acimutes verdaderos que comparados con los previamente calculados, nos permitirá obtener el valor de la corrección, como promedio de las diferencias obtenidas en cada vértice observado.

Por otro lado, también es importante destacar que si se van a utilizar teodolitos giroscópicos para iniciar los trabajos subterráneos desde dos pozos que disten entre sí más de un kilómetro en dirección este oeste, habrá que modificar la corrección obtenida para la determinación del norte de la cuadrícula en un pozo, debido a la convergencia de meridianos en el segundo pozo, ya que los meridianos verdaderos convergen hacia el polo, mientras que los de la cuadrícula son paralelos por definición.

La fórmula de la convergencia de meridianos es:

$$C'' = 32,40 \times L \times tg \, \varphi$$

Donde:

C'' = convergencia en segundos de arco
L = distancia este-oeste en kilómetros
φ = latitud del lugar.

Ejemplo: Si la distancia este-oeste entre los dos pozos fuese de 2 Km, y la latitud del lugar de 41° 20', la convergencia de meridianos sería de 57". Luego si la corrección a efectuar en el acimut verdadero era de 10° 28'30" en el pozo situado más al este, en el situado al oeste será de 10° 27'33".

Otra opción sería repetir el mismo proceso realizado en el exterior del primer pozo.

5.4.1.3 Comunicación por dos o más pozos:

Si se dispone de varios pozos se determina en el fondo de cada uno de ellos la vertical de un punto exterior de coordenadas conocidas. Se inicia la poligonal interior desde uno de estos puntos con una orientación arbitraria y se cierra en el otro.

Con esta desorientación desconocida llegamos a calcular unas nuevas coordenadas del punto de cierre, con las que deducimos el "falso acimut" entre estos dos puntos extremos. Si lo comparamos con el acimut verdadero obtendremos la desorientación del itinerario.

Hay que hacer notar que, generalmente, los pozos están alejados entre sí varios centenares de metros e incluso kilómetros, por lo que un error de centímetros en la situación de cualquiera de los puntos de salida del itinerario interior es compatible con la precisión necesaria para los trabajos de interior.

5.4.2 Transmisión de la altimetría:

Al igual que en la transmisión de la planimetría, el enlace de la red altimétrica exterior con el interior tendrá más o menos dificultad dependiendo de qué tipo de comunicación se trate. Por ello se planteará el caso de que la comunicación sea directa (boquillas del túnel, rampas, escaleras) o sea a través de pozos.

También la precisión nos hará escoger un método u otro de los que a continuación se describirán: no será lo mismo transmitir la altimetría a un túnel de ciudad, por ejemplo de Metro, que al interior de una mina. En una mina un error de algunos centímetros en la transmisión de la cota no tiene mayor importancia, aunque una vez en el interior sí hay que haya que esmerarse en la prolongación de los itinerarios altimétricos, sobre todo para el estudio de los desagües y transportes. En un túnel de ciudad es especialmente importante la situación altimétrica de los servicios existentes (alcantarillado, gas, líneas eléctricas...), datos tomados desde el exterior, y el túnel.

Por último hay que decir que hay ocasiones en las que se trabajará con cotas negativas, por ejemplo en túneles de ciudades próximas al mar. Este inconveniente que puede provocar errores groseros, algunos topógrafos lo solucionan elevando el plano de comparación, de manera que todas las cotas, tanto exteriores como interiores, sean positivas.

5.4.2.1 Comunicación directa:

Partiendo del punto de la red altimétrica exterior que habíamos situado próximo a la zona de enlace con el interior, prolongaremos la nivelación geométrica. Esta prolongación tendrá menos tramos si la comunicación se realiza por las boquillas de un túnel, y muchos más si es por las escaleras de enlace con un túnel de Metro, pero no ofrece mayores dificultades. Se deberá hacer itinerario de ida y de vuelta para comprobar el cierre.

En el caso de minas en las que la comunicación sea a través de rampas, tal vez se puedan utilizar las cotas trigonométricas obtenidas en la prolongación del itinerario planimétrico exterior al interior, pero en general el nivel suele ser el aparato utilizado en la transmisión de la altimetría.

5.4.2.2 Comunicación por pozos:

La transmisión altimétrica consistirá, en esencia, en la medida de la profundidad del pozo. Sea cual sea el método utilizado habrá que enlazar el punto situado en la boca del pozo con uno próximo de la red altimétrica exterior y dejar perfectamente señalizado el del fondo, que será el de partida para el itinerario altimétrico interior. Generalmente se utilizará el nivel en dicho enlace.

A continuación se describirán los métodos más utilizados en la medida de profundidad de los pozos:

a) Medición con cinta:

Si el pozo no es muy profundo se puede realizar una medición directa por tramos con la cinta metálica que usamos para otros trabajos topográficos, apoyándonos en puntos marcados en la propia entibación o revestimiento del pozo y, mejor aún, en los carriles de la jaula de extracción en el caso de minas. Para efectuar la medición de los distintos tramos un operador se sitúa en el techo de la jaula y el otro en un asiento que se ha fijado al cable de descenso de la jaula, unos 20 metros más arriba. El método es incómodo y el número de mediciones alto. Todo ello afecta a la precisión, por lo que no se recomienda para pozos profundos, aunque tiene la ventaja de no necesitar instrumental específico.

Para evitar la medición por tramos existen en el mercado cintas metálicas graduadas de hasta 1.000 m de longitud de las que pende una plomada tensora de unos 20 Kg. de peso. La cinta va enrollada en una gran polea que dispone de freno para controlar el descenso. Otra polea más pequeña situada en la boca del pozo guiará la bajada de la cinta.

El método es lento, ya que hay que esperar a que cesen las oscilaciones; para conseguirlo se opera de la misma forma que con las plomadas de gravedad.

Estas cintas se pueden utilizar también como plomadas de gravedad, en cuyo caso la medida de la profundidad y la transmisión de la planimetría se realizan al unísono.

También se podrían transmitir la planimetría y la altimetría en la misma operación de la manera inversa a la anteriormente comentada, es decir, haciendo dos señales en el hilo de la plomada, una a la altura de la boca del pozo y otra podría ser la parte superior de la propia plomada; una vez acabadas todas las observaciones se debe recoger el hilo y extenderlo en la superficie, en una zona sensiblemente horizontal, para medir con una cinta la longitud entre las señales.

Sea la cinta metálica o el hilo de la plomada lo que hemos utilizado para medir la profundidad del pozo. Hay que efectuar una corrección en la longitud medida, debido al alargamiento que sufre el hilo o la cinta sometidos a la tensión de su propio peso, más el de la plomada. Esta corrección será siempre de signo positivo (aditiva).

Cálculo de la corrección de la longitud medida:

Una cinta o hilo metálico sometidos a una tensión uniforme experimentan un alargamiento que será directamente proporcional a un coeficiente "K", que depende de la naturaleza del metal, a la tensión "p", a la que está sometido el hilo o cinta, y a su longitud "L", y será inversamente proporcional a la sección "S". Por tanto vendrá dado por la fórmula:

$$\Delta L = \frac{K \times p \times l}{S}$$

En nuestro caso, al estar la cinta vertical, la tensión no es uniforme ya que además de sostener el peso de la plomada sostiene el peso de la propia cinta que va siendo mayor cuanto más cerca de la superficie se encuentra.

Por lo tanto esta fórmula sólo es aplicable a un segmento de cinta o hilo tan pequeño como nos podamos imaginar, de manera que no influya la variación del peso.

Para deducir la fórmula general que se pueda aplicar a la totalidad de la longitud' medida L, imaginaremos la cinta, antes de alargarse, dividida en "n" segmentos iguales y tan pequeños como antes hemos descrito, de longitud "L" y peso "p". Si llamamos "P1", al peso de la plomada, el final del primer segmento sostendrá el peso "P1", mas su propio peso "p"; el final del segundo segmento sostendrá [P1 + 2p] y de esta manera el último [P1 + np]

Si aplicamos la fórmula inicial a cada uno de estos segmentos, el alargamiento total será la suma de los alargamientos elementales, es decir:

$$\Delta L = \frac{K \times l}{S} \times [(P1 + p) + (P1 + 2p) + ... + (P1 + np)].- \qquad (16)$$

La expresión entre paréntesis es la suma de los elementos de una progresión aritmética de razón "p"; por lo tanto es igual a la semisuma de los elementos extremos por el número de términos.

Como "p" es tan pequeño como queramos su límite es cero, por tanto despreciable; si llamamos P_Z al peso total de la cinta que pende del pozo, es decir *a np,* y L a la longitud total de la cinta, es decir *a nL,* tendremos como expresión final del alargamiento

$$\Delta L = \frac{K \times l}{S} \times [(P1 + P2/2)] \qquad (17)$$

Como ejemplo ilustrativo se calcularán los distintos alargamientos para profundidades comprendidas entre 100 y 500 m utilizando en la medida de la profundidad una cinta de sección 13 mm. de ancho por 0,4 de espesor, con un coeficiente K de 1/10.000 aproximadamente el del acero (consideraremos como densidad media del acero 7,8).
Con estos datos el peso del mm. de cinta será:

$p = 0,01 \times 0,13 \times 0,004 \times 7,8 = 4,056 \times 10^{-8}$ Kg.

Si se utiliza una plomada de 15 Kg. de peso, las correcciones a efectuar son las siguientes:

"L" medida (m)	P_2 (Kg.)	ΔL (mm.)	L Corregida (m)
100	4,056	33	100,033
200	8,112	73	200,073
300	12,168	122	300,122
400	16,224	178	400,178
500	20,28	242	500,242

La corrección obtenida por cálculo nunca será exacta, ya que, como se deduce, depende del, coeficiente K de elasticidad, dato que da el fabricante y que nunca podrá ser homogéneo en una cinta de tanta longitud; además dicho coeficiente varía con el tiempo y la frecuencia de utilización, y no es fácil de realizar una comprobación experimental.

b) Método de Firminy

Un método más preciso es el ideado en la población de Firminy (Francia). Consiste en medir el hilo ya estirado. Con él se consiguen precisiones de 1:20.000, es decir, de 5 mm cada 100 m.

Se usará un hilo de acero, o mejor aún de invar de 1,5 mm de diámetro enrollado en un tomo como los que ya se han descrito; se situará una polea en la boca del pozo y se hará pasar por ella el hilo. Entre la polea y el tomo debe quedar espacio suficiente para situar una regla, de 5 m de longitud las más usadas. La regla se habrá montado sobre una bancada y se podrá deslizar por ella midiendo el desplazamiento.

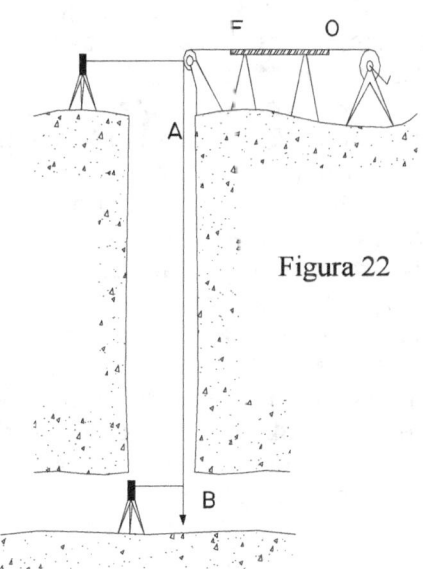

Figura 22

La forma de operar será la siguiente (Figura 22). se coloca la plomada que pende del hilo a la altura del punto inicial A, situado en la boca del pozo y cuya altitud ya es conocida; en este momento se marca el hilo con una pinza en su enrase con el origen de la regla (O); se acciona el tomo hasta que la pinza se sitúe exactamente en el final de la regla (F) (en ese momento el hilo habrá descendido 5 m exactos); pero el enrase con F es difícil de aforar con el tomo, por lo que se desplazará la regla hasta conseguir la perfecta coincidencia de la pinza con el extremo de la regla F (por lo tanto, los 5 m habrá que corregirlos en este desplazamiento).

Se sitúa una nueva pinza en O y se vuelve a accionar el torno. El hilo habrá descendido de nuevo 5 m más menos el nuevo desplazamiento de la regla para conseguir el enrase con la pinza. Repitiendo el proceso llegaremos a las proximidades del punto B, punto al que queremos transmitir cota. Ese pequeño tramo se medirá manualmente o bien con un nivel.

Pero la suma algebraica de los desplazamientos de la regla será igual a la posición foral de ésta con respecto a la inicial, único desplazamiento a medir.

Por tanto la profundidad de A, a B será tantas veces 5 m como tramos hayamos medido, más el desplazamiento foral de la regla, más el último tramo medido directamente.

Se comprende que todas estas operaciones habrá que realizarlas con la máxima meticulosidad si se quiere conseguir la precisión mencionada de 1: 20.000.

c) Con distanciómetros.

Los distanciómetros son aparatos electro-ópticos capaces de medir distancias basándose en el análisis de determinados tipos de ondas, normalmente rayos infrarrojos modulados, que emite el aparato y que reflejadas en un prisma u otra superficie son devueltas al propio aparato. Es el método más preciso y cómodo.

No todos los que existen en el mercado miden distancias verticales, no obstante son fácilmente intercambiables con taquímetros montados sobre el mismo trípode. Mejor aún es su utilización como accesorio del taquímetro, es decir, como distanciómetro acoplado al anteojo que le transmite sus movimientos.

En la actualidad todos los fabricantes disponen de modelos de goniómetro más distanciómetro en un solo aparato: son las llamadas estaciones semitotales, si llevan incorporadas una pequeña calculadora preprogramada para calcular los valores más usuales (distancia reducida, desnivel, coordenadas...), o estaciones totales cuando además son capaces de almacenar datos que luego pueden ser transmitidos a un ordenador para su procesamiento.

Sea cual sea el aparato del que dispongamos, si no mide distancias verticales, es necesaria la medición del ángulo vertical para la obtención de la diferencia de cota (profundidad). (Figura 23).

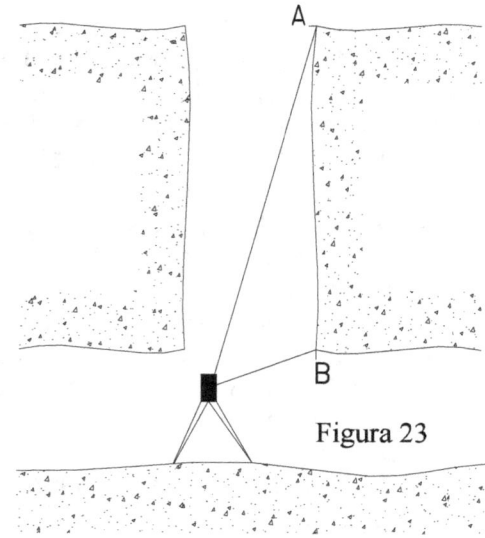

Figura 23

Ya se ha comentado, en el apartado de transmisión de la planimetría con teodolitos o taquímetros, que no es posible la observación de puntos nadirales con los taquímetros usuales, salvo en el caso de pozos de gran diámetro y poco profundos. Por ello situaremos el aparato en el fondo del pozo y, bien con la ayuda de un ocular acodado para la observación de visuales al cenit, o de un ocular para visuales inclinadas, mediremos la distancia y el ángulo vertical al punto del fondo del pozo al que queramos transmitir cota y al punto de la boca del pozo de cota conocida.

No es preciso hacer notar que si la precisión angular del aparato es la necesaria se podría realizar al unísono la transmisión de la planimetría (orientación y coordenadas XY).

En este caso sería útil la utilización de un taquímetro de precisión alta al que se le pudiese acoplar un distanciómetro de alcance corto o medio, ya que las profundidades a medir son cortas si las comparamos con las medidas que se realizan en el exterior.

La precisión de los distanciómetros es variable: de 10 mm. + 10 ppm (partes por millón) hasta 1 mm. + 1 ppm. en los más precisos, gama lo suficientemente amplia para poder elegir según el tipo de trabajo a realizar. Por último no debemos ignorar que la medición dada por el distanciómetro es al centro del prisma.

Este suele ir protegido por una carcasa, montado sobre jalón y situado en la vertical del punto con ayuda de un nivel esférico, o bien sobre trípode más base nivelante con plomada óptica; sin embargo apoyando el prisma en una pared, esquina o techo deberemos efectuar una corrección de signo positivo a la distancia medida, debido al espesor de la carcasa del prisma, valor difícil de medir con precisión. Por ello, siempre que sea posible, utilizaremos el prisma montado sobre trípode o jalón cuya altura (sobre o bajo el punto) es fácilmente medible.

5.5 Trabajos en el interior

5.5.1 Itinerario principal:

La ejecución de la red de itinerarios principales, no difiere en teoría de la que se realiza para los itinerarios de superficie, pero en la práctica existen ciertas peculiaridades que conviene estudiar.

5.5.1.1 Señalización:

Para materializar los vértices de la poligonal se emplean unos clavos especiales que se incrustan generalmente en la pared o en el techo; de esta manera se protegen contra desplazamientos o daños ocasionados por el tráfico y además son fácilmente localizables.

Estos clavos pueden llevar un orificio o garganta por los que se hace pasar el hilo de una plomada. La vertical materializada por el hilo de la plomada debe coincidir tantas veces como sea colocada ésta.

Los vértices se pintan, se numeran y se reseñan para evitar confusiones y facilitar su localización.

El centrado de los aparatos ha de ser perfecto ya que los ejes de los itinerarios suelen ser muy cortos, sobre todo en minería (decenas de metros), por lo que el error de dirección puede ser inadmisible incluso con excentricidades imperceptibles.

Ejemplo: Vamos a calcular la máxima excentricidad de estación y señal para un taquímetro que aprecie el medio minuto en un eje de 10 m.

$$e_d = \frac{e_e + e_s}{10000 \text{ mm.}} \qquad r'' < 30" \qquad (18)$$

Donde $e_e + e_d < 1.5$ mm.

Es decir, que el eje del aparato y de la señal no podrán separarse de su verdadera situación más de milímetro y medio, entre ambos, si queremos que el error de dirección no impida obtener la precisión para la que está construido el aparato.

5.5.1.2 Instrumentos:

Antiguamente se distinguían los teodolitos empleados en el interior de la mina de los usados en el exterior por su pequeño tamaño y porque los limbos iban protegidos del polvo y de la humedad.

Hoy en día los teodolitos que hay en el mercado sirven igual para el interior que para el exterior por ser blindados y protegidos con pinturas especiales a base de siliconas para evitar la corrosión. Además, están dispuestos para que se les incorpore el equipo de iluminación de retículo y limbos.

La apreciación angular debe ser por al menos del medio minuto centesimal si se trata de un levantamiento para toma de avances en minería o similar; tampoco es necesario que sea superior, dado el error de dirección que ha de cometerse. Pero para trabajos subterráneos de precisión, como levantamientos de comprobación y para el control de las deformaciones, el teodolito de 1^s resulta el más apropiado.

Para anular el error de dirección algunas casas de aparatos suministran equipos de poligonación que consisten en un juego compuesto de un teodolito, tres trípodes y dos señales que se fijan al trípode por una plataforma con tornillos nivelantes, idéntica a la del teodolito. Las señales son translúcidas y también llevan incorporadas equipos de iluminación (Fig. 5.28).

Para medir el ángulo se estaciona el teodolito en un vértice y las señales en los vértices extremos. Terminada la operación de medir el ángulo se quita el trípode de atrás con su señal y se sitúa en un nuevo vértice. Se permuta la otra señal con el teodolito, sin mover los trípodes y bases nivelantes de ambos (posición análoga a la de empezar la operación).

También existen otro tipo de señales de puntería, utilizadas para la observación a cortas distancias. Son las señales esféricas de Taylor-Hobson, propias de la metrología industrial, y aplicables a los trabajos topográficos de alta precisión, como por ejemplo el control de deformaciones subterráneas en los que sea necesario realizar itinerarios de lados muy cortos (20 o 40 m).

La observación angular se realiza tangenteando los dos extremos de la esfera. Se pueden utilizar sobre bases nivelantes, intercambiándose la señal con el aparato al igual que en los equipos de poligonación.

- Señales de puntería de precisión para mediciones de ángulo de gran exactitud a corta distancia.

- Figura de puntería para puntería óptima.

- Iluminable con reflector de iluminación e iluminación atornillable.

- Reflector con iluminación atornillable, fijación sobre la señal de puntería GZT1.

- Resistente a las inclemencias del tiempo.

- Duración en servicio con baterías alcalinas, unas 8 horas.

5.5.1.2 Estacionamientos singulares:

La única diferencia con el exterior a la hora de poner en estación el teodolito es que el eje general de éste se centra por arriba, ya que generalmente la señal se habrá materializado en el techo.

Cuando se centra el teodolito debajo de una plomada suspendida del techo el anteojo debe tener una marca des centro en la parte superior. Cuando se usa esa marca el centrado del instrumento será correcto sólo si el aparato está bien nivelado y el anteojo horizontal, en esta posición, girando la alidada alrededor del eje principal la plomada debe permanecer sobre la marca. Aplicando esta regla es fácil materializar la señal si no la llevase. No obstante existe el visor cenital, accesorio del teodolito, que motado sobre el anteojo actúa como una plomada óptica dirigida hacia el cenit.

Sin embargo, cuando el levantamiento requiere mayor precisión, son recomendables las plomadas ópticas cenit-nadir colocadas en el mismo trípode y base nivelante que ha de sustentar el aparato o las tablillas del equipo de poligonación.

Según indicamos antes, no siempre podrán utilizarse trípodes, debido principalmente a que muchas veces impedirían el tránsito de vagonetas y maquinaria, quedando interrumpidos los trabajos de excavación o de extracción.

En estos casos están indicados los taquímetros o teodolitos suspendidos de un brazo que ha de clavarse en la pared. El equipo consta de 10 brazos normales de suspensión y de dos señales plomada que se sitúan en el brazo anterior y en el siguiente al que soporta el taquímetro, el hilo de la plomada queda situado exactamente en la posición que ocupaba o que ha de ocupar, respectivamente el eje vertical del instrumento, con lo que se anula el error de dirección del mismo modo que con el equipo de poligonación (Figurate 24).

Antes de utilizar taquímetros ordinarios sin equipo de poligonación, será preferible utilizar la brújula-teodolito especialmente si conocemos la variación de la declinación a distintas horas del día, o si trabajamos tan sólo en las horas centrales en las que tiene poca variación; ya que el error cometido con brújula en un itinerario se localiza, mientras que el de taquímetro se transmite, haciéndole girar.

A veces es ventajoso construir una plataforma elevada para colocar el aparato en una posición semipermanente sobre el tráfico, o construir un pequeño pilar de hormigón a un lado del túnel, cuándo se prevé una duración de varias jornadas de las labores topográficas (solución más aplicada en el caso de replanteos). También existen trípodes colgantes utilizados en circunstancias especiales, como el de la (Figura 25)

Figura 24

5.5.1.4 Métodos:

Como en todo itinerario se reducen los métodos a la medida de los ángulos y de los ejes. Respecto a la medida de los ángulos, las lecturas acimutales conviene hacerlas con el instrumento orientado como en cualquier itinerario, con la ventaja de poder conocer el error de cierre inmediatamente en un itinerario cerrado.

Para la medida de los ejes en general se utilizan métodos directos, con cinta si los tramos son de corta longitud, o con distanciómetros de mayor o menor precisión según las necesidades. Siempre que sea posible el itinerario tiene que ir encuadrado entre dos puntos de apoyo. En el caso de existir una sola comunicación con el exterior, el itinerario debe ser cerrado.

En estos itinerarios de ida y vuelta, será aconsejable que en el regreso se utilicen distintas estaciones que en la ida. Debido a la dificultad que esto supone, aunque nunca sea recomendable,

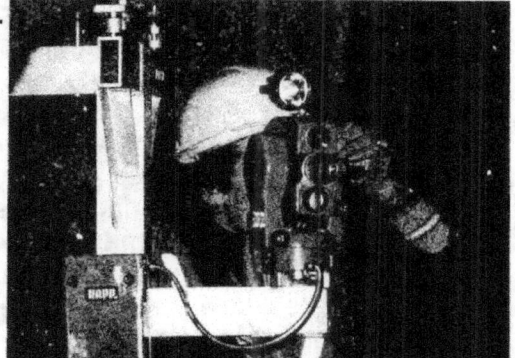

Figura 25

entra en lo posible estacionar en los mismos puntos a la ida y a la vuelta: aún sería peor el efectuar simultáneamente el itinerario de ida y de regreso midiendo dos veces consecutivas los ángulos y las distancias; pero lo que nunca será admisible es dejar el itinerario colgado sin ningún cierre

5.5.2 Itinerarios secundarios

En el caso de ramificaciones de las galerías será preciso recurrir a los itinerarios secundarios, que se apoyarán en los puntos poligonométricos de los itinerarios principales.

Para el levantamiento de estas redes podrán utilizarse los mismos aparatos que se usaron en d itinerario principal. Sin embargo en minería, en las estrechas ramificaciones de galerías, son mas usuales las brújulas ligeras suspendidas de un hilo denominadas brújulas de minero.

Para su empleo es preciso materializar el itinerario por medio de un hilo tenso que pase por el orificio de las señales clavadas en la pared, de este modo cada tramo del hilo representa un eje del itinerario.

La brújula va montada sobre un sistema Cardan que garantiza su horizontalidad. Colgándola en el centro de cada tramo obtendremos su rumbo y, corregido de la declinación nos dará el acimut. Es conveniente que la última alineación del itinerario principal sea la primera de la brújula colgada, ya que la repetición de la medida angular nos sirve para declinar la brújula.

Puesto que las brújulas suelen estar divididas en medios grados, obtendremos el cuarto de grado de apreciación si tomamos la media de las lecturas leídas con los dos extremos de la aguja imantada (Figura 26).

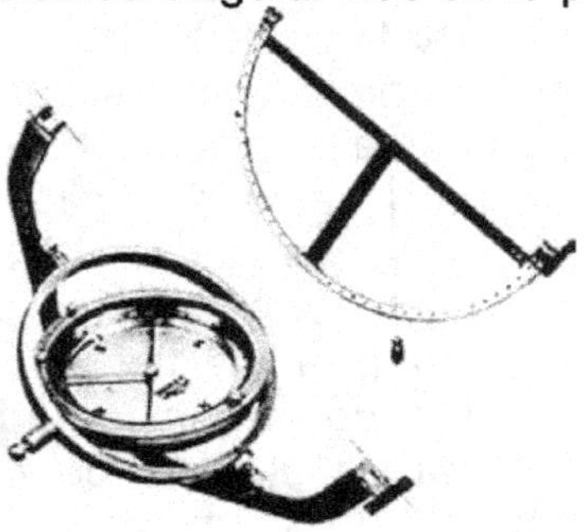

La medida de los ejes se efectuará con cinta metálica, y hallaremos la distancia entre los hilos de las plomadas, utilizando el método de resaltos horizontales o banqueo: se materializarán los tramos con plomadas suspendidas de los clavos, se tenderá la cinta entre los hilos de éstas y se percibirá la horizontalidad por obtener, en esta posición, la lectura mínima.

Figura 26

El itinerario así levantado equivale al que conocemos con el nombre de estaciones alternas, puesto que el rumbo de cada eje lo determinamos una sola vez, por eso es inexcusable repetir el itinerario en sentido inverso.

Una buena norma para trabajar es obtener dos veces el rumbo de cada eje, tanto en el itinerario de ida como en el de vuelta. Para ello colocaremos la brújula en los dos extremos de la cuerda, de este modo, no sólo tendremos mayor precisión hallando el promedio de los dos rumbos, sino que localizaremos cualquier perturbación magnética que pudiera existir.

Como ya indicamos anteriormente, aunque las brújulas son de uso rápido y cómodo, no siempre son utilizables debido a las perturbaciones magnéticas que pueden sufrir no sólo por los materiales magnéticos que suelen abundar en las minas, sino por los carriles, las vagonetas, las herramientas metálicas, etc.

Estudios realizados sobre la influencia de los railes en la brújula permiten llegar a la conclusión de que la acción sobre la brújula de un rail continuo situado a más de 4 m es prácticamente despreciable.

5.5.3 Levantamiento de los detalles

El fin de todos los trabajos topográficos que llevamos descritos, no es otro que el de servir de apoyo al levantamiento de los detalles que constituyen el verdadero plano.

Se distinguirán las necesidades en el levantamiento de los detalles en dos campos, a los que nos estamos refiriendo a lo largo de este capítulo: la obra civil y la minería.

En obra civil:

Las necesidades dependerán del tipo de obra o de control a realizar. Si lo que se pretende es encajar una vía o el paquete de firme de una carretera en un túnel ya construido, los detalles que interesarán serán los que aseguren el gálibo suficiente para los vehículos que han de circular.

Para ello se tomarán las partes más críticas de la sección, y que normalmente para el encaje en planta será la zona de los riñones y del pie de los hastíales, así como la contrabóveda para adaptar la rasante (Figura 27). También se tomarán los puntos de inflexión de las paredes.

La toma de estos puntos generalmente se realizará con teodolito más distanciómetro (o estaciones totales), y en ocasiones teodolito más cinta.

En el primer caso se deberá tener en cuenta el espesor de la carcasa del prisma así como la situación del eje de la señal de puntería, variable según su posición con respecto al eje del aparato. Es adecuado tomar primeramente los datos angulares, visando a una señal apropiada situada en la pared del túnel, para posteriormente medir la distancia al prisma, e incrementar en su caso la magnitud del espesor de la carcasa.

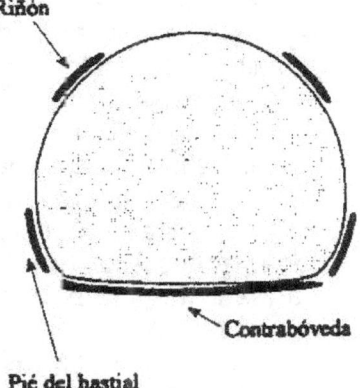

Figura 27

Riñón

Contrabóveda

Pié del hastial

En minería:

Los detalles más importantes son las galerías, cuyo ancho deberá quedar reflejado, para lo que será preciso tomar todos los puntos de inflexión de sus paredes, así como todos los puntos que convenga que aparezcan en el plano tales como hitos, instalaciones, carriles, etc.

Dada la escasa distancia de todos estos puntos a los vértices, o a los ejes de los itinerarios, se utilizan para su levantamiento métodos de agrimensura, principalmente el de mediciones y el de abcisas y ordenadas, empleando la cinta metálica.

Por el método de mediciones bastará obtener la distancia del punto que queremos levantar a dos vértices del itinerario, aunque siempre convendrá tomar datos supletorios de comprobación, tales como medir una tercera distancia a otro vértice o a otro punto de detalle.

Con el método de abcisas y ordenadas tomaremos como eje de abcisas el eje del itinerario.

Esta parte del trabajo convendrá hacerla simultáneamente con los itinerarios para utilizar las alineaciones que se vayan haciendo de los ejes con hilos, u otros medios, conforme hemos indicado.

También convendrá ir tomando simultáneamente, con metros de mano, la altura de las galerías en los diferentes puntos.

5.5.4 Altimetría

5.5.4.1 Geométrica

Cualquiera que sea la naturaleza de los trabajos subterráneos requieren una nivelación de precisión para dar a las rasantes las pendientes proyectadas, incluso en las minas, tanto para el estudio de los desagües como el de los transportes: muchas veces las vagonetas cargadas se deslizan por su propio peso desde los lugares de carga hasta los pozos de salida, utilizando la tracción para el regreso (a esta pendiente se le suele llamar pendiente de igual resistencia).

Lo anteriormente expuesto nos exige efectuar una nivelación por alturas utilizando niveles de línea o automáticos.

Las miras suelen ser de 2 m, en vez de los 4 m utilizados en el exterior. También se emplean miras extensibles. Hay miras reflexivas que se iluminan fácilmente debido a un barniz reflectante que las recubre, y que hace que se perciban sus divisiones con una claridad muy superior a las miras ordinarias. Otras miras llevan iluminación interior incorporada.

Si los ejes de los itinerarios son cortos, pueden iluminarse las miras desde el propio nivel que lleva incorporada una linterna eléctrica sobre el anteojo y que concentra los rayos de luz en la zona de mira que se observa.

En el caso de túneles en los que el acceso es directo por ambas bocas, a las que se puede dar cota enlazándolas entre sí por el exterior, bastará con una nivelación de precisión por el interior del túnel encuadrada entre los citados puntos. Pero en el caso en que la cota se transmita a través de pozos, sólo se tomará la de uno de ellos como punto altimétrico fundamental. La cota de las restantes comunicaciones con el exterior no deberá utilizarse para compensar, entre ellas, el itinerario altimétrico, ya que la precisión obtenida en éste es superior a la transmitida desde el exterior.

5.5.4.2 Trigonométrica

En algunos casos, cuando no se trate de replanteos, podrá bastar con la nivelación por pendientes efectuada con taquímetros simultáneamente a la observación de los itinerarios primarios. En este caso convendrá que las plomadas utilizadas como señales planimétricas estén suspendidas del vértice una distancia igual que la del aparato con respecto del suyo, se eliminará así de la fórmula:

$$\text{desnivel} = t + i - m \text{ los términos } i \text{ y } m.$$

También en el levantamiento de los detalles por métodos taquimétricos suele ser suficiente la precisión de la cota obtenida trigonométricamente.

5.5.4.3 Con eclímetros suspendidos

Son utilizados en igual forma que las brújulas de minero en los itinerarios de relleno propios de la minería; el eclímetro sirve para medir los ángulos verticales y, con la magnitud de la distancia inclinada medida entre los dos vértices, poder obtener la distancia horizontal y el desnivel entre éstos.

El eclímetro lleva, como la brújula colgada, dos pinzas en los extremos de un semicírculo graduado. Colgado del centro de éste lleva una plomada cuyo hilo nos sirve de índice para hacer las lecturas y así obtener la magnitud de los ángulos verticales (Figura 26).

Una vez materializado el eje por medio de un hilo, colgamos en él el eclímetro a un metro de cada uno de sus extremos para hallar la media aritmética de las dos lecturas.

Los eclímetros suelen estar divididos en cuartos de grado, y miden ángulos de inclinación, o sea, que el hilo de la plomada coincide con el cero del eclímetro cuando está suspendido de una cuerda horizontal; por lo tanto, habrá que indicar en cada caso si la alineación es ascendente o descendente.

En los itinerarios de relleno las cotas irán encuadradas, lo mismo que en planimetría, entre los puntos poligonométricos con que enlacen.

5.6 Experimentación en el campo de los levantamientos subterráneos

La Universidad de Indiana (EEUU) está experimentando una técnica que permite localizar en la superficie un punto situado en una galería subterránea y que se fundamenta en las características de las ondas magnéticas por inducción.

Un transmisor subterráneo situado en el punto al que se pretende dar coordenadas, emite ondas magnéticas que son recibidas en la superficie por otro de mayor diámetro, por cuestiones de, operatividad, que hace la función de antena y que siendo trasladado en posición vertical, deja de recibir la señal en el momento en el que se encuentre en la vertical del punto emisor. Por lo que se irá desplazando para buscar este momento

Una vez materializado en la superficie se obtienen sus coordenadas por cualquiera de los métodos topográficos conocidos, o mejor aún con receptores GPS.

Para determinar la profundidad se mide, alejándose del punto y en varios, la inclinación necesaria de la antena receptora para dejar de recibir la señal y la distancia al punto previamente localizado, de lo que se deduce la profundidad del transmisor (Figura 28).

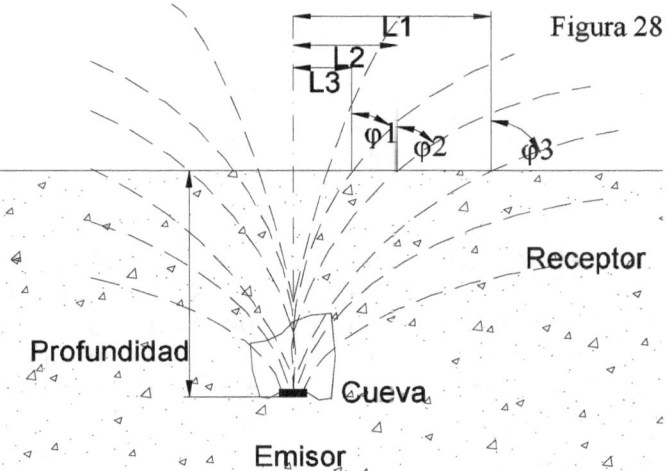

Figura 28

Este innovador procedimiento que se acaba de describir de una manera concisa ha sido experimentado para dar coordenadas a puntos de lo que podría equivaler al itinerario interior en el levantamiento de un cauce subterráneo (Russell Cave) en Kentucky. Las precisiones obtenidas para determinar la posición del punto son de alrededor de 14 cm. en el plano horizontal, y de unos 40 cm. en el vertical.

El tiempo de observación para determinar la posición del punto fue de unos 15 minutos.

La profundidad de emisión media era de 20 m, por lo que se necesitó una bobina emisora de unos 30 cm. de diámetro, ya que la intensidad del campo debe ser proporcional a la profundidad a la que se emite.

6.1 Proyecto de un túnel:

Antes de que un túnel se pueda planear en líneas generales y diseñar en detalle, se deberá reunir información sobre los aspectos físicos del proyecto. Se deberá contar con la topografía del área en cuestión, así como con los datos geológicos y geotécnicos. En el proyecto de un túnel la necesidad de una detallada y extensa investigación es probablemente mayor que para la mayoría de los otros tipos de construcción.

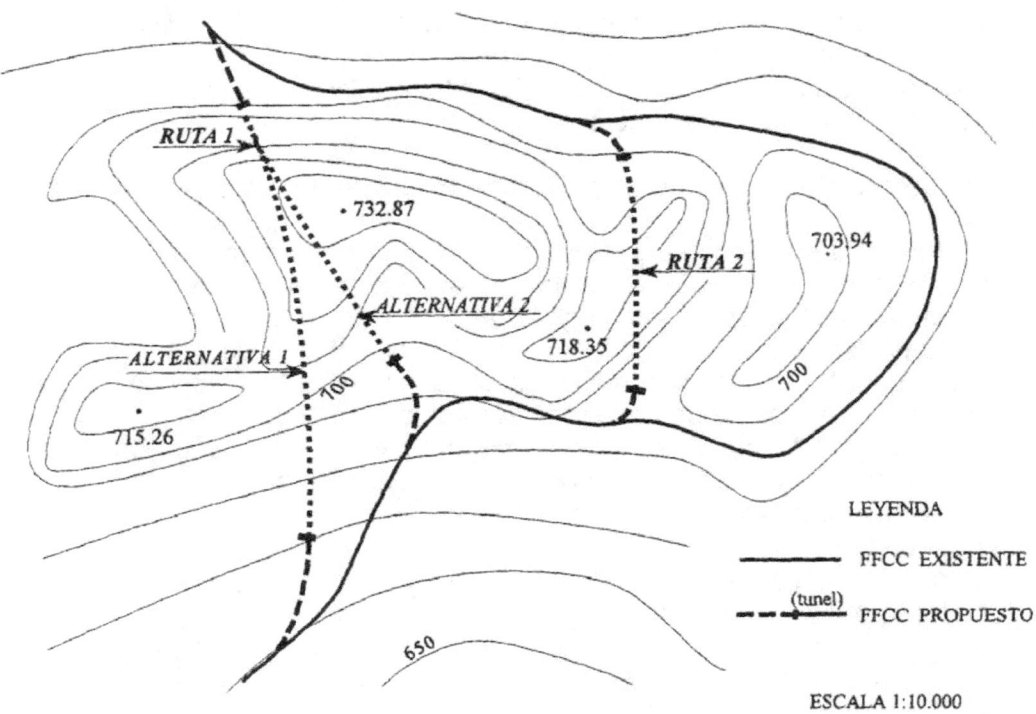

Al proyecto general de las posibles rutas y rasantes basadas en la topografía del terreno, le sigue un examen detallado de las posibles alternativas, cuya finalidad es la mejor elección de la alineación. El primer enfoque del proyecto de un túnel se realiza utilizando la cartografía existente, a la mayor escala disponible y con curvas de nivel. Aún en una etapa posterior se puede cambiar considerablemente la rasante o la alineación, cuando por ejemplo se localiza una roca más conveniente o un terreno más adecuado para el equipo que se utiliza.

6.1.1 Plano topográfico base:

Desde las primeras rutas del túnel que se proyectan sobre el mapa se hace evidente la necesidad de un levantamiento topográfico más detallado.

Una obra del tipo túnel se puede realizar en un espacio abierto, montañoso, en un centro urbano, en una zona suburbana, o industrial; por tanto la toma de datos del levantamiento debe adecuarse a cada caso. Por ejemplo, en una zona urbana será de vital importancia la exacta localización de los túneles de todo tipo ya existentes, ya sea para evitar la interferencia o para unirlos entre sí. También se deberán tomar las fachadas de las calles y los sótanos, construcciones que posiblemente habrá que controlar durante la construcción del túnel si se prevén posibles asentamientos.

Por lo que respecta a la localización de las construcciones subterráneas, las oficinas de servicios públicos disponen de planos en los que normalmente se representa el servicio acotado planimétricamente respecto a líneas de fachadas y esquinas, y altimétricamente respecto al nivel de la acera. Estos planos raras veces poseen la precisión requerida, ya sea porque haya habido modificaciones posteriores que no están representadas o por cambios en el nivel de la calle y de las edificaciones. No obstante, con la ayuda de estos planos, la inspección de los pozos de registro y de válvulas y la excavación de pozos *(catas),* se localizarán y situarán de una manera precisa en el levantamiento.

Si el levantamiento se va a realizar por fotogrametría son útiles los puntos de apoyo situados en lo alto de los edificios, aunque hay que tener en cuenta que los edificios muy altos se puede mover por los cambios de temperatura y los fuertes vientos, aparte que es difícil bajar con precisión los puntos al nivel del suelo.

Por otro lado, el levantamiento topográfico abarca generalmente un área limitada en la que se puede considerar despreciable la curvatura de la tierra así como la convergencia de meridianos. No obstante, en el caso de túneles muy largos, los aspectos de la curvatura podrán ser significativos para el control altimétrico, del mismo modo la convergencia de meridianos se deberá tener en cuenta en lo que se refiere al control planimétrico, si es que trabajamos con el norte verdadero.

6.1.2 Planos de proyecto:

El proyecto de un túnel, como cualquier proyecto de construcción, consta de distintos documentos necesarios para la realización de la obra, estos son:

- Memoria y anejos: la memoria es la exposición detallada del proyecto. Los anejos son el complemento justificativo de cualquier afirmación emitida en la memoria.

- Planos: son la representación gráfica y numérica del proyecto.
Pliego de condiciones: Es el conjunto de especificaciones (constructivas, de calidad, de medición, etc.) que se deben cumplir.

- Presupuestos: es el apartado donde se valora el coste total de la obra. En él se incluyen desde las mediciones y cubicaciones hasta el presupuesto general, pasando por la justificación de precios y los presupuestos parciales.
Desde el punto de vista topográfico, en el documento de planos es donde encontraremos más peculiaridades con respecto a otros proyectos de obras lineales, por lo que nos detendremos en el estudio de este apartado.
Los planos que definen el proyecto de un túnel son diversos, a continuación se enumeran para posteriormente describir con detalle los que más nos interesan.

-Planta de situación y emplazamiento: muestra la ubicación de la obra en relación con su entorno. Suele ser de escala pequeña.

-Topografía y replanteo: plano topográfico de la zona con curvas de nivel, en el que se sitúa el emplazamiento de la obra por coordenadas, y se marcan los puntos de las poligonales y triangulaciones efectuadas. Las coordenadas de estos puntos suelen venir en recuadros junto a los planos.

-Geología y geotecnia: suelen ser planos en planta y cortes en alzado con la estructura geológica del terreno detallada. Se marcan, en la planta, los puntos donde se han realizado sondeos.

-Planta general: indica a escala reducida el proyecto completo.

-Plantas: de zonas específicas de la obra.

-Alzados: se representan las caras exteriores de la figura proyectada.

-Secciones: son cortes verticales. La *sección tipo* es la representación de una forma que se repite en casi toda la obra.

-Perfil longitudinal: es una sección paralela al alzado de mayor sección. Se representa con escalas distintas en horizontal y vertical, y con una información suplementaria al pie del perfil, llamada guitarra.

-Detalles: la escala será mayor que la de cualquier planta o sección, y representarán lo que en otros planos, por su escala, no se ve con claridad.

6.1.2.1 Planta:

- General de replanteo
Se realiza sobre el plano topográfico base, y suele requerir escalas del tipo 1/2000, 1/1000 o 11500 con altimetría acorde a la escala.
En el proyecto de un túnel, la conformación de la planta dependerá de las alineaciones de entrada y de salida, así como del estudio geotécnico de la zona que atraviese. La planta será como la de cualquier obra lineal en recta, en curva o como combinación de ambos tipos de alineaciones.
En la planta general se sitúan los puntos definitorios del estado de alineaciones.
Estos se especifican por su PK (punto kilométrico) y sus radios (en curvas circulares) o parámetros (en clotoides) de entrada y salida. También se marcan los PK, normalmente cada 20 m' y se numeran los múltiplos de 100 m.
Otras plantas generales en el proyecto de un túnel podrán ser las de drenaje, alumbrado eléctrico, ventilación, instalaciones eléctricas, etc.

- Parcial
Las plantas parciales y de detalle se realizan a escalas del tipo 1/200, 1/100 y generalmente abarcan las zonas de acceso al túnel, como son las boquillas y las rampas y pozos de ataque intermedios.

6.1.2.2 Perfil longitudinal:

Como se ha definido anteriormente es una sección en el sentido longitudinal del trazado de la obra. En ella se representa tanto la rasante del túnel como el longitudinal del terreno a lo largo de todo su trazado, a este último se le suele denominar *perfil por montera*. También se representarán, sobre todo en el caso de túneles urbanos, todos aquellos túneles o conducciones subterráneas con los que se cruce o transcurra el proyectado, siendo de gran importancia la exacta situación de éstos.

En la parte gráfica del plano *perfil longitudinal* se añade información numérica definitoria de la rasante, como pendientes, puntos kilométricos y cotas de entrada y salida de los acuerdos parabólicos, así como los datos de los acuerdos. También aparecen acotados los tramos de cambio de la sección tipo.

La información suplementaria que se coloca al pie del perfil y que se llama *guitarra* suele ser:

-*Distancias:* Al origen o punto kilométrico (PK)
          Parciales

-*Cotas:*   Terreno
          Rasante

-*Diagrama de curvaturas*

-*Diagrama de peraltes*

6.1.2.3 Secciones:

La sección tipo de un túnel dependerá del estudio geotécnico del terreno en su aspecto constructivo, y de las características de la obra en cuestión, variables según sea una carretera, un ferrocarril, un canal, etc.

En el proyecto de un túnel pueden definirse distintas secciones tipo: por ejemplo, en un túnel urbano las distintas profundidades aconsejarán la perforación en unos tramos, o la excavación por pantallas en otros. También las condiciones geológicas cambiantes obligarán a cambios de sección tipo, al menos en el espesor del sostenimiento.

En las páginas siguientes, como introducción, se incluyen diferentes planos de proyecto, aunque se seguirá hablando de este tema en los apartados posteriores.

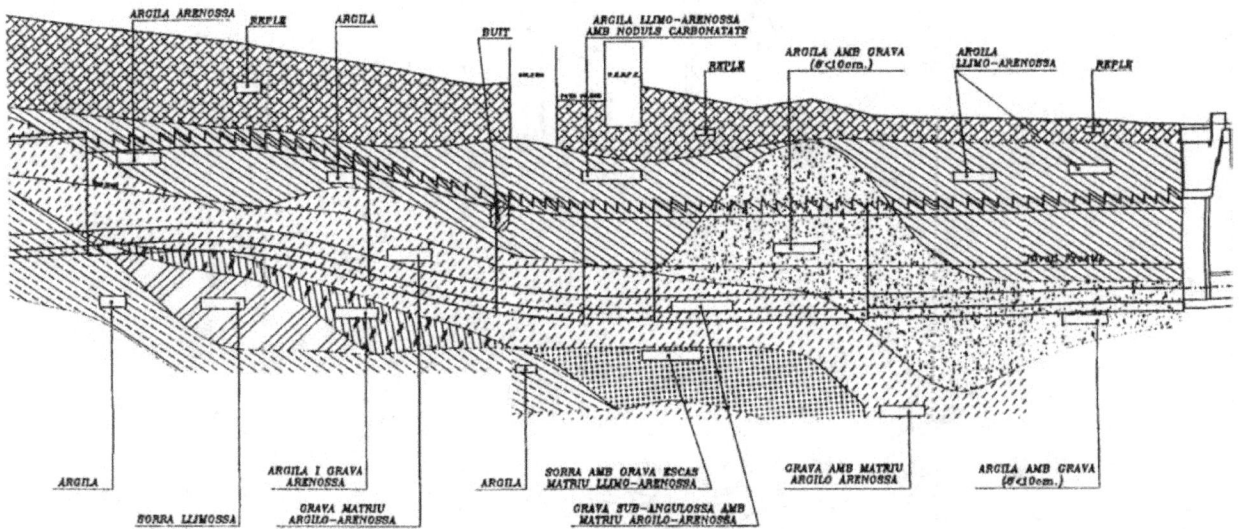

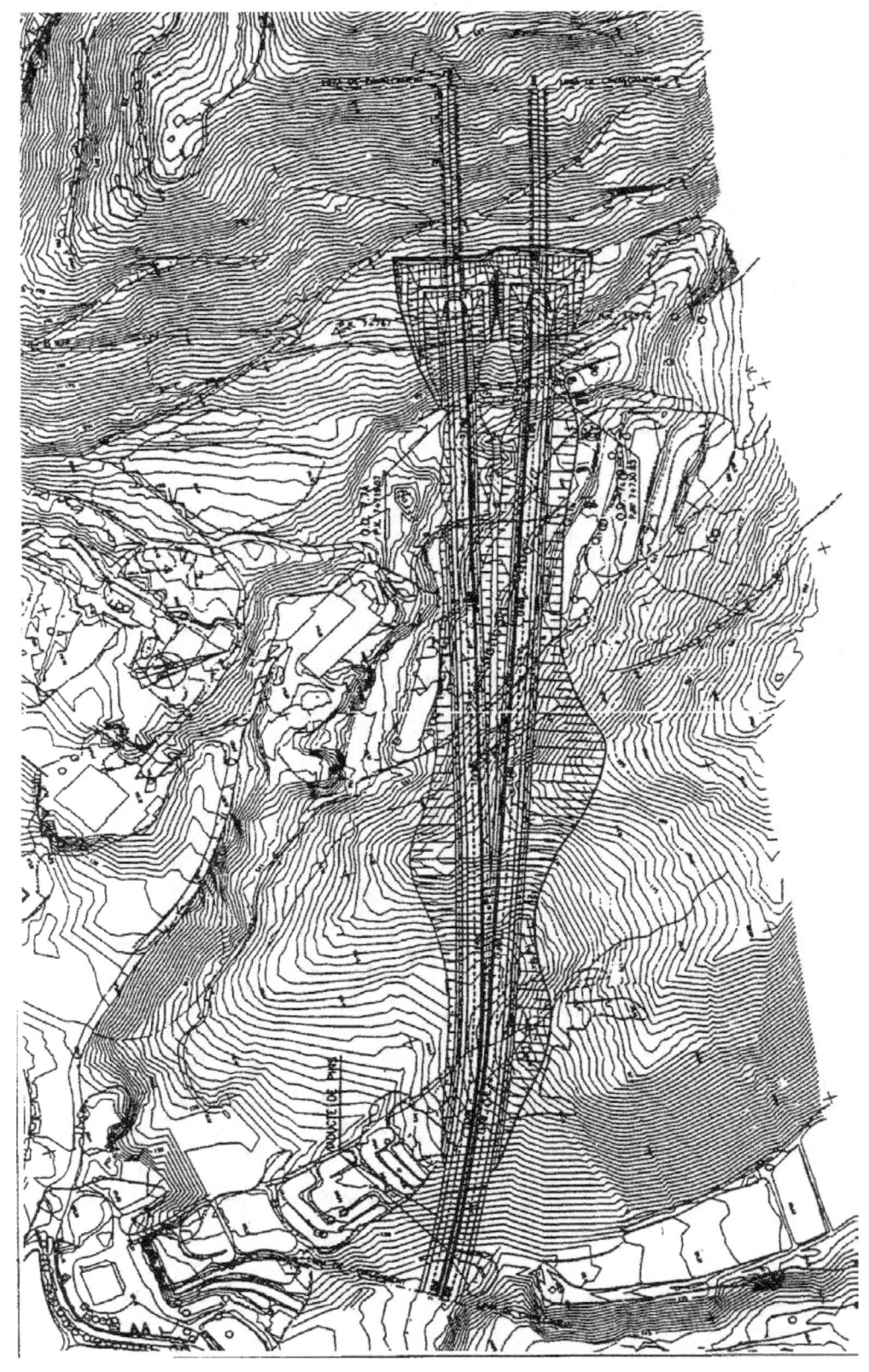

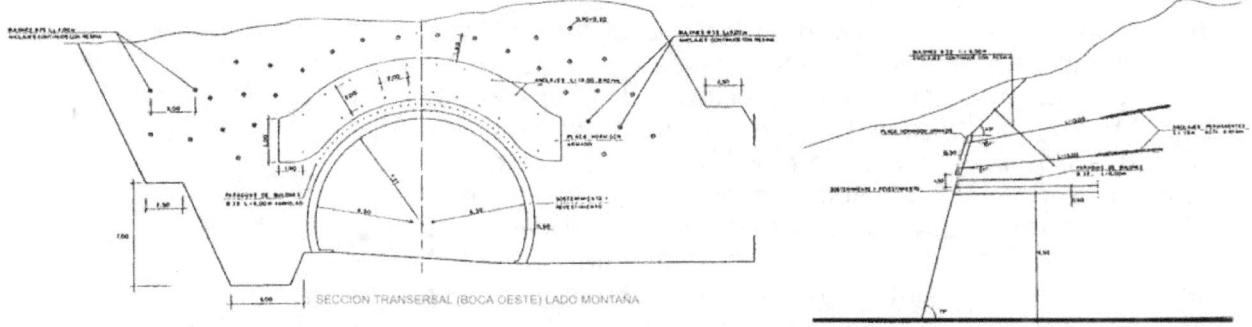

SECCION TRANSERSAL (BOCA OESTE) LADO MONTAÑA

6.2 Trabajos en el exterior:

El replanteo de un túnel o de una galería se compone de dos partes claramente diferenciadas: la superficial y la subterránea. Como se explica en capítulos anteriores, la excavación de un túnel se realiza generalmente, y al menos, desde dos frentes de ataque que suelen ser las boquillas, y éstos incluso se multiplican por medio de pozos de ataque; la finalidad es duplicar o multiplicar la velocidad de excavación del túnel o galería.

Los trabajos en el exterior tienen por finalidad enlazar tanto planimétricamente como altimétricamente las boquillas entre sí, así como situar los posibles pozos de ataque; todo esto se entiende que es necesario e imprescindible para el perfecto encuentro de los distintos frentes de excavación en el interior.

6.2.1 Planimétricos:

6.2.1.1 Red de enlace entre bocas:

Consta de una serie de trabajos de precisión entre los que destaca la triangulación. Actualmente se puede sustituir por un itinerario de precisión debido a los potentes y precisos distanciómetros de los que dispone el mercado. Otra posibilidad es triangulación en la que se realicen comprobaciones de longitudes con distanciómetros, evitando así tener que depender totalmente de una sola longitud de base. También se comercializan en la actualidad sistemas de posicionamiento global (GPS) con precisiones adecuadas para estos trabajos. La gran ventaja de este último sistema es la rapidez y comodidad debido a que no es necesaria la visibilidad entre puntos, por lo que el trabajo se realiza en las zonas de las boquillas y de los posibles pozos de ataque.

También la zona en la que nos movamos nos obligará a escoger un método u otro: la triangulación se adaptará mejor a un terreno despejado, pero en las calles de una ciudad los itinerarios serán mucho más adecuados.

Cualquiera que sea el método utilizado la finalidad será situar a cada lado del túnel unos puntos que definan la posición y dirección del eje y fijar la posición de los pozos de ataque, así como los puntos de referencia necesarios para posteriormente situar y prolongar el eje del túnel en el fondo del pozo.

Se vuelve a recordar la necesidad de tener en cuenta la convergencia de meridianos, si se trabaja con el norte verdadero, sobre todo si el túnel es de varios kilómetros y transcurre hacia el este o hacia el oeste.

Se supone al lector conocedor de los métodos y conceptos de los que se habla y cuya descripción, por lo tanto, no se desarrolla.

Como se aprecia en la figura de la derecha, los puntos definitorios de los extremos del túnel (boca norte y boca sur) forman parte de la red trigonométrica general o del itinerario si éste ha sido el método utilizado, bien porque ya existiesen en el terreno unas bases de replanteo, las utilizadas en el levantamiento topográfico de la superficie descrito al inicio del capítulo, desde las cuales se han situado, o bien porque se haya realizado primeramente la triangulación V-1, V-2,..., V-10 y posteriormente el replanteo de los puntos "boca norte" "boca sur" por cualquier método, como puede ser polares múltiples o intersecciones múltiples.

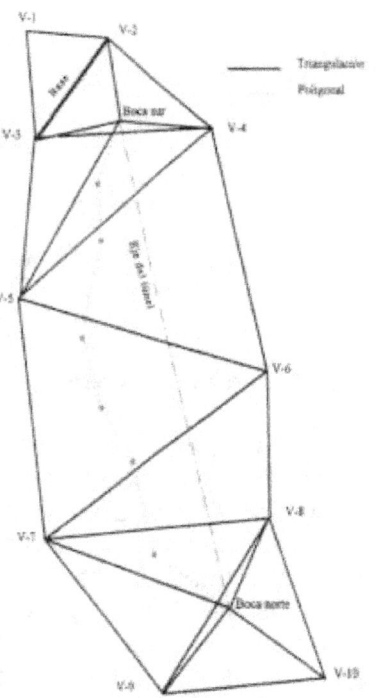

Lo importante es que formen parte de la red, de manera que una vez materializados se efectúe la reobservación de la red o del itinerario y con estos nuevos datos se realice el cálculo y la compensación. Esto dará como resultado unas nuevas coordenadas "boca norte" "boca sur" que aunque difieran algo de las de proyecto nos garantizan el futuro enlace en el interior del túnel.

6.2.1.2 Paso de línea por montera:

Otro de los trabajos topográficos que se deben realizar con anterioridad al comienzo de la excavación del túnel, y si las condiciones del terreno lo permiten, es el denominado *paso de línea por montera*. Supongamos un túnel en recta: conocidas las coordenadas de los puntos que definen los extremos del túnel, una vez realizado el enlace entre bocas, calculamos el acimut de la alineación recta "boca norte" "boca sur".

Si estacionando en boca norte y orientando el aparato prolongásemos dicho acimut, con las estaciones intermedias que fuesen necesarias, deberíamos llegar al punto boca sur, suponiendo nulos los errores accidentales propios de la prolongación de dicha alineación. Sin embargo es muy posible que lleguemos a un punto separado transversalmente del teórico una magnitud "d". Esto es debido a que las coordenadas de estos dos puntos no están exentas de pequeños errores residuales.

Según el dibujo, conocida la longitud total "L" y la distancia "d", podemos calcular el error en el acimut y modificar el calculado. Al ser este valor angular muy pequeño podemos utilizar la expresión:

$$tg\ e = d/L$$

Con este nuevo acimut repetiremos la operación de prolongación del acimut a cielo abierto las veces que sea necesario, hasta que el valor de "d" se pueda atribuir a la suma de los errores accidentales que previamente se han calculado.

Si la definición del eje del túnel fuese en curva o combinación de rectas y curvas, se replantearían dichas alineaciones y, calculada la longitud total (desarrollo) procederíamos de la misma manera que en el caso descrito.

Se puede decir que el paso de línea por montera es una comprobación a cielo abierto del cierre en dirección del trabajo que posteriormente se realizará en el interior del túnel.

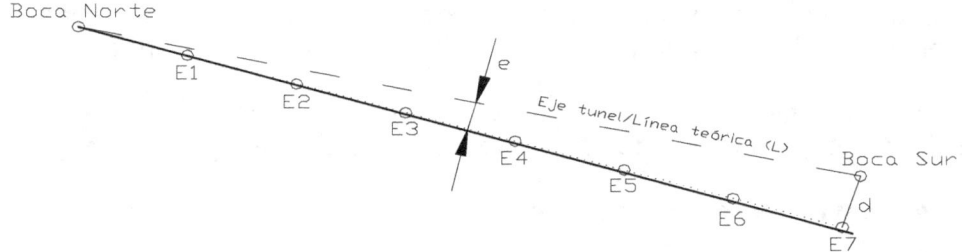

6.2.2 Altimétricos:

6.2.2.1 Nivelación entre bocas:

Desde el punto de vista altimétrico también se deberán enlazar las dos bocas del túnel efectuando una nivelación geométrica de precisión, que a ser posible empezará y concluirá en puntos de la nivelación oficial de alta precisión (NAP), sea como fuere siempre deberán ser cerradas. Se recuerda que los desniveles obtenidos por nivelación trigonométrica no tienen la precisión requerida para este tipo de trabajos.

Al efectuar esta nivelación se dejarán las señales necesarias que sirvan de partida a las nivelaciones secundarias, necesarias por ejemplo para llevar cota a la zona del pozo o rampa proyectada para multiplicar los frentes de excavación. Las señales deberán estar situadas lejos de la zona de influencia de la excavación del túnel y cimentadas sobre un estrato que no pueda ser afectado por las operaciones del túnel.

Por lo tanto la misión de estas nivelaciones es la de relacionar las cotas de ambas bocas así como la de dejar cota próxima al pozo o rampa proyectada, que sirva de base para la posterior medida de la profundidad del pozo o la prolongación de la nivelación por la rampa. También, en algunos casos, estos datos servirán para proyectar la rasante definitiva del túnel.

6.2.2.2. Perfil longitudinal por montonera:

El perfil longitudinal por montera se puede obtener directamente desde el plano topográfico sobre el que se ha proyectado el túnel, pero cuando se pretende multiplicar los frentes de excavación por medio de pozos o rampas de ataque intermedios es necesaria una mayor precisión y por lo tanto el levantamiento del longitudinal por montera, al menos en las zonas en las que se prevea que pueda situarse el pozo o rampa.

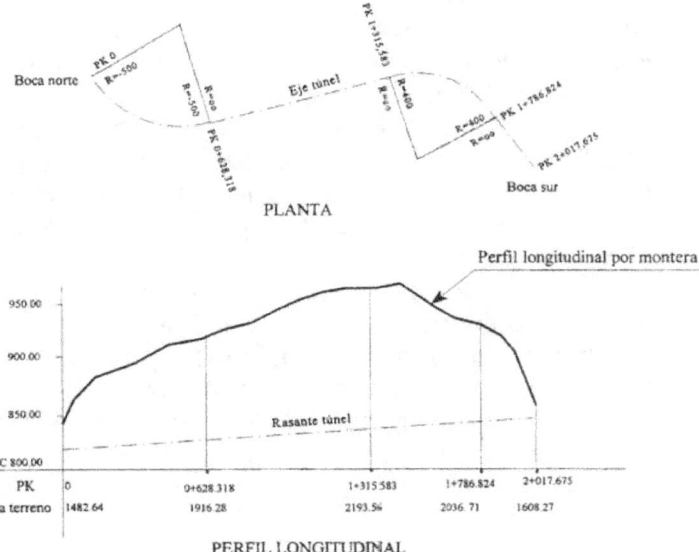

83

Una función más de los trabajos planimétricos que se describen en apartados anteriores es la de situar en la superficie del terreno tantos puntos del plano vertical que pasa por el eje del túnel como sea posible o necesario para el levantamiento del perfil longitudinal exterior. Estos puntos se replantearán desde los utilizados en la red de enlace entre bocas.

No obstante, si la definición planimétrica del túnel es recta, se pueden obtener los datos del perfil longitudinal a la vez que se realiza el paso de línea por montera.

6.3 Replanteo de pozos y rampas de ataque:

Dentro de este apartado vamos a diferenciar los trabajos a realizar cuando el enlace con el interior es a través de rampas o a través de pozos. Este último caso es el que presenta mayores dificultades, como se verá mas adelante.

Con el fin de multiplicar los frentes de ataque en la construcción de un túnel se suelen excavar, sobre todo en los túneles largos, pozos y/o rampas intermedias.

ESQUEMA DE APERTURA DE FRENTES DE ATAQUE INTERMEDIOS

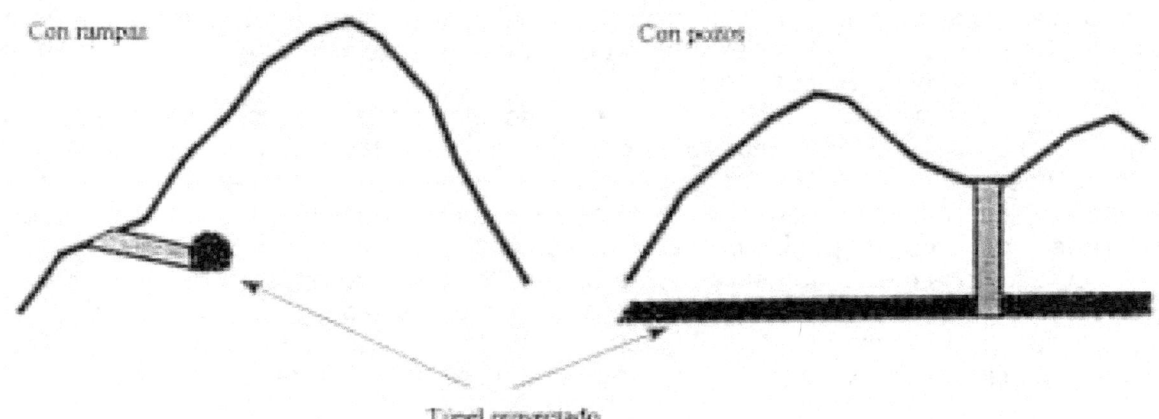

Con rampa   Con pozos

Túnel proyectado

Si el túnel pasa próximo a una ladera o bajo un collado puede ser más cómoda y rentable la excavación de una rampa de acceso en lugar de un pozo. en zonas urbanas también suele ser la solución única de acceso directo para la construcción de un túnel, por ejemplo en el Metro.

Sobre el topográfico base, o mejor aún sobre un levantamiento a escala mayor (1:200), se proyecta dicha rampa, definiendo el punto del eje del túnel al que debe acceder y. el punto de inicio en la superficie. La definición en planta suele ser una recta, por ser el trayecto más corto entre dos puntos, y la rasante dependerá del tipo de vehículos que deban circular por ella.

El proceso de replanteo será similar al del replanteo del túnel, que se describirá en apartados posteriores, aunque las tolerancias en la ejecución pueden ser mayores; no obstante habrá que ser meticuloso y preciso a la hora de transmitir la planimetría y la altimetría del túnel que se pretende excavar.

El replanteo y control de la excavación de un pozo tiene características singulares que se describen a continuación.

6.3.1 Replanteo exterior:

Una vez decidida la situación del pozo de ataque a la excavación, normalmente sobre el eje del túnel, tendremos que marcar en las proximidades de su boca y fuera de los posibles movimientos de tierras, cuatro puntos como mínimo en los que nos apoyaremos para el trazado futuro del eje del túnel. De estos cuatro puntos, se procurará que dos de ellos estén en el plano vertical del eje del túnel y los otros dos en un plano perpendicular que corte al primero en el eje del pozo.

Calculadas las coordenadas de estos puntos se replantearán desde vértices de la red exterior, teniendo en cuenta que la precisión necesaria, aunque variará según la tolerancia requerida en el encuentro futuro de frentes y de la longitud de túnel a excavar, deberá ser alta, ya que la longitud del tramo a transmitir estará obligada por el diámetro del pozo, con el consiguiente peligro del error de dirección al que ya hemos hecho referencia en el capítulo anterior.

Por lo que respecta al replanteo altimétrico se situará en las proximidades de la boca del pozo un punto con cota conocida, para ello se habrá realizado una nivelación secundaria partiendo de la principal. Calculada la rasante del túnel en el fondo del pozo deduciremos fácilmente la profundidad de éste.

6.3.2 Control de la excavación:

Los pozos excavados para la construcción de un túnel no son tan profundos como los utilizados en explotaciones mineras: las profundidades mayores se encontrarán generalmente en las construcciones hidroeléctricas, pero lo normal es que no superen los 100 m debido al alto coste de este tipo de excavaciones. El diámetro del pozo no debe ser menor de una vez y media el diámetro del túnel, ya que resulta difícil construir la abertura que se forma con la intersección de dos cilindros casi iguales.

Figura 34

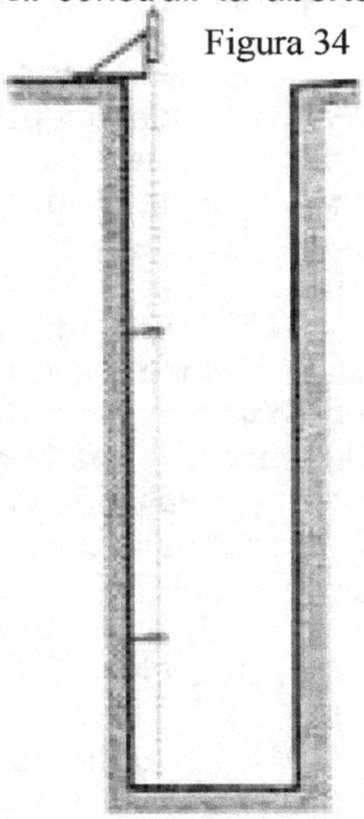

Al excavar un pozo uno de los requisitos más importantes es el control de la verticalidad. El tiempo transcurrido entre la entibación provisional y la definitiva es mínimo, incluso la definitiva tiene lugar al mismo tiempo que la excavación, por lo que no habrá más que una sola operación de guía.

Un sistema habitual de control de la verticalidad es por medio de plomadas de gravedad: se sitúan al menos tres o mejor cuatro plomadas (dependiendo del diámetro del pozo) suspendidas de un hilo o alambre, de la misma manera que las que se utilizan en la transmisión de la orientación (capítulo 5), y a una distancia fija del revestimiento definitivo (alrededor de unos 30 cm.). Desde el hilo se toman medidas a las paredes del pozo para verificar la verticalidad requerida.

Los puntos de la superficie por donde se hace pasar el hilo de las plomadas se pueden fijar en una ménsula y situarlos, basándose en los del replanteo exterior, en las mismas direcciones, de manera que se puedan conservar para usos futuros.

En la actualidad el uso del rayo láser ha sustituido a las plomadas para el control de la verticalidad, que se realiza efectuando la medida desde la pared del pozo al rayo interceptado por una pantalla como un punto luminoso. Se debe tener especial cuidado en comprobar la verticalidad del rayo, efectuando el giro de 360° (si el aparato lo permite) y comprobando que el punto en el blanco inferior permanece estacionario. En esta posición se fijan unas placas a las paredes del pozo, con un orificio central por donde debe pasar el rayo. Estas placas permitirán situar el emisor láser en su posición original, en el caso de haber tenido que quitarlo, o bien revelarán al instante si éste ha sido movido o desplazado por cualquier causa.

De la misma manera que se utilizan las plomadas de gravedad y el emisor láser, se pueden utilizar las plomadas ópticas al nadir, con el inconveniente de la necesidad de la presencia física del técnico cada vez que se requiera hacer una medición que consistirá simplemente en leer una cinta o mira en posición horizontal y en contacto con la pared del pozo.

6.3.3 Transmisión de la planimetría y altimetría:

Ya se ha hablado extensamente de la transmisión de la planimetría y de la altimetría al fondo de un pozo en el tema 5 "Levantamientos subterráneos". Los métodos aplicados para la transmisión de estos datos en el replanteo del túnel en principio pueden ser los mismos, en el caso de transmisión de la planimetría:

- Por medio de plomadas (ópticas o de gravedad)
- Con taquímetro o teodolito
- Con rayo láser
- Con brújulas o declinatorias
- Con teodolito giroscópico (giroteodolito).

Las particularidades en el caso de replanteos es que los dos puntos transmitidos suelen ser los que definen el eje del túnel y si son cuatro los otros dos definirán la perpendicular que pase por el centro del pozo, teniendo de esta manera comprobación en el fondo del pozo de la transmisión efectuada.

Por otro lado, al ser por lo general los pozos poco profundos, comparados con los de las explotaciones mineras, muchos de los inconvenientes se reducen: las visuales ópticas suelen ser buenas, la estabilidad de las plomadas de gravedad se consigue con mayor rapidez; sin embargo las brújulas y declinatorias no suelen ser útiles debido a la alta presencia de elementos perturbadores. El giroteodolito, debido a su alto coste, sólo se suele utilizar en proyectos de gran envergadura.

Se recuerda la importancia de la transmisión de la orientación, que posteriormente será prolongada en el interior del túnel, y que si no se obtiene con la precisión deseada provocará errores inadmisibles en el futuro encuentro de los frentes. La precisión obtenida dependerá en parte del método utilizado, pero también del cuidado y meticulosidad con que se haya realizado la observación.

En cuanto a la transmisión de la altimetría también se enuncian los distintos métodos que se pueden utilizar:

- Medida con cinta
- Método de Firminy
- Con distanciómetros.

En la medida de la profundidad con cinta las lecturas se realizan con nivel. Dos niveles estacionados uno en la superficie y otro en el fondo toman la lectura en la cinta. El de la superficie previamente observa la base de nivelación situada próxima a la zona, y el del fondo a la primera del itinerario interior, a la que de esta manera se transmite altimetría.

6.4 Replanteo del túnel. Metodologías:

Podemos decir que conviven en la actualidad dos metodologías aplicables al replanteo de túneles. La primera es heredada de los primeros largos túneles, construidos entre forales del siglo pasado y comienzos de éste, época en la que se disponía de teodolitos ópticos de precisión pero no de aparatos para la medida electrónica de distancias (MDE), es la de replanteo por el eje.

Actualmente el avance técnico en la instrumentación para la medida de distancias y su coste asequible permiten su utilización en cualquier tipo de replanteo, fabricándose de las precisiones necesarias para cada caso. Por lo que se suele replantear estacionando el aparato en puntos fijos (bases de replanteo, BR) de coordenadas conocidas y obtenidas por métodos topográficos adecuados a la precisión requerida (triangulación, itinerario, intersecciones...).

Esta metodología se aplica también en el replanteo de túneles, siendo el segundo método que se describe (replanteo desde una red subterránea).

Puede que se obtenga mayor precisión en el replanteo del eje desde redes interiores que por el propio eje, debido a que en el primer caso la misma estación o base de replanteo se puede comprobar por separado, volviéndose a comprobar las veces que sean necesarias, mientras que el replanteo por el eje es esencialmente la operación de fijar un punto base de estación y marcarlo de una vez por todas. Es bien sabido que se consigue mayor precisión angular y en distancia en la observación de un punto materializado en el terreno, que en su replanteo. Del mismo modo se consigue mayor precisión en las lecturas angulares leídas en el aparato que en las introducidas fijas para el replanteo.

No obstante en túneles cortos puede resultar más eficaz el replanteo por el eje; incluso en túneles de mayor longitud pero con largas alineaciones rectas puede ser más precisa la prolongación de la dirección por el eje que el replanteo de la recta desde bases.

6.4.1 Replanteo por el eje:

Se planifica en distintas fases que a continuación se describen:

6.4.1.1 Replanteos en las boquillas:

Una vez efectuada la reobservación de la red incorporando los puntos definitorios de las bocas del túnel, si ha sido el caso, y realizado el paso de línea por montera si las condiciones del terreno lo permiten, se fijarán fuera de cada boca y en la alineación del eje del túnel al menos tres puntos, a partir de los cuales comenzarán las operaciones de replanteo subterráneo.

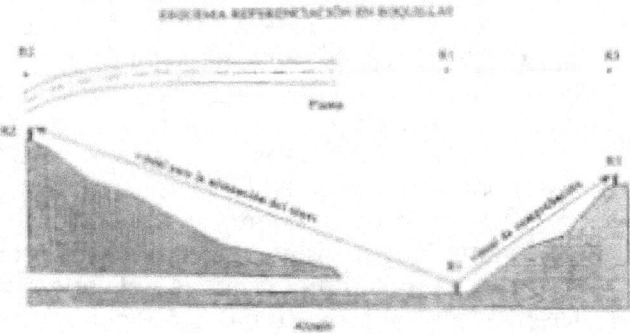

Estos puntos se deben materializar de manera permanente, por ejemplo con hitos de hormigón en los que se embute una chapa metálica con la señal grabada, o con algún otro sistema que garantice la inmovilidad de la señal. Deben estar fuera de la zona que se tema que será afectada por el movimiento de tierras, y separados entre sí la mayor distancia posible compatible con el alcance del aparato.

El aparato se colocará en el punto central, de coordenadas conocidas. El punto anterior se debe situar a ser posible encima del propio túnel y en zona que no vaya a modificarse en los trabajos de construcción de las boquillas, y sirve para fijar en cualquier momento la dirección del eje del túnel. El posterior servirá de comprobación.

Una vez abierta la excavación se establece un nuevo punto, a unos 10 o 15 m de la boca, para desde él marcar la zona de la galería que el alcance del aparato y las condiciones de visibilidad permitan. Posteriormente hay que ir estableciendo otras estaciones interiores, pero siempre -este primero- junto con los tres exteriores, servirán de origen a las comprobaciones periódicas que deben realizarse.

6.4.1.2 Cálculo del replanteo óptimo:

Las condiciones de espacio físico en las que se trabaja, obligan a un estudio del replanteo que permita visuales lo más largas posibles, siempre dependiendo del alcance del aparato. Si tanto la definición en planta del túnel como la de su rasante son rectas, el replanteo no tendrá dificultades de espacio y visibilidad. Pero cuando la planta es en curva y la rasante parabólica, hemos de diseñar un replanteo que se ciña al eje del trazado y que dependerá de la anchura libre del túnel.

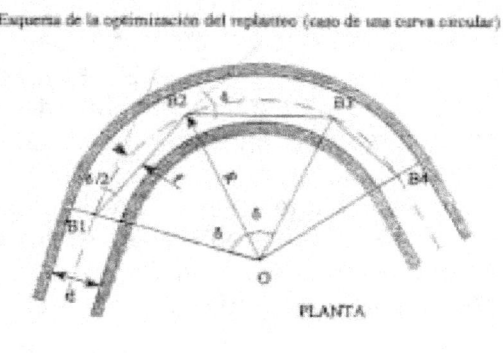

Esquema de la optimización del replanteo (caso de una curva circular)

Según la figura, se diseña una poligonal óptima por el eje, también llamada poligonal de cuerdas o del polígono inscrito, adaptada al ancho del túnel, de manera que la flecha sea algo menor que el semi-ancho del túnel. Estos tramos se tenderán a que tengan la misma longitud para un mismo radio, de manera que una vez calculado el replanteo de uno de ellos, sea repetitivo para los restantes.

Esta poligonal óptima es en la que nos basaremos para el marcaje de la alineación en la zona del frente, y también para la colocación del revestimiento.

Entre cada dos de estos puntos óptimos será necesario calcular otros intermedios, según las necesidades del sistema de excavación utilizado.

d : Ancho útil del túnel
R : Radio de la circular
f : Flecha óptima
δ : Ángulo en el centro óptimo

Si es con explosivos se consultará el avance previsto en el plan de tiro y esa longitud deberá ser la del cálculo del replanteo de los puntos intermedios, aunque luego durante la construcción se pueda simplificar recurriendo a otros métodos como los replanteos con láser o por métodos expeditos, que se describirán mas adelante.

El cálculo de estos puntos intermedios se podrá preparar por distintos métodos, que se suponen conocidos por el lector, como pueden ser por abcisas y ordenadas sobre la tangente, o sobre la cuerda, o por polares, siempre con estación en el vértice de la poligonal óptima anterior y orientando a la última dirección replanteada'.

Se ha descrito el proceso aplicado a una curva circular, de igual manera se prepararía el replanteo de una clotoide, conocidos su parámetro, longitud y tangente de entrada y salida.

En cuanto a la altimetría, se calcularán a la rasante de excavación sobreelevada una magnitud constante h, por motivos prácticos y de visibilidad (de 1 a 1,5 m), tanto los puntos básicos como los intermedios, y en sus extremos izquierdo y derecho.

Generalmente la excavación se realiza en dos fases: semisección superior o avance en bóveda y semisección inferior o destroza. En la primera fase normalmente la rasante de excavación no tiene pendiente transversal, a no ser que existan problemas de filtraciones de agua que obliguen a la construcción de una cuneta por donde tenga que circular, y se deba excavar la sección con una pendiente transversal que se dirija hacia ella.

Se dispondrá por lo tanto de unos listados para los puntos básicos en los que aparecerán, entre otros datos, la denominación del punto básico de estación y del que se replanteó, los PK (o desarrollo desde el origen) de ambos, los datos de replanteo y los datos de la rasante.

De la misma manera se confeccionan otros listados para el replanteo de los puntos intermedios, que en el caso de la curva circular podrá ser repetitivo entre dos puntos básicos.

6.4.1.3 Replanteo de los puntos básicos y de los intermedios:

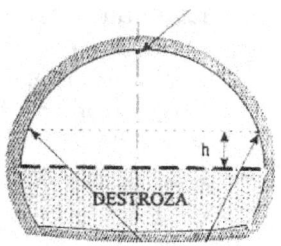

Desde el punto situado en el interior y próximo a la boca del pozo se comenzarán los trabajos de prolongación de la alineación del túnel. Si se trata de una recta la prolongaremos a medida que avance la excavación, proyectándola sobre el frente y arrastrando cota de la nivelación exterior que se va prolongando al interior según se necesite.

Se procede de este modo hasta llegar a la tangente de entrada de la curva que se trate. Para mayor simplicidad de la explicación se describirá el caso de que la curva sea circular.

Cuando el frente de excavación se encuentre situado en la tangente de entrada de la circular, éste se replanteará como uno intermedio más. Incluso desde el punto básico anterior aún se han de replantear algunos intermedios que lo sobrepasen, con el fin de que el frente se aleje lo suficiente del nuevo punto básico y permita su replanteo con la precisión requerida.

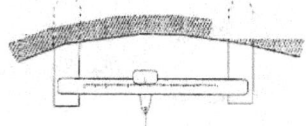

Figura 29

Una vez alejados los trabajos de excavación del nuevo punto básico, se replantea con precisión, para continuar desde aquí el replanteo del eje.

Existen en el mercado regletas de centraje o ajuste que permiten, efectuando varias lecturas con el anteojo en círculo directo y en círculo inverso sobre una regleta graduada, obtener un promedio y situar con exactitud el punto a replantear (Figura 29). Las hay que disponen también de regleta para el ajuste en distancia.

Una vez estacionados en el nuevo punto base y orientando al anterior, se replantean los puntos intermedios por cualquiera de los métodos enunciados (Figura 30).

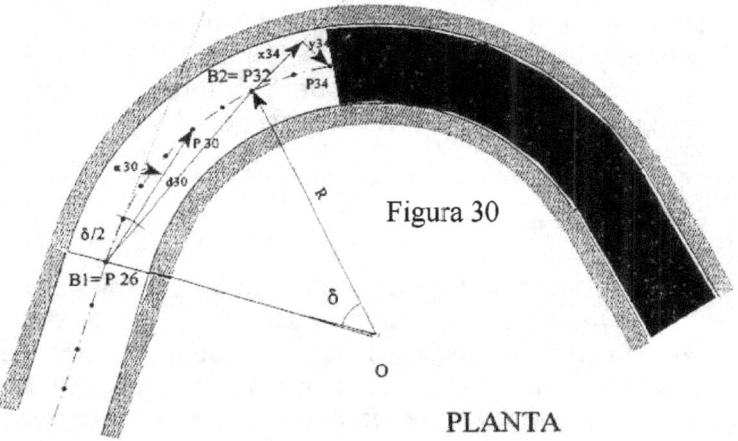

Figura 30

PLANTA

Ya se ha comentado que el replanteo en planta se suele hacer en la bóveda y el replanteo de la rasante de excavación sobreelevada se replantea normalmente con nivel y partiendo de bases de la nivelación geométrica interior.

En el esquema de la figura aparece representado el perfil o punto P30 replanteado por polares desde la prolongación de la tangente. Sin embargo el P34 se ha debido replantear por abcisas y ordenadas sobre la prolongación de la cuerda, por la imposibilidad de estacionar aún el aparato en el punto B2.

6.4.1.4 Comprobación. Replanteos dobles:

A medida que progresa la excavación será necesario comprobar que los replanteos efectuados se mantienen dentro de la precisión requerida y que la situación de los puntos no se ha visto afectada por asentamientos del terreno excavado. Por ello se debe realizar el llamado replanteo doble que, basándose en los puntos básicos anteriores o en otros nuevos, realizará los ajustes precisos.

Uno de los métodos usuales para el replanteo doble, en el caso de una curva circular, es el del polígono circunscrito, que comprueba los puntos básicos primarios por estar geométricamente situados en la misma alineación y en el, punto medio (Figura 31).

Otra de las funciones de este replanteo doble es dejar las bases de apoyo necesarias para la construcción del revestimiento si es el caso, o para el montaje posterior de vías o cualquier otro tipo de equipamiento del túnel proyectado.

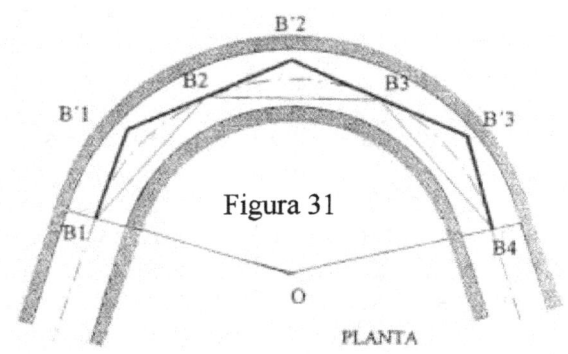

Figura 31

PLANTA

ESQUEMA DE LA POLIGONAL BASE PARA EL REPLANTEO DOBLE

También se comprobará y ajustará la red altimétrica inicial, por nivelación geométrica de precisión; ambas redes altimétricas deberán ser cerradas periódicamente con puntos de la red exterior.

Las precisiones de la nivelación suelen ser del orden de 3 mm. para un recorrido de un kilómetro. En itinerarios más largos será proporcional a la raíz cuadrada del número de visuales.

6.4.2 Replanteo desde una red subterránea

La red superficial, utilizada en el enlace entre bocas, se deberá prolongar en el interior del túnel según avance la excavación, para utilizarla en el replanteo del eje en la zona del frente, y también en la colocación del revestimiento: es la que llamaremos red inicial.

Esta red subterránea deberá someterse repetidas veces a sucesivas comprobaciones y ajustes, para mantener la precisión deseada. Estos trabajos son los que se describen en la red de control.

6.4.2.1 Red inicial:

A partir de la red superficial se establecen unas estaciones en el interior del túnel.

Deben ser estaciones sólidas y que fijadas a los hastíales o a la bóveda del túnel garanticen su inmovilidad frente a golpes propios de las condiciones del trabajo en espacios reducidos. No obstante, convendrá realizar una cuidadosa reseña del punto. Se deberá tener en cuenta a la hora de elegir su situación, que el sistema de excavación, el de revestimiento y el de transporte del escombro no puedan obstaculizar las observaciones.

Convendrá que la base sobre la que se sitúe tanto el aparato como las señales y los prismas sea de centraje forzoso, con la ventaja de la eliminación de los errores de estacionamiento y puntería.

Para evitar los errores en la dirección de las visuales, producidos por la refracción que origina la superior temperatura de la roca, las consolas o plataformas para el estacionamiento no deben estar excesivamente pegadas a ésta, e incluso puede ser conveniente diseñar la red en Zig-Zag (tramos de hastial a hastial contrario).

La longitud de las visuales estará limitada por la atmósfera del túnel y por la geometría de la traza, aunque no suelen superar los 150 m.

6.4.2.2 Red de control:

La roca e incluso el revestimiento no están inmunes a los movimientos, por lo que se hace imprescindible el control y la verificación constante de la red inicial.

Se podrán utilizar las mismas estaciones que en la red primaria o disponer unas nuevas que mejoren la distribución. Incluso en ocasiones se proyecta una red cruzada con la primaria, ambas en zig-zag, y se efectúa el control de ambas.

En túneles de gran envergadura se suele disponer de giroteodolito, considerado como instrumento de control puntual, y se utiliza para el cierre en dirección por anillos. Los teodolitos giroscópicos deben calibrarse en bases exteriores de acimut astronómico conocido antes y después de cada sesión de observaciones en el túnel.

Se volverá a observar, y en su caso a reponer, la red de control para hacer un levantamiento del túnel terminado y verificar las tolerancias de su diseño.

☐   Estación

..........Red primaria, comprobada junto con la de control

———Red de control

_____Cierre con giro acimut

PLANTA

6.4.2.3 Control del frente:

Consistirá en asegurar que la excavación como el revestimiento estén dentro de los límites requeridos.

Los instrumentos utilizados en la observación de esta red serán, a ser posible, teodolitos de los de apreciación con distanciómetro de precisión, aunque siempre dependerá de la longitud del túnel y de la tolerancia admitida en el encuentro, como ya se ha comentado.

Desde las estaciones de la red primaria se establecerán unas líneas de referencia en cada zona del trabajo que podrán ser el propio eje del túnel o uno desplazado. En ocasiones se estacionará en estos puntos desde los que se prolongarán dirección y distancia al frente, pero frecuentemente se replanteará los puntos del eje basándose en la red primaria.

En cuanto a la red de nivelación interior y al replanteo altimétrico se procederá de igual manera que la descrita en el método de replanteo por el eje.

6.4.3 Replanteos expeditos

Sea cual sea la metodología empleada en el replanteo del eje del túnel, basándose en los puntos replanteados, situados normalmente cada 20 m, el encargado del tajo podrá marcar tanto eje como rasante en el frente de una manera expedita.

Para ello utilizará los últimos dos puntos replanteados, situados en el techo del túnel, de los que colgará una plomada. La alineación definida por los hilos de las plomadas la proyectará en el frente de excavación, dirigiendo desde atrás a un operario situado en el frente que será el que marque la línea del eje.

De la misma manera procederá para marcar en el frente la rasante de excavación sobreelevada, tensará dos hilos entre las marcas o puntos altimétricos de los hastíales, para proyectar ese plano en el frente. La intersección de la línea vertical (eje en planta) con la línea de la rasante será el punto en el que se basará para marcar en la sección a excavar, o los taladros acotados en el plan de tiro si la excavación se realiza con explosivos.

Este marcaje se suele hacer con pintura, con el auxilio de unas plantillas de la sección o de los tramos de sección fabricadas a escala real.

La descripción anterior serviría para una definición de eje, tanto en planta como en alzado, en recta, o para curvas de gran radio en las que la flecha se pueda considerar despreciable en una prolongación de algunos metros.

Sin embargo el replanteo expedito se puede utilizar incluso en curvas más cerradas calculando y tabulando los desvíos, tanto en planta como en alzado, del eje con respecto a la prolongación de la cuerda (Figura 32).

Las tablas fabricadas, de las que dispondrá el encargado del tajo, estarán en función de la distancia del último punto replanteado al frente, y deberá poderse hacer una interpolación lineal sin error significativo.

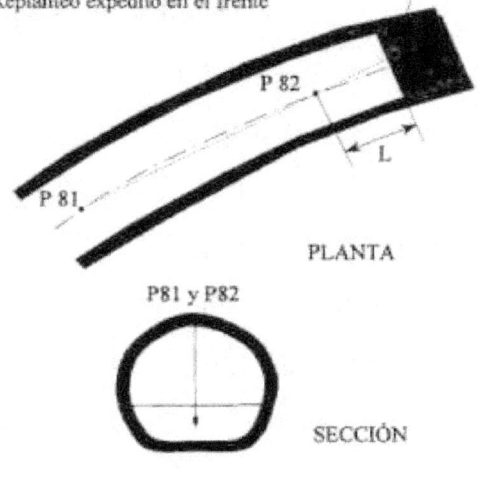

Replanteo expedito en el frente

PLANTA

P81 y P82

SECCIÓN

Figura 32

6.4.4 Replanteos con láser:

Un simple emisor de rayos láser situado y alineado con el teodolito suministra una línea fácilmente identificable y un punto reconocible proyectado continuamente sobre el frente del túnel.

Situado convenientemente en la dirección del eje del túnel, o de un eje paralelo, y con la pendiente adecuada, materializa fácilmente tanto la línea como la pendiente. Los emisores de rayos láser pueden disponer de elementos para su perfecto estacionamiento sobre la plataforma en la que se ha replanteado el punto del eje, y tornillería para dirigirlo hacia otro también conocido.

Una de las precauciones necesarias será el uso de al menos una placa con un orificio central por el que atravesará el rayo, y que lo cortará en el caso de que se desvíe inadvertidamente (Figura 33); la zona de utilización del rayo será a partir de dicha placa. Además se deberán hacer comprobaciones periódicas de su correcta situación.

La longitud útil de operación estará limitada por la natural dispersión del rayo en la atmósfera del túnel y, por supuesto, por la definición geométrica del trazado. Con respecto a la primera limitación, al movemos en el ambiente oscuro del túnel, si interceptamos el rayo con una pantalla se puede observar en el centro del círculo que forma el haz láser, cuando la distancia al emisor es grande, un punto más luminoso,

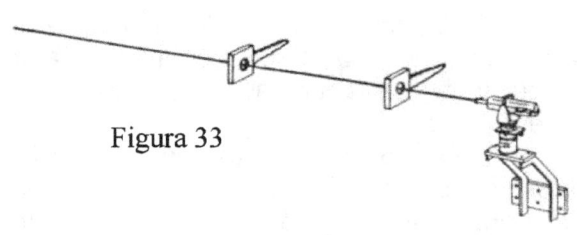

Figura 33

al que tomaremos las medidas (no obstante entre las características dadas por el fabricante se incluye la longitud óptima para su utilización). Son corrientes distancias de 200 m entre el frente de excavación y el emisor láser.

Por otro lado las limitaciones cuando la definición del eje o de la rasante es curva se solucionan de igual manera que en los replanteos expeditos, es decir, tabulando los desvíos.

Los riesgos para la vista por observación directa no son muy grandes debido a la baja potencia del rayo. No obstante en las condiciones dentro del túnel, donde la iluminación general es escasa y, por consiguiente, está dilatada la pupila del ojo, los rayos láser se deberán situar de tal manera que hagan mínima la posibilidad de un impacto directo en el ojo de cualquier persona que se encuentre dentro del túnel.

Las líneas trazadas con láser tienen cada día mayor uso, ya que proporcionan una indicación visual continua de líneas y niveles y, a pesar de que también se les deberá someter a comprobaciones y ajustes, dejan libre al topógrafo para efectuar tareas menos rutinarias.

6.4.5 Guiado de máquinas tuneladoras.

El replanteo de un túnel cuando la excavación se realiza con máquinas tuneladoras, se ve facilitada por la utilización de sistemas de guiado que indican al conductor la posición de la máquina en tiempo real respecto al trazado previsto.

Existen distintos sistemas: los más desarrollados son los dos que a continuación se describen, y que han sido los utilizados en el guiado de las tuneladoras usadas para la construcción del túnel bajo el Canal de la Mancha.

Ambos sistemas se basan en la determinación previa de una serie de puntos de coordenadas conocidas, red inicial, cuyas características ya se han descrito en el apartado "Replanteo de una red subterránea" de este mismo capítulo.

6.4.5.1 Sistema de guiado ZED:

De fabricación inglesa, se trata de un sistema que marca un punto sobre un blanco electrónico solidario con la máquina tuneladora, y situado a unos metros por detrás de la cabeza de corte. El punto es la materialización sobre el blanco, de un haz láser que se emite desde una estación de la red, de coordenadas conocidas, y con una dirección y pendiente también conocida.

La posición del punto respecto al eje de la tuneladora se compara con las teóricas del trazado en el ordenador del sistema, y aparecen visualizadas en una pantalla situada junto al puesto de conducción las diferencias en milímetros entre la posición teórica y la real.

El sistema también calcula la tendencia de avance, que se consigue conocer comparando la posición del impacto del láser al atravesar dos placas transparentes separadas 30 cm. situadas en el mismo eje de la tuneladora que contiene al blanco electrónico, y a una distancia conocida de éste (Figura 34).

El centro de los impactos del haz láser se determina con perfección mediante sensores fotoeléctricos muy precisos. Dos clinómetros magnéticos controlan constantemente el cabeceo y el balanceo de la máquina. Se hace una impresión de dichas informaciones, sistemáticamente en cada avance correspondiente a la anchura de un anillo.

El ordenador del sistema es capaz de diseñar una trayectoria que lleve a la tuneladora al eje teórico, en el caso de que sea necesario, lo que se logrará no de una manera brusca, sino 100 o 200 m más adelante, dependiendo de la magnitud del desvío.

El instrumento topográfico utilizado es un teodolito de precisión provisto de ocular láser. Una interfase del sistema ZED puede leer y mostrar en tiempo real los ángulos del teodolito, lo que evita la presencia permanente del técnico, que sólo intervendrá para prolongar la red de guiado y determinar las coordenadas de la nueva estación.

Un sistema ZED menos sofisticado utiliza un emisor láser convencional que define un eje de referencia. Este podrá ser el del túnel, uno paralelo o incluso uno cualquiera.

Se entiende que en las curvas se actuará de la misma manera, una vez conocida la distancia del emisor al blanco, complicándose aún más el cálculo para el ordenador del sistema.

Esquema sistema de control ZED en la tun eladora

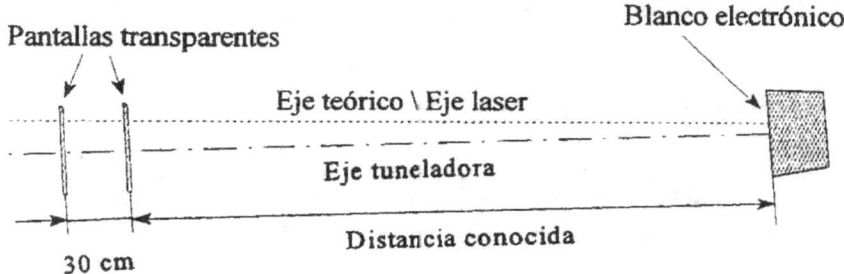

6.4.5.2 Sistema de guiado TUMA:

Este sistema, ideado por un geómetra alemán, pone en funcionamiento una estación total "de cabeza buscadora" (o motorizada) que, situada en una base de coordenadas conocidas y orientada, está conectada a un ordenador colocado en la cabina de conducción de la tuneladora. Dos prismas reflectores, fijos a la máquina y situados en una posición y eje (paralelo al de la tuneladora) conocidos, son leídos regularmente por la estación total que busca su puntería.

Las diferencias con relación al eje teórico aparecen en la pantalla del ordenador a cada avance de un anillo. También se visualiza la tendencia de la máquina y se imprimen los datos.

Este sistema exige la presencia constante de un operario, debido a la fragilidad del material empleado; no obstante, en caso de avería, es posible reemplazar la estación total motorizada por una clásica y realizar el trabajo manualmente.

6.4.6 Control en la zona del "cale":

Cuando la excavación del túnel se realiza desde dos o más frentes, norma habitual, los trabajos de replanteo deben tener la precisión necesaria para que el encuentro de los frentes se realice dentro de las tolerancias establecidas, según el tipo de túnel de que se trate.

La precisión no será igual para un túnel excavado en roca y sin revestimiento, que para uno cuyo revestimiento sea a base de dovelas prefabricadas, que apenas disponen de holgura para su ensamblaje.

Cuando no se tenga la seguridad de poder cumplir las tolerancias, será necesaria la excavación de una larga galería piloto, con el fin de comprobar los errores de cierre de los trabajos topográficos en dirección, cota y distancia, éste último de menor importancia sobre todo en caso de alineación recta.

Esta operación permitirá rectificar la traza del túnel, en caso necesario en el tramo aún no excavado, y obtener un perfecto entronque.

Los ajustes de la traza se realizarán manteniendo los límites especificados de curvatura y pendiente. Normalmente será suficiente cambiar los puntos de tangencia de la misma curva o encajar una curva de gran radio si el enlace es en recta.

TOPOGRAFÍA MINERA

Programa resumido de teoría

Tema 1.   La topografía subterránea. Justificación.
Tema 2.   Instrumentos usados en topografía subterránea.
Tema 3.   Métodos topográficos subterráneos.
Tema 4.   Topografía y fotogrametría en explotaciones mineras a cielo abierto.
Tema 5.   Enlace entre levantamientos subterráneos y de superficie.
Tema 6.   Rompimientos mineros.
Tema 7.   Intrusión de labores.
Tema 8.   Aplicaciones geológico-mineras.
Tema 9.   Estudio y control de hundimientos mineros.
Tema 10. Topografía de túneles.

Programa resumido de prácticas

1   Interpretación de planos mineros de interior y a cielo abierto: labores, infraestructuras, instalaciones, vertederos, etc.
2   Recordatorio de manejo de instrumentos topográficos.
3   Visita a explotaciones mineras o a obras civiles.
4   Transmisión de orientación al interior: métodos mecánicos.
5   Transmisión de orientación al interior: métodos magnéticos.
6   Ejercicios de los temas 1 a 9.

Bibliografía

- Apuntes del profesor.
- Topografía Minera. Fernández Fernández, L. Universidad de León.
- Topografía Subterránea para minería y obras. Estruch Serra, M y Tapia Gómez, A. Ediciones UPC.

TEMA 1.- LA TOPOGRAFÍA SUBTERRÁNEA. JUSTIFICACIÓN.

1.1.- Introducción.

Esta parte de la asignatura pretende estudiar la aplicación de las técnicas topográficas, ya estudiadas en la asignatura *Topografía*, al caso de trabajos desarrollados en el subsuelo. Además del ejemplo clásico de la minería de interior, estas técnicas serán aplicables en la perforación de túneles para carreteras y ferrocarriles, en determinadas obras hidráulicas, en la creación de espacios subterráneos para almacenamiento, etc.

Las características que hacen especiales las obras subterráneas, desde la perspectiva de la topografía, son las siguientes:

- Iluminación.- En las obras subterráneas es preciso trabajar con luz artificial, en ocasiones escasa. Esto obliga a emplear iluminación adicional, tanto en los equipos topográficos como en las señales de puntería y los puntos visados.
- Temperatura, humedad, etc.- Pueden suponer condiciones de trabajo incómodas para los operarios, pero también afectar a los equipos, que estarán sometidos a condiciones adversas que facilitan su deterioro.
- Existencia de polvo, gases nocivos o grisú.- Suponen condiciones adversas y, en ocasiones, peligrosas.
- Espacios reducidos y por los que, con frecuencia, circulan vehículos o existe maquinaria en movimiento.- Esto obliga, habitualmente, a fijar los puntos de estación en las paredes o en los techos de las labores y, en ocasiones, a estacionar en estos mismos puntos.
- Levantamiento de puntos de difícil acceso, en los que a menudo resulta imposible situar una señal de puntería.
- Comunicación entre las labores de interior y las de exterior.- Pueden complicar, de manera importante, los trabajos topográficos de enlace entre dichas labores, en particular la transmisión de orientación y de cota al interior.
- La complejidad de las labores de interior, que puede dificultar el desarrollo de los trabajos topográficos y, en particular, el replanteo de nuevas labores.
- Los levantamientos topográficos en minería deben seguir de cerca los avances de la explotación. Además, los vértices en los que se apoyan pueden verse afectados por los movimientos del terreno o, incluso, desaparecer.

Los planos de las labores mineras de interior deben llevarse al día, para poder organizar adecuadamente los trabajos de salvamento en caso de accidente, para relacionar las labores con posibles efectos en el exterior, para evitar intrusiones en los registros mineros colindantes, para evitar el problema de las aguas colgadas, etc.

Los trabajos topográficos intervienen en todas las fases del proceso minero. En el caso de minería de interior, y sin ánimo de ser exhaustivos, podemos mencionar los siguientes casos:

- Prospección y exploración.
- Investigación por sondeos del yacimiento: replanteo de la malla de sondeos teórica, levantamiento topográfico de la situación real de los sondeos; sondeos inclinados.
- Replanteo de registros mineros.
- Levantamiento inicial de la zona minera. Replanteo de las obras e instalaciones a construir en el exterior.
- Toma de avances; replanteo de obras e instalaciones a construir en el interior.
- Replanteo de labores subterráneas; rompimiento entre labores.

1.2.- Nociones de minería subterránea.

Aunque hayan sido estudiados en otras asignaturas, se incluye un breve recordatorio de algunos conceptos básicos.

La explotación correcta de una mina subterránea requiere una red, cuidadosamente planificada, de pozos, galerías, rampas y chimeneas o coladeros. Estas labores permitirán el acceso al yacimiento, la circulación de personal o maquinaria, la extracción de mineral y estéril, la ventilación de las labores, etc. (figura 1.1).

Pozos.- Su finalidad suele ser la de conectar las instalaciones de superficie con el subsuelo.

Se utilizan para la extracción de mineral y estéril, transporte de personal y maquinaria, ventilación, etc. Suelen ser verticales, aunque en algunos casos pueden seguir la inclinación del cuerpo mineral.

Su diámetro puede variar entre 1 ó 2 metros, para pozos de servicio, hasta 8 ó 10 metros en minas importantes. Pueden tener secciones circulares o elípticas, que resisten mejor las presiones del terreno, o rectangulares, que presentan un mayor coeficiente de utilización. Pueden alcanzar varios centenares de metros de profundidad.

Suelen llevar entibación, sobre la que se apoyan las guías por las que se mueven las jaulas o skips.

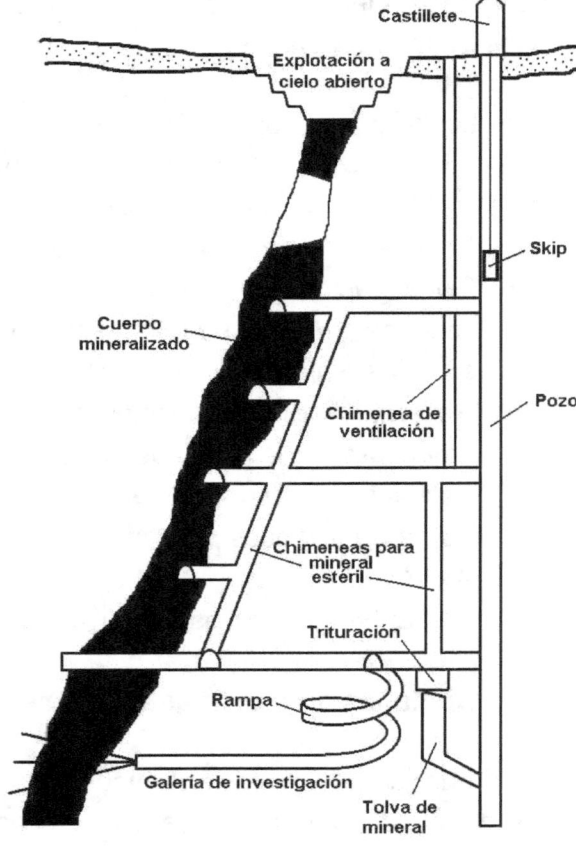

Galerías.- Se utilizan para preparación de túneles, exploración, acceso de personal y maquinaria a los tajos, transporte de mineral y estéril, etc. En ellas se instalan las vías, transportes, conducciones, cables eléctricos, etc.

Su forma puede ser trapezoidal o aproximadamente semicircular. Si las características del terreno lo exigen, se entiban. En el piso se excava un canal que permita la evacuación de aguas.

Chimeneas y coladeros.- Sirven como conexiones, verticales o inclinadas, entre diferentes niveles de trabajo. Se perforan para permitir el transporte de mineral, de

Fig. 1.1. Esquema de una mina de interior

personal, para ventilación o para facilitar las labores de preparación.

Tienen sección cuadrada, rectangular o circular.

Rampas.- Sirven para el acceso a las labores, sustituyendo o completando a los pozos, y para comunicar entre sí diferentes niveles. Su pendiente es inferior al 15% para permitir el movimiento de la maquinaria minera autopropulsada.

En estas labores se emplean distintos sistemas de perforación, en los que no vamos a extendernos. En todos los casos, la perforación será dirigida y controlada por los topógrafos, que calcularán la dirección e inclinación de los trabajos y realizarán el replanteo de estos.

1.3.- Planos reglamentarios en minería.

El Reglamento de Normas Básicas de Seguridad Minera, y las Instrucciones Técnicas Complementarias correspondientes, indican que en todo trabajo o explotación subterráneos deben existir los siguientes planos:

- Plano topográfico de toda la superficie afectada por la explotación minera.- Escala mínima 1/5.000. Deben figurar en él las obras exteriores y edificaciones de la mina, los poblados, carreteras, líneas eléctricas, cauces de agua, etc. Deben situarse los pozos y polvorines, con indicación de la cota. En este plano figurarán, asimismo, los límites del grupo minero.
- Plano general de labores.- Escala 1/2.000. Debe representar las labores ejecutadas y en ejecución, identificando claramente aquellas que se encuentren abandonadas.
- Plano de detalle de tajos y cuarteles.- Escala 1/1.000, normalmente. Se emplean proyecciones horizontales y verticales, secciones longitudinales y transversales. Cuando existen plantas distintas, se emplean colores distintos para diferenciarlas. En minas metálicas debe elaborarse un plano de metalizaciones, en proyección horizontal. Si existen varios cuerpos mineralizados se emplean proyecciones separadas para identificarlos claramente.
- Plano general de ventilación.- Escala 1/5.000. Debe figurar la dirección de la corriente de aire y su distribución, caudales en litros/sg., etc.
- Plano general de la red eléctrica.
- Plano general de la red de aire comprimido.
- Plano general de la red de comunicaciones interiores.
- Plano general de la red de aguas, si procede.
- Plano general de transporte.
- Plano general de exteriores.

Todos ellos elaborados de acuerdo con la legislación vigente y acompañados de cualquier otro plano que la autoridad minera considere necesario. En las oficinas de la explotación minera debe disponerse de un ejemplar actualizado de cada uno de estos planos.

El Plan de Labores de la explotación debe presentarse en el mes de enero de cada año y recoge las labores que la empresa se propone desarrollar en el curso de ese año, en relación con el proyecto general de la explotación. La Memoria irá acompañada de los siguientes planos:
- Plano de situación de la explotación y de comunicaciones.- Escala 1/50.000. Puede emplearse una fotocopia de parte de la hoja del Mapa Topográfico Nacional, marcando en él la situación de la explotación y los accesos a la misma.
- Plano de concesiones mineras.- Escala 1/5.000.
- Plano de labores.- Escala 1/1.000 ó 1/2.000.
- Plano de ventilación.

Todos ellos elaborados de acuerdo con la legislación vigente.

1.4.- Ejercicios.

1.4.1.- Calcula la pendiente, la longitud y la orientación de una galería cuyos extremos A y B tienen las siguientes coordenadas: A (1.000 ; 1.000 ; 100)   B (970 ; 1.100 ; 101,5)

La longitud D_N total de la galería es la distancia natural entre los puntos A y B:

$$D_N = \sqrt{(X_B - X_A)^2 + (Y_B - Y_A)^2 + (Z_B - Z_A)^2} = 104,414 m$$

La longitud horizontal D_R de la galería es la distancia reducida entre los puntos A y B:

$$D_R = \sqrt{(X_B - X_A)^2 + (Y_B - Y_A)^2} = 104,403 m$$

La pendiente es la relación entre el desnivel existente entre los puntos extremos A y B de la galería y la distancia reducida entre ellos:

$$p = \frac{Z_B - Z_A}{D_R} = 0,0144 = 1,44\%$$

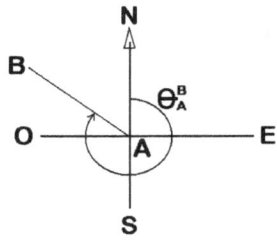

La orientación de la galería es el acimut de la alineación formada por los dos puntos extremos. Las posiciones relativas aproximadas de los puntos A y B, deducidas de sus coordenadas planas, se muestran en la figura. Por tanto, el acimut se calcula:

$$\theta_A^B = 400^g - arc\ tg\ \frac{|X_B - X_A|}{|Y_B - Y_A|} = 381,445^g$$

1.4.2.- De un punto A, de coordenadas (1.000 ; 1.000 ; 100), parte una galería de 25m de longitud (en distancia natural) y con una pendiente descendente del 3%. Calcula las coordenadas del otro extremo B de la galería, sabiendo que su orientación corresponde a un acimut de 130^g.

La pendiente de la galería es igual a la tangente del ángulo α que forma la galería con su proyección horizontal:

$$p = \frac{\Delta Z}{D_R} = tg\ \alpha = 3\% = 0,03$$

$$\alpha = arc\ tg\ 0,03 = 1,909^g \%$$

De la figura:

$$D_R = l\ cos\ \alpha = 24,989 m$$

$$\Delta Z = -l\ sen\ \alpha = -0,750 = Z_A^B$$

Como el acimut de la galería es $\theta_A^B = 130^g$,

$$X_B = X_A + D_R \ sen \ \theta_A^B = 1.022,265m$$

$$Y_B = Y_A + D_R \ cos \ \theta_A^B = 988,655m$$

$$Z_B = Z_A + Z_A^B = 99,250m$$

1.4.3.- Desde un punto A (1.000 ; 1.000 ; 100) de la superficie se ha excavado un pozo vertical de 50m de profundidad. Del extremo inferior B de este pozo parte una galería horizontal, en dirección S-30^g-O, de 30m de longitud. Esta galería acaba en una chimenea, con la misma orientación, inclinada 5^g respecto a la vertical y con una longitud de 5m. Calcula las coordenadas del extremo inferior B del pozo, del extremo C de la galería y del fondo D de la chimenea.

Coordenadas de A:

X_A = 1.000m Y_A = 1.000m Z_A = 100m

Coordenadas de B:

Como el pozo es vertical,

$X_B = X_A$ $Y_B = Y_A$ $Z_B = Z_A$ - 50 = 50m

X_B = 1.000m Y_B = 1.000m Z_B = 50m

Coordenadas de C. La distancia reducida entre B y C, D_{BC}, es la longitud de la galería (30m), ya que ésta es horizontal:

$$\theta_B^C = S - 30^g - O = 230^g$$

$$X_C = X_B + D_{BC} \ sen \ \theta_B^C = 986,380m$$

$$Y_C = X_B + D_{BC} \ cos \ \theta_B^C = 973,270m$$

$Z_C = Z_B$ = 50m, ya que la galería es horizontal

Coordenadas de D. De la figura se deduce que:

Distancia reducida $D_{CD} = l \ sen \ 5^g = 0,392m$

Desnivel $Z_C^D = - l \ cos \ 5^g = -4,985m$

Además, sabemos que: $\theta_C^D = \theta_B^C = 230^g$

$$X_D = X_C + D_{CD} \ sen \ \theta_C^D = 986,202m$$

$$Y_D = Y_C + D_{CD} \ cos \ \theta_C^D = 972,920m$$

$$Z_D = Z_C + Z_C^D = 45,015m$$

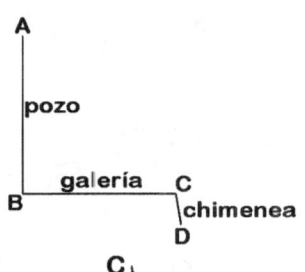

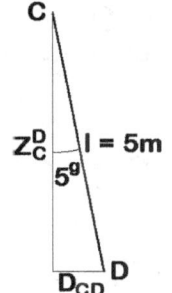

1.4.4.- De un pozo vertical parten dos galerías. La primera empieza a 30m de profundidad, tiene una longitud de 20m y una pendiente ascendente del 2% y su orientación (acimut) es de 40^g. La segunda empieza a 50m de profundidad, tiene una longitud de 25m y una pendiente descendente del 3% y su orientación es de 45^g. Si se quisieran conectar los extremos de

las dos galerías, calcula la inclinación, la orientación y la longitud de la labor a perforar.

Vamos a suponer que las coordenadas del punto inicial de la primera galería son:

$$X_{I1} = 0 \qquad Y_{I1} = 0 \qquad Z_{I1} = 0$$

Si llamamos p_1 a la pendiente de la primera galería, de la figura se deduce que:

$$p_1 = tg\ \alpha = 2\% = 0,02$$

$$\alpha = arc\ tg\ 0,02 = 1,273^g$$

$$D_{R1} = l\cos\alpha = 19,996m$$

$$\Delta Z_1 = l\ sen\ \alpha = 0,400m$$

Conocido el acimut de la primera galería, las coordenadas del punto final *F1* de ésta se calculan:

$$X_{F1} = X_{I1} + D_{R1}\ sen\ \theta_{I1}^{F1} = 11,753m$$

$$Y_{F1} = Y_{I1} + D_{R1}\ cos\ \theta_{I1}^{F1} = 16,177m$$

$$Z_{F1} = Z_{I1} + \Delta Z_1 = 0,400m$$

Las coordenadas planas (X e Y) del punto inicial *I2* de la segunda galería coinciden con las de *I1*. Respecto a la coordenada Z, como la primera galería empieza a 30m de profundidad y la segunda a 50m, tenemos:

$$X_{I2} = 0 \qquad Y_{I2} = 0 \qquad Z_{I2} = 30 - 50 = -20m$$

Si llamamos p_2 a la pendiente de la segunda galería, de la figura se deduce que:

$$p_2 = tg\ \alpha' = 3\% = 0,03$$

$$\alpha' = arc\ tg\ 0,03 = 1,909^g$$

$$D_{R2} = l'\cos\alpha' = 24,989m$$

$$\Delta Z_2 = -l'\ sen\ \alpha' = -0,750m$$

Conocido el acimut de la segunda galería, las coordenadas del punto final *F2* de ésta se calculan:

$$X_{F2} = X_{I2} + D_{R2}\ sen\ \theta_{I2}^{F2} = 16,229m$$

$$Y_{F2} = Y_{I1} + D_{R2}\ cos\ \theta_{I2}^{F2} = 19,002m$$

$$Z_{F2} = Z_{I2} + \Delta Z_2 = -20,750m$$

Para calcular la orientación de la labor que conectará los extremos de las dos galerías dibujamos en un croquis las posiciones relativas aproximadas de *F1* y *F2*, según sus coordenadas planas. De la figura obtenida se deduce que:

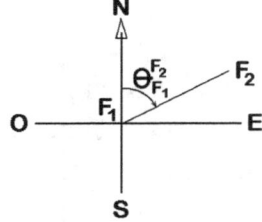

$$\theta_{F1}^{F2} = arc\ tg\ \frac{|X_{F2} - X_{F1}|}{|Y_{F2} - Y_{F1}|} = 64,158^g$$

Para calcular la longitud total a perforar (D_N) y la pendiente (p_3) hacemos:

$$D_N = \sqrt{(X_{F2} - X_{F1})^2 + (Y_{F2} - Y_{F1})^2 + (Z_{F2} - Z_{F1})^2} = 21{,}802\,m$$

$$D_R = \sqrt{(X_{F2} - X_{F1})^2 + (Y_{F2} - Y_{F1})^2} = 5{,}293\,m$$

Siendo D_R la distancia reducida entre los puntos *F1* y *F2* y D_N la distancia natural entre ellos, que será la longitud a perforar. Para calcular la pendiente hacemos:

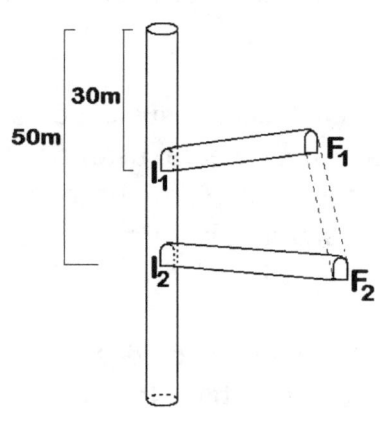

$$Z_{F1}^{F2} = Z_{F2} - Z_{F1} = -21{,}150\,m$$

$$p_3 = \frac{Z_{F1}^{F2}}{D_R} = -4{,}000$$

TEMA 2.- INSTRUMENTOS USADOS EN TOPOGRAFÍA SUBTERRÁNEA.

2.1.- Señalización de los puntos de estación.

En topografía subterránea es muy habitual que las señales que marcan los puntos de estación no se puedan colocar en el suelo, ya que el paso de personal y de maquinaria podría hacerlas desaparecer. Por ello se colocan, normalmente, en el techo de las labores, utilizando una plomada para proyectarlas sobre el piso.

Para la puesta en estación proyectaremos el punto sobre el suelo, donde se marcará con un clavo, y se procederá a estacionar sobre este clavo utilizando el procedimiento habitual. En muchos casos se prefiere suspender una plomada desde el punto marcado en el techo y centrar el instrumento con referencia a esta plomada.

Los puntos de estación se elegirán de manera que los recorridos de los itinerarios sean lo más sencillos posible y su número de estaciones lo más bajo posible, para evitar la acumulación de errores. Las señales no deben estar sometidas a movimientos. Se deben numerar de forma ordenada y recoger claramente las observaciones necesarias en las libretas de campo, incluyendo croquis cuando sea preciso, para facilitar su localización.

En exterior, los puntos se suelen denominar usando letras mayúsculas. En interior se suelen emplear minúsculas, seguidas de apóstrofes o de subíndices en caso necesario.

Las estaciones marcadas en el techo de la labor deben ser fáciles de localizar y no estar expuestas a desaparecer. Para que el punto de estación quede marcado inequívocamente, emplearemos las siguientes normas:
- El hueco del cáncamo por el que pasa el hilo de la plomada debe ser de diámetro un poco superior al de éste.
- El cáncamo debe situarse en el plano vertical que contenga a la bisectriz del ángulo formado por las dos visuales a lanzar desde la estación: la de la estación anterior y la de la siguiente.
- El hilo de la plomada debe introducirse en el ojal siempre en el mismo sentido y utilizando esta norma para todas las estaciones.

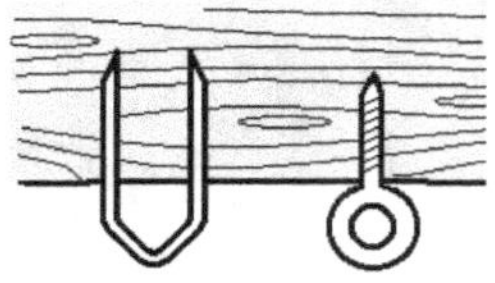

Cuando la entibación es de madera (figura 2.1) las señales se clavan con facilidad. Pueden emplearse grapas de hierro, cerrando un poco la curvatura para aproximarla

Fig. 2.1. Señalización de estaciones (1)

al grosor del hilo de la plomada. También puede emplearse un cáncamo normal, con el ojal pequeño.

Cuando la entibación es de metal puede sujetarse una cuña de madera, mediante grapas, y proceder como en el caso anterior. También se utiliza una pistola (de las que emplean los electricistas) para empotrar tornillos apropiados, provistos de un ojal, en la entibación.

En labores en roca puede utilizarse un martillo perforador para hacer un taladro e introducir en él un taco de madera sobre el que se clavará el cáncamo (figura 2.2). También pueden emplearse tacos de plástico. Utilizando cemento mezclado con sosa (para que fragüe rápido) se pueden sujetar grapas en el techo (figura 2.3). En este caso conviene doblar ligeramente las patas de la grapa hacia afuera y cerrar la curvatura de ésta, como se indicó antes.

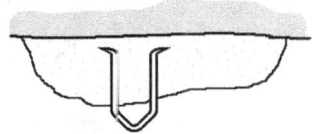

Fig. 2.2. Señalización de estaciones (2)

Fig. 2.3. Señalización de estaciones (3)

Para localizar fácilmente los puntos, conviene marcar un círculo rojo con pintura alrededor de cada uno, una vez puesta la señal que sujetará la plomada.

2.2.- Medida de ángulos.

Las circunstancias propias de los trabajos de interior obligan, con frecuencia, a establecer itinerarios de lados muy cortos, lo que supone mayores errores en la medida de ángulos. En particular, el error de dirección puede ser muy importante, especialmente si la puesta en estación no se hace con el cuidado necesario.

Antiguamente se empleaban teodolitos con anteojo excéntrico, de manera que se pudieran lanzar visuales verticales a lo largo de pozos y chimeneas. Pero las complicaciones que suponían, y la necesidad de introducir en todas las mediciones la corrección por excentricidad, han hecho que en la actualidad se utilicen, normalmente, equipos de uso general. Para poder lanzar visuales verticales, estos equipos se dotan de oculares acodados.

También pueden emplearse, siempre que la apreciación sea compatible con la precisión de los trabajos topográficos y que no existan perturbaciones magnéticas en el subsuelo, las brújulas.

Para transmitir la orientación a las labores de interior puede emplearse el giroteodolito, que estudiaremos más adelante, al tratar el tema de la orientación en labores subterráneas.

2.2.1.- Teodolitos, taquímetros y estaciones totales.

Como hemos indicado, suelen emplearse instrumentos similares a los de exterior, siempre teniendo en cuenta las condiciones de iluminación de las labores subterráneas y, en caso necesario, que sean antigrisú.

No obstante, existen equipos especialmente diseñados para trabajos de interior. Estos equipos se estacionan de manera que no interrumpan los servicios de arranque y de transporte de material.

En algunos casos se coloca el instrumento sobre una barra horizontal, que se apoya en los hastiales a altura suficiente para no interrumpir el transporte. En otros casos, especialmente si las labores son angostas, el instrumento se suspende de un perno introducido en el hastial o en el techo de la labor.

Los equipos antiguos se iluminaban, mediante el equipo adecuado, a través de los puntos de entrada de luz, de manera que pudieran tomarse lecturas sobre los limbos. Los teodolitos electrónicos y las estaciones totales disponen de una pantalla, donde pueden leerse los resultados de la medición, que puede estar iluminada.

Las plomadas y las señales de puntería se iluminan desde atrás, interponiendo una pantalla de papel o de plástico para no deslumbrar al operario del instrumento. También pueden iluminarse lateralmente. Todos los equipos de iluminación, en caso de minas de carbón, deben ser antigrisú.

La puesta en estación se realiza, generalmente, con relación a una plomada que cuelga de un cáncamo situado en el techo de la labor, como hemos visto (figura 2.4). Moveremos el instrumento, montado sobre el trípode, hasta situarlo aproximadamente bajo la plomada y, a continuación, utilizaremos el juego del instrumento sobre la meseta del trípode para afinar mejor. La plomada debe estar en la prolongación del eje principal del instrumento.

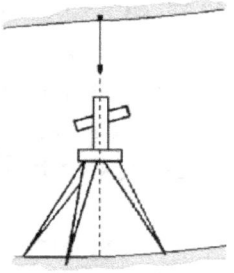

Fig. 2.4. Puesta en estación

Muchos instrumentos llevan una señal o un pivote para indicar el centro del anteojo. Si situamos el anteojo en posición horizontal, esta señal nos indicará el punto sobre el que debe estar la plomada para conseguir la puesta en estación. Si el aparato no dispone de esta señal, la materializamos estacionando aproximadamente bajo la plomada y marcando con un lápiz el círculo que describe la punta de ésta sobre el anteojo (situado en posición horizontal) al girar la alidada horizontal. El centro de este círculo es el punto buscado.

Para medir el ángulo entre ejes de un itinerario (figura 2.5) se sitúan plomadas en los tres puntos que lo definen, es decir en los puntos que marcan nuestra estación y las estaciones anterior y siguiente. Como en el caso de medición de ángulos en el exterior, si hemos orientado previamente el instrumento (con la visual de espaldas) obtendremos acimutes y si no, obtendremos las lecturas horizontales.

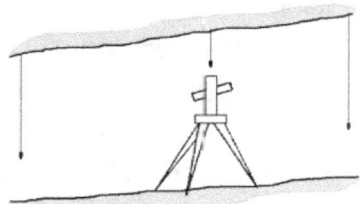

Fig. 2.5. Medición de ángulos

Si interesa calcular el ángulo interior, se puede hacer por diferencia de lecturas o, directamente, haciendo cero en la visual de espaldas.

Cuando no sea posible estacionar en el punto E previsto (por existir escombros, agua, inicio de una labor, etc.) lo haremos en un punto P lo más próximo posible y desde el que sean visibles las estaciones anterior A y

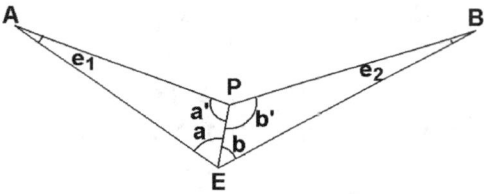

Fig. 2.6. Reducción al centro de estación

siguiente B (figura 2.6). Aplicaremos la *reducción al centro de estación* para calcular los ángulos a y b y las distancias D_{EA} y D_{EB} que se habrían medido de haber podido estacionar en E.

Tras estacionar en P visamos a los puntos A y B, determinando los ángulos a' y b' y midiendo las distancias D_{PA} y D_{PB}. También mediremos la distancia D_{EP}. En todos los casos nos referimos, naturalmente, a distancias reducidas.

Resolviendo los dos triángulos formados, de cada uno de los cuales conocemos dos lados y el ángulo comprendido, podremos calcular los ángulos a y b y las distancias D_{EA} y D_{EB} que nos interesan.

2.2.2.- Brújulas.

Las brújulas montadas sobre trípode se utilizan como en topografía de exterior, estacionando en los puntos señalados por plomadas y midiendo los rumbos correspondientes a los ejes de los itinerarios o a los puntos levantados por radiación.

Como sabemos, la ventaja fundamental de la brújula es que se orienta al norte magnético, una vez liberada la aguja. Como inconvenientes podemos mencionar:

- Menor precisión.
- La declinación magnética varía continuamente.
- Pueden existir anomalías en el campo magnético provocadas por minerales metálicos, maquinaría, vías, líneas eléctricas, etc.

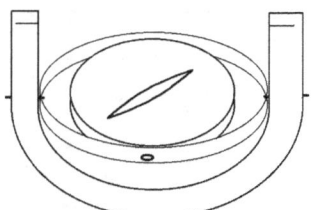

En labores angostas se emplea la brújula colgada o brújula de minero (figura 2.7). Esta brújula se cuelga de un punto intermedio de una cuerda tendida entre los dos puntos extremos de la alineación a medir. Va montada sobre una suspensión cardán, de manera que puede nivelarse a pesar de la inclinación de la cuerda de la que cuelga.

Fig. 2.7. Brújula colgada

Para evitar que la brújula deslice sobre la cuerda, si ésta está muy inclinada, se utilizan pinzas o se hacen nudos.

Las brújulas colgadas suelen ir divididas en medios grados. Para mejorar la apreciación se toma la media aritmética de las lecturas tomadas con las dos puntas de la aguja, previa corrección de la de espaldas. Suelen ser de limbo móvil y graduación inversa.

La brújula colgada sólo debe emplearse cuando no sea posible utilizar un instrumento más preciso. No mide ángulos verticales por lo que debe usarse acompañada de un eclímetro.

2.2.3.- Eclímetros.

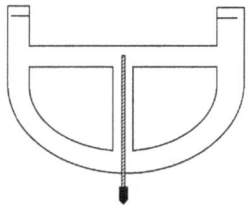

Sirven para medir, en labores angostas, el ángulo vertical correspondiente a la alineación formada por dos puntos. Así podrá determinarse la distancia reducida y el desnivel entre ellos.

Fig. 2.8. Eclímetro

Están constituidos por un semicírculo graduado y una plomada que cuelga del centro del círculo. El hilo de esta plomada sirve como índice de lectura.

Se utilizan colgados de una cuerda tendida entre los puntos, como las brújulas mineras. En el caso de los eclímetros, si la cuerda es bastante horizontal conviene colgarlo del centro de ésta. En caso contrario es conveniente suspenderla alternativamente de ambos extremos del hilo, a un metro de cada uno de ellos, y hallar la media aritmética de las dos lecturas obtenidas.

Debe anotarse claramente si la inclinación es subiendo o bajando, para no cometer errores en el cálculo del desnivel.

2.3.- Medida de distancias.

Como ocurre en topografía de exterior, las distancias que van a interesar en topografía minera son las distancias reducidas. Por otra parte, también será necesario, en muchas ocasiones, determinar la profundidad de los pozos y otras labores.

2.3.1.- Medida directa de distancias horizontales.

La medida directa puede ser conveniente en algunos casos, especialmente cuando nos encontramos con distancias cortas y labores angostas en las que no resulta fácil estacionar un instrumento topográfico. El instrumento que vamos a utilizar es el rodete.

Para distancias inferiores a 20 ó 25m y sensiblemente horizontales la medición pueden realizarla dos operarios que tensan la cinta sujetándola a la altura del pecho. Las plomadas que nos señalan los puntos servirán de índices de lectura sobre la cinta. Si necesitamos efectuar la medición con más precisión, y para evitar el error producido por la catenaria que forma la cinta, será necesario apoyarla sobre el suelo, clavando en cada extremo (siguiendo las direcciones de las plomadas) unas agujas especiales.

Cuando la alineación a medir es inclinada, será necesario medir la inclinación (con goniómetro o eclímetro) para luego poder determinar la distancia reducida. Para proceder con la debida precisión, la inclinación medida debe corresponder, sensiblemente, al eje (o al piso) de la labor. Así, si medimos con un goniómetro la inclinación de la alineación marcada por dos plomadas, debemos procurar que la altura del instrumento coincida con la del jalón sobre el que va el prisma de reflexión total.

Según hayamos medido una distancia cenital o una altura de horizonte, la distancia reducida se obtiene, como sabemos, multiplicando la distancia natural medida por el seno o por el coseno del ángulo, respectivamente.

Otra posibilidad es la de medir por resaltos horizontales, dividiendo la longitud total en tantos tramos horizontales como sea preciso y midiéndolos por separado. Entre cada dos tramos se sitúa una plomada, que indica el final de un tramo y el principio del siguiente. Las plomadas deben alinearse correctamente, preferiblemente con ayuda del anteojo de un goniómetro.

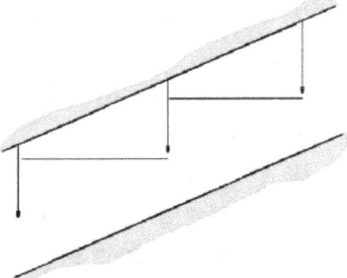

Fig. 2.9. Medida de la distancia por resaltos horizontales

En general, para realizar las mediciones con precisión, debemos tener en cuenta:

- La cinta métrica debe ser contrastada.
- Si es posible, mediremos sobre el suelo de la labor para tener en cuenta el error de catenaria.
- Cuando la longitud total a medir sea mayor que la de la cinta, debemos dividir aquella en tramos. Las señales (agujas, plomadas, etc.) que marquen cada tramo deben estar bien alineadas.
- Si la longitud a medir es inclinada, debemos medir también la inclinación para poder calcular la distancia reducida. Si la alineación está compuesta por tramos de distinta inclinación, mediremos por separado la distancia y la inclinación de cada tramo.

2.3.2.- Medida directa de distancias verticales.

Existen varios posibles métodos. En cada ocasión tendremos en cuenta la precisión necesaria antes de elegir entre uno y otro.

<u>Medida con hilo de acero.</u>

Se baja por la labor a medir un hilo de acero lastrado, que va enrollado en un torno provisto de freno (figura 2.10). Haremos sobre el hilo las señales necesarias para medir la profundidad de los distintos puntos de interés. A continuación se saca el hilo y se extiende en un terreno horizontal. Mediremos la distancia L entre las señales utilizando una cinta métrica debidamente contrastada.

Si la precisión del trabajo lo requiere, corregimos la distancia medida, teniendo en cuenta el alargamiento elástico del hilo de acero, con la expresión:

$$\Delta L = \frac{\gamma L^2}{2E} + \frac{P L}{\Omega E}$$

Siendo:

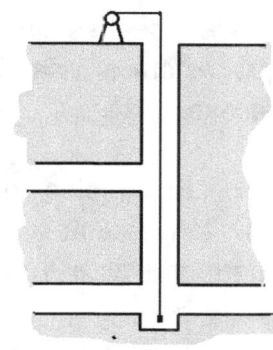

- L la longitud medida con cinta expresada en *cm*
- γ el peso específico del acero: *0,0079 kg/cm³*
- E el módulo de elasticidad del acero: *2.100.000 kg/cm²*
- P el peso del lastre en *Kg*
- Ω la sección transversal del hilo en *cm²*

El resultado viene expresado en cm y hay que añadirlo a la longitud medida.

Fig. 2.10. Medida en pozos

<u>Medida con cinta metálica.</u>

Se utilizan cintas de 50m de longitud. Si se precisa medir profundidades mayores podemos unir dos cintas, obteniendo una de 100m.

Las cintas se lastran con un peso de 5kg y se van bajando de una labor a otra, haciendo sobre ella las señales correspondientes. Normalmente se desprecia el alargamiento de la cinta, pero es conveniente que ésta esté bien contrastada.

<u>Método Firminy.</u>

Es un método muy preciso, pero más complicado de realizar. Emplea un hilo de acero, normalizado y enrollado en un torno con freno. La medición se realiza gracias a una bancada, situada en el exterior, provista de una regla móvil de 4 ó 5 m de largo. Para medir la longitud del hilo entre dos señales (correspondientes a los dos puntos entre los que se quiere medir la profundidad) se va haciendo por tramos de la misma longitud que la regla.

2.3.3.-Medida indirecta de distancias.

Para medir distancias horizontales en interior se utilizan instrumentos similares a los empleados en topografía exterior. No nos extendemos en los métodos estadimétricos, suficientemente conocidos y que en la actualidad han sido sustituidos por los métodos electrónicos.

Los equipos electrónicos de medida de distancias pueden ser empleados en el interior, pero conviene comprobar antes que no se producen errores provocados por la reflexión en las paredes y el techo de las labores. Son muy convenientes las estaciones totales láser, ya que las distancias cortas pueden medirse sin empleo de prisma y el mismo haz láser nos indica el punto que estamos visando, lo que facilita el levantamiento de puntos de difícil acceso.

El empleo de estaciones totales permite, como sabemos, medir simultáneamente ángulos, distancias y desniveles, lo que simplifica enormemente el trabajo.

En el caso de minas grisuosas, es preciso comprobar previamente que los equipos electrónicos cumplen las normas de seguridad.

Para la medición de distancias verticales en pozos, también pueden emplearse determinados equipos electrónicos. Estos equipos deben ser susceptibles de lanzar visuales cenitales y admitir oculares acodados. Para medir la profundidad del pozo, el equipo debe situarse al fondo del mismo. Si fuese preciso estacionarlo sobre una plataforma, se deben montar dos: una para el equipo y otra para el operador. De lo contrario, los movimientos de éste podrían transmitirse a aquel.

2.4.- Ejercicios.

2.4.1.- *Ante la imposibilidad de estacionar en un punto E de un itinerario en una galería minera, se hizo estación en otro punto P, visando a las estaciones anterior (A) y siguiente (S) del mismo y a la plomada situada en E. Se obtuvieron los siguientes datos:*

$$D_{PA} = 27,425m \qquad D_{PS} = 38,596m$$
$$\alpha = \text{ángulo APE} = 51,286^g \qquad \beta = \text{ángulo EPS} = 69,772^g$$

Se midió también la distancia reducida $D_{PE} = 2,143m$. Calcula las distancias y el ángulo interior que se habrían medido de haber podido estacionar en E.

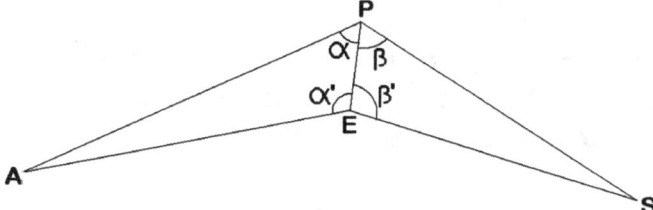

Aplicando el teorema del coseno en el triángulo *APE*:

$$D_{AE}^2 = D_{AP}^2 + D_{PE}^2 - 2\, D_{AP}\, D_{PE}\, \cos\alpha$$
$$D_{AE} = 25,986m$$

Aplicando el teorema del seno en el mismo triángulo:

$$\frac{D_{AE}}{sen\,\alpha} = \frac{D_{AP}}{sen\,\alpha'} \qquad \alpha' = 144,925^g$$

Operando del mismo modo en el triángulo *SPE*:

$$D_{ES}^2 = D_{PS}^2 + D_{PE}^2 - 2\, D_{PS}\, D_{PE}\, \cos\beta$$
$$D_{ES} = 37,665m$$

$$\frac{D_{ES}}{sen\,\beta} = \frac{D_{PS}}{sen\,\beta'} \qquad \beta' = 127,005^g$$

El ángulo interior formado por los tramos *AE* y *ES* del itinerario será:

$$\alpha' + \beta' = 271,930^g$$

2.4.2.- *Con un eclímetro colgado se midió la inclinación, respecto a la horizontal, de una galería, que resulto ser de $3,80^g$. Sabiendo que la longitud inclinada de la galería es de 10m, calcula su distancia reducida y el desnivel entre sus extremos.*

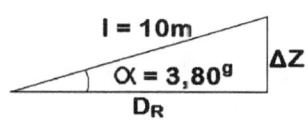

El ángulo vertical medido es una altura de horizonte, es decir un ángulo referido a la horizontal. Por tanto:

$$D_R = l\cos\alpha = 9,982m$$
$$\Delta Z = l\,sen\,\alpha = 0,597m$$

115

Según sea ascendente o descendente, el desnivel entre los extremos de la galería será positivo o negativo.

2.4.3.- Calcula la distancia reducida de una alineación cuya distancia natural es de 25m. El ángulo vertical de la alineación corresponde a una distancia cenital φ = 92,15ᵍ. Calcula el desnivel entre los extremos de la alineación

El ángulo medido es una distancia cenital, es decir un ángulo referido a la vertical. Por tanto:

$$D_R = l\ sen\ \varphi = 24,810m$$
$$\Delta Z = l\ cos\ \varphi = 3,075m$$

2.4.4.- Calcula la corrección por alargamiento de un hilo de acero con el que se midió una longitud inicial L = 100m. El hilo tenía un diámetro de 1mm y estaba lastrado con una pesa de 5kg.

Aplicamos la expresión que aparece en 2.3.2.

$$\Delta L = \frac{\gamma\,L^2}{2\,E} + \frac{P\,L}{\Omega\,E}$$

Siendo:

ΔL: corrección por alargamiento

L = 100m = 10.000cm

γ = peso específico del acero = $0,0079kg/cm^3$

E = módulo de elasticidad del acero = $2.100.000kg/cm^2$

P = 5kg

Como el diámetro del hilo es de 1mm, el radio R será 0,5mm. Por tanto:

Ω = sección del hilo en cm^2 = $\pi\,R^2$ = $0,0079cm^2$

Aplicando la expresión anterior:

ΔL = 3,22cm = 0,032m

Esta corrección siempre debe sumarse a la longitud medida. Por tanto, la longitud corregida será:

L_T = 100 + 0,032 = 100,032m

2.4.5.- En una galería se dispone de dos puntos, de coordenadas planas a (100 ; 100) y b (120 ; 130). Se ha determinado el ángulo vertical de la alineación a-b, que es de α = 2,5ᵍ ascendente. Calcula la distancia reducida ab y el desnivel entre ambos puntos. Calcula la pendiente de la alineación.

Calculamos la distancia reducida D_{ab}:

$$D_{ab} = \sqrt{(X_b - X_a)^2 + (Y_b - Y_a)^2} = 36,056m$$

116

De la figura:

$$Z_a^b = D_{ab} \, tg \, \alpha = 1,416 m$$

Por tanto:

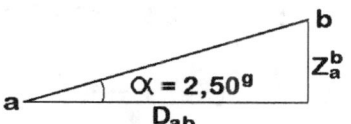

$$p = \frac{Z_a^b}{D_{ab}} = tg \, \alpha = 0,039 = 3,9\%$$

2.4.6.- Con una brújula colgada se ha medido el rumbo de una alineación. Se tomaron dos lecturas, una con la aguja Norte (83,6^g) y otra con la aguja Sur (284,0^g). Calcula el acimut de la alineación, sabiendo que la declinación magnética es 5,5^g Oeste.

Antes de promediar las lecturas tomadas con los dos extremos de la aguja debemos corregir la correspondiente a la aguja Sur, sumándole o restándole 200^g. Así, el valor medio del rumbo será:

$$R = \frac{L_N + (L_S \pm 200^g)}{2} = \frac{83,6^g + (284^g - 200^g)}{2} = 83,8^g$$

Como la declinación (δ) es occidental, calculamos el acimut haciendo:

$$\theta = R - \delta = 83,8^g - 5,5^g = 78,3^g$$

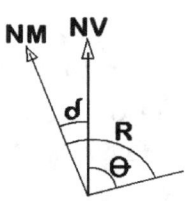

TEMA 3.- <u>MÉTODOS TOPOGRÁFICOS SUBTERRÁNEOS.</u>

3.1.- Introducción.

Mucho antes de que comiencen las labores de excavación es necesario realizar un levantamiento topográfico de superficie de la zona que será afectada por la explotación minera o por la obra subterránea en cuestión. Como hemos visto, la escala mínima de este levantamiento será de 1:5.000 ya que va a servir, entre otras cosas, para elaborar el plano de superficie correspondiente.

El levantamiento de superficie es un trabajo topográfico convencional, para el que habrá que establecer las redes planimétricas y altimétricas habituales y aplicar los métodos e instrumentos estudiados en la asignatura *Topografía*.

También puede resolverse esta fase mediante un levantamiento fotogramétrico, sobre el que habrá que incorporar los límites del grupo minero, la situación de los polvorines, etc.

Estos planos de superficie deben mantenerse permanentemente actualizados, pero en minería subterránea (al contrario de los que ocurre en minería a cielo abierto) las variaciones en superficie son relativamente pequeñas y se suelen limitar a la construcción de algunas instalaciones y edificios en el exterior y, eventualmente, al avance de vertederos de estériles. Mención aparte merece el caso de hundimientos en superficie provocados por las labores de interior, que estudiaremos más adelante.

El levantamiento y la actualización de planos, a partir de los vértices empleados para el levantamiento topográfico o fotogramétrico inicial, resulta sencillo y no vamos a extendernos en él.

Un caso especial es el constituido por los trabajos topográficos que permiten enlazar las labores de interior con el levantamiento exterior, necesarios para referir aquellas al mismo sistema de coordenadas empleadas en éste (y, en definitiva, enlazar con la red geodésica) y de los que nos ocuparemos más adelante.

En este capítulo vamos a tratar los métodos planimétricos y altimétricos empleados para el levantamiento de las labores subterráneas y para la actualización continua de estos trabajos, especialmente en lo que se refiere a la toma de avances de los frentes de explotación.

3.2.- Métodos planimétricos.

La distribución de las labores subterráneas hace inviable, en la mayoría de los casos, la aplicación del método de intersección para el levantamiento planimétrico de vértices en interior.

En ocasiones se emplea la intersección directa para el levantamiento de puntos de difícil acceso y en los cuales resultaría difícil, e incluso peligroso, situar una señal de puntería. El procedimiento operativo consiste en

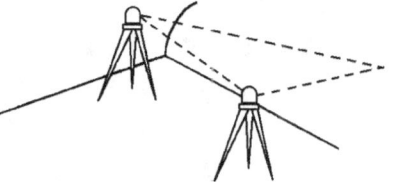

Fig. 3.1. Intersección

estacionar en dos puntos conocidos, tan alejados entre sí como sea posible, y visar desde cada uno de ellos al otro punto conocido y al punto que se desea medir. Como sabemos, las coordenadas planas de este último punto pueden calcularse a partir de las de los puntos conocidos y de las lecturas horizontales obtenidas. Esta operación puede realizarse también, como hemos visto, con distanciómetros o estaciones totales láser, siempre que la distancia al punto de estación no supere el alcance del equipo.

Tampoco es frecuente emplear la fotogrametría terrestre en interior, entre otras razones por los problemas de iluminación inherentes a los trabajos subterráneos. No obstante, en ocasiones se realizan levantamientos fotogramétricos situando un equipo giratorio que proyecta un haz de rayos láser, según un plano vertical, marcando el perfil de la labor. Este perfil puede ser fotografiado y restituido.

El método más usado es el de itinerario, a través de las galerías y otras labores, completado con el de radiación para el levantamiento de detalles.

3.2.1.- Método itinerario.

Los itinerarios de interior se realizan y se calculan del mismo modo que los de exterior. Pero en este caso las dificultades son mayores, como se ha indicado, debido al elevado número de ejes, a su reducida longitud y a las dificultades de la puesta en estación y de la realización de las mediciones. Es fundamental poner especial atención en la planificación y en la ejecución de estos trabajos para evitar una acumulación excesiva de errores.

Según los casos, emplearemos unos u otros de los instrumentos topográficos que hemos visto. Los teodolitos y estaciones totales nos proporcionan los mejores resultados, pero en ocasiones habrá que emplear brújulas y eclímetros para la medida de ángulos y cinta métrica para la de distancias.

Itinerario cerrado.

Los itinerarios cerrados son aquellos en los que el punto final coincide con el inicial. Los aplicaremos siempre que sea posible, estableciendo un recorrido por las labores que interesa levantar hasta volver, por éstas o por otras ya levantadas, al punto inicial.

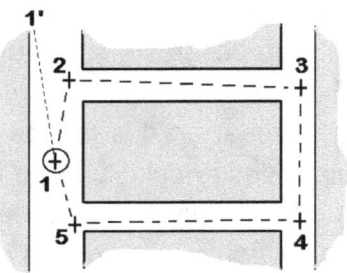

Para relacionar las coordenadas de los puntos visados con las de los vértices del levantamiento exterior, necesitaremos conocer las coordenadas de la primera estación del itinerario y disponer de una dirección de acimut conocido (*1-1'* en la figura 3.2), que nos permita orientar el itinerario. Esta orientación puede haberse transmitido a través de un pozo o de una rampa.

Fig. 3.2. Itinerario cerrado

El error de cierre acimutal puede calcularse, antes de resolver numéricamente el itinerario, a partir de la diferencia de los sumatorios de lecturas de espaldas y lecturas de frente. Una vez calculados los acimutes de los ejes, el error de cierre e_a se divide por el número de estaciones n y se compensa de la siguiente forma:

$$f = e_a/n$$
$$(\theta_1^2)_c = \theta_1^2 - f$$
$$(\theta_2^3)_c = \theta_2^3 - 2f$$
$$...$$
$$(\theta_{N-1}^N)_c = \theta_{N-1}^N - nf$$

que tiene en cuenta que, si utilizamos un goniómetro que no sea una brújula, los errores acimutales se van transmitiendo y acumulando a lo largo del itinerario. En itinerario cerrados la última estación N coincidirá con la primera. En el caso de que se emplee una brújula los errores angulares no se transmiten, ya que la brújula se orienta en cada estación de forma independiente de las demás estaciones. En este caso, para compensar los rumbos medidos se aplicará el mismo valor a todos ellos.

Los errores de cierre en cada una de las coordenadas (X, Y y Z) se compensan repartiéndolos de forma proporcional al valor absoluto de cada uno de los valores calculados para las

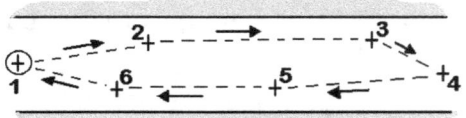

Fig. 3.3. Itinerario cerrado por una galería

120

coordenadas.

Otras veces (figura 3.3) se realizan itinerarios cerrados recorriendo una labor en un sentido y volviendo en sentido contrario por la misma labor hasta regresar al punto de estación. El inconveniente de estos itinerarios es que, para realizarlos de forma adecuada, conviene que las estaciones del recorrido de ida sean diferentes de las del recorrido de vuelta, lo que no siempre es factible en labores angostas. También en este caso necesitamos una visual de acimut conocido, desde la primera estación, para poder orientar el itinerario.

Itinerario encuadrado.

En ocasiones se dispone de dos puntos de coordenadas conocidas, entre los que se puede

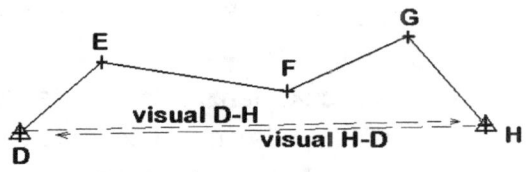

Fig. 3.4. Itinerario encuadrado (exterior)

establecer un itinerario encuadrado. En los itinerarios encuadrados de exterior, la orientación se consigue lanzando visuales entre las dos estaciones extremas (D y H en la figura 3.4), lo que no suele ser posible en interior ya que es raro que estos dos puntos sean visibles entre sí. Los puntos de interior de coordenadas conocidas pueden corresponder a dos pozos, cuyas coordenadas se han calculado mediante un itinerario de exterior ligado a la red geodésica. Mediante plomadas situadas en los pozos marcamos las estaciones en el interior y sus coordenadas planas (X e Y) coincidirán con las de exterior y serán, por tanto, conocidas. Las coordenadas del punto de interior también pueden haberse medido a través de una rampa.

Además, puede ser que hayamos transmitido la orientación al interior por un pozo o por una rampa (direcciones d-d' y h-h' en la figura 3.5). La transmisión de orientación al

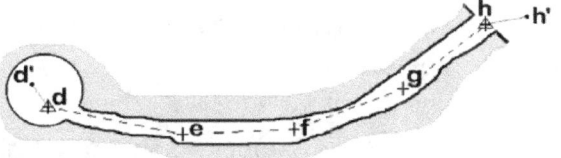

Fig. 3.5. Itinerario encuadrado (interior) con estaciones extremas (d y d') orientadas

interior se estudiará posteriormente, pero podemos adelantar que nos proporciona una dirección de acimut conocido a partir del punto materializado en el interior, lo que permite orientar el instrumento topográfico estacionado en él (o calcular la corrección de orientación, si se prefiere trabajar así).

En otras ocasiones no se dispone más que de las coordenadas de una sola estación, que puede estar orientada o no estarlo.

En función de los datos disponibles sobre las estaciones inicial (E_I) y final (E_F) se pueden dar los siguientes casos:

- E_I y E_F conocidos y visibles entre sí.- El itinerario se resuelve y se compensa por el procedimiento que ya conocemos: la primera visual de espaldas (de E_I a E_F) sirve para orientar el itinerario y la última visual de frente (de E_F a E_I) sirve para calcular el error de cierre acimutal.

- E_I y E_F conocidos y no visibles entre sí. Ambos están orientados.- El itinerario se resuelve de forma similar, pero en esta ocasión la orientación se consigue lanzando desde E_I la visual de acimut conocido (V_1) y el error de cierre acimutal se calcula lanzando desde E_F la otra visual (V_2) de acimut conocido (figura 3.6).

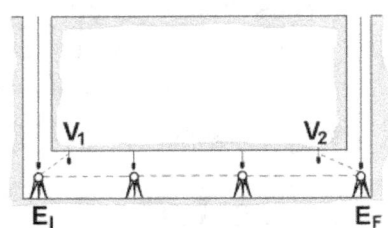

Fig. 3.6. Itinerario encuadrado con estaciones extremas orientadas

- E_I y E_F conocidos y no visibles entre sí. Sólo E_I está orientado.- Se orienta el itinerario mediante la visual de E_I. Se resuelve y se calculan las coordenadas de E_F. Comparando estas coordenadas con las que conocemos de antemano, se ve si el error de cierre es excesivo. Para compensarlo, calculamos el acimut θ_I^F y la distancia reducida D_{IF} de la alineación de los dos puntos con las coordenadas conocidas de ambos. A continuación volvemos a calcularlos pero empleando para E_F las coordenadas obtenidas tras resolver el itinerario. La diferencia entre estos dos acimutes se aplica a los acimutes de todos los tramos del itinerario. Las distancias de los tramos se corrigen multiplicándolas por la relación entre las dos distancias calculadas. Finalmente, se vuelven a calcular, con estos nuevos datos, las coordenadas de todas las estaciones.

- E_I y E_F conocidos y no visibles entre sí. Ninguno de los dos está orientado.- Partimos de una orientación arbitraria desde E_I y resolvemos el itinerario hasta calcular las coordenadas de E_F. Procedemos como en el caso anterior, corrigiendo los acimutes y las distancias de los tramos del itinerario. La diferencia es que, en este caso, el itinerario no tiene comprobación.

- Sólo E_I es conocido y está orientado.- El itinerario no tiene comprobación.

Como vemos, si sólo se han determinado las coordenadas en los pozos, relacionándolas con la red exterior, pero no se ha transmitido la orientación al interior, el itinerario tiene solución pero no se puede comprobar ni compensar, salvo que las estaciones extremas sean visibles entre sí. En los itinerarios abiertos denominados *colgados*, podemos calcular las coordenadas de las estaciones pero no el error de cierre. Esto supone que cualquier error importante puede pasar desapercibido, lo que resulta arriesgado. La única solución consiste en repetir el itinerario en sentido contrario, procurando, como hemos indicado, estacionar en puntos distintos a los anteriores.

3.2.2.- Método de radiación.

Emplearemos el método de radiación para completar el levantamiento de las distintas labores de interior. Se levantarán todos los detalles que deban figurar en los planos de la explotación y también aquellos que puedan ser relevantes para las labores de investigación (fallas, contactos, etc.) y de planificación minera (secciones, perfiles, etc.).

El método de radiación se aplica desde las estaciones de los itinerarios. Como sabemos, se puede trabajar con el instrumento topográfico orientado, midiendo directamente los acimutes de las alineaciones visadas. Si optamos por no orientar el instrumento, será preciso lanzar una visual a una dirección de acimut conocido (normalmente la estación anterior del itinerario) para poder trabajar mediante corrección de orientación. Lo más adecuado es realizar conjuntamente los itinerarios y la radiación, siempre que sea posible. De esta manera ahorramos tiempo y reducimos la posibilidad de que se produzcan errores groseros, ya que sólo hay que estacionar una vez en cada punto de estación.

Tal como ocurre con los itinerarios, todos los puntos radiados deben referirse a la red exterior para trabajar en un sistema de coordenadas común a ambas redes.

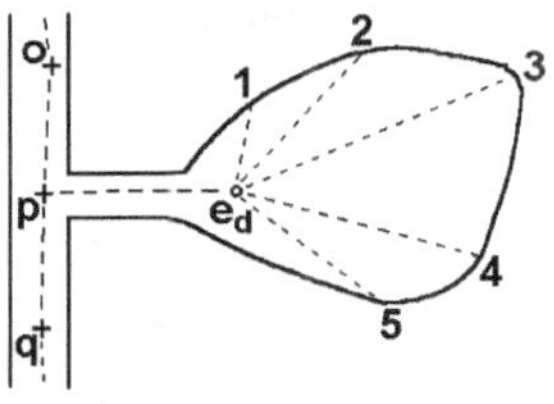

En caso necesario, puede levantarse por radiación una estación destacada e_d desde la que se levantan posteriormente, también por radiación, los puntos de interés *1*, *2*, *3*, etc. (figura 3.7). Para poder orientar esta estación destacada se lanza, una vez

Fig. 3.7. Estación destacada

hemos estacionado en ella, una visual de espaldas a la estación *p* del itinerario desde la que la habíamos levantado.

3.2.3.- Método de abscisas y ordenadas.

Este método puede aplicarse cuando las distancias se miden con cinta métrica. Se emplea para levantar puntos de detalle a partir de una alineación

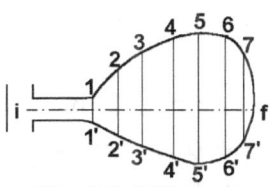

Fig. 3.8. Método de abscisas y ordenadas

central *i-f* materializada por la cinta (figura 3.8).

Con una segunda cinta levantamos las ordenadas de los puntos, llevándola perpendicularmente a la primera cinta, que actúa como eje de abscisas.

3.3.- Métodos altimétricos.

Al igual que sucede en los trabajos de exterior, los requerimientos de precisión en levantamientos altimétricos de interior son muy variables y dependen de la finalidad de cada uno de ellos. Así, en la toma de avances puede que no se necesite gran precisión altimétrica pero cuando nos referimos a una galería que debe tener una pendiente regular, y puede estar sometida a movimientos del terreno, estos requerimientos pueden ser muy estrictos.

Lo mismo ocurre en explotaciones muy mecanizadas. El emplazamiento correcto de la maquinaria de perforación y extracción exige un trabajo altimétrico preciso, máxime cuando se pretende comunicar entre sí labores preexistentes mediante chimeneas, rampas o galerías.

Los trabajos altimétricos de interior deben estar relacionados con los de exterior. Para determinar la altitud de los puntos de interior, a partir de los de exterior, utilizaremos alguno/s de los siguientes métodos:
- Medir, con hilo de acero o cinta metálica, la profundidad del pozo desde la embocadura hasta cada uno de los niveles de la explotación.
- Medir con distanciómetro, o estación total, la profundidad del pozo mediante una visual vertical.
- Realizar un itinerario altimétrico a través de una rampa de acceso al interior.

Una vez calculada la altitud de algún punto del interior, se arrastra a todos los puntos que se levanten, sean estaciones de itinerarios o puntos radiados. Como en planimetría, conviene que los itinerarios altimétricos sean cerrados o encuadrados, para poder calcular y compensar los errores de cierre.

En muchas ocasiones, las señales que marcan las estaciones de los itinerarios estarán situadas en el techo de la labor, por lo que puede ser conveniente realizar la nivelación por éste y referirla a dichas señales. En otras ocasiones, la nivelación se hace por el piso y va referida a señales situadas en éste o a la proyección sobre él de las señales situadas en el techo. En cada ocasión debe quedar perfectamente especificado a cuál de los dos casos se refiere la coordenada Z de cada punto.

Por lo demás, se utilizan en interior los mismos métodos que en exterior: nivelación trigonométrica y nivelación geométrica. Cuando la inclinación de la labor se haya medido con un eclímetro colgado, mediremos también la longitud real *l* de la misma y calcularemos el desnivel entre sus puntos extremos con la expresión:

$$\Delta Z = l\ sen\ \alpha$$

siendo *α* la inclinación respecto a la horizontal (altura de horizonte). Para arrastrar la altitud de un punto a otro hay que tener en cuenta si la inclinación de la labor es en sentido ascendente (desnivel positivo) o descendente (desnivel negativo).

3.3.1.- Nivelación trigonométrica.

Se emplea cuando los requerimientos de precisión no son muy estrictos. La nivelación trigonométrica tiene la ventaja de que puede efectuarse en paralelo a los itinerarios planimétricos, aprovechando las mismas puestas en estación, pero es menos precisa que la nivelación geométrica. También la emplearemos para calcular la Z de los puntos radiados. En función de que las referencias se sitúen en el techo o en el suelo, podemos encontrarnos con los siguientes casos:

<u>El punto de estación y el punto visado se materializan en el piso de la labor.</u>

Como sabemos, si se lanza una visual a una mira o un prisma de reflexión total, el desnivel entre el punto visado *V* y el de estación *E* viene dado por:

$$Z_E^{V} = t + i - m = D_R/tg\ \varphi + i - m$$

siendo:

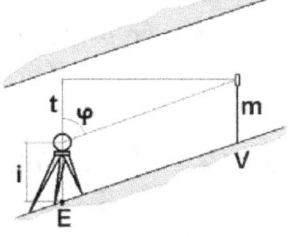

Fig. 3.9. Nivelación trigonométrica (1)

- *t*: tangente topográfica. Será positiva en las visuales ascendentes y negativa en las descendentes. Se aplica con su signo.
- D_R: distancia reducida entre los dos puntos.
- *φ*: distancia cenital de la visual lanzada.
- *i*: altura del instrumento.
- *m*: altura del prisma respecto al suelo.

La altitud del punto visado será:

$$Z_V = Z_E + Z_E^{V}$$

El punto de estación se materializa en el piso y el punto visado en el techo de la labor.

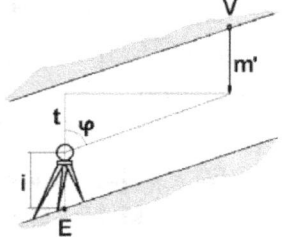

Si visamos a la punta de la plomada, que cuelga del punto V materializado en el techo de la labor, será:

$$Z_E^V = t + i + m' = D_R/tg\,\varphi + i + m'$$

- m': longitud del hilo de la plomada.

Naturalmente, si visamos directamente al punto situada en el techo, haremos $m' = 0$.

Fig. 3.10. Nivelación trigonométrica (2)

El punto de estación se materializa en el techo y el punto visado en el piso de la labor.

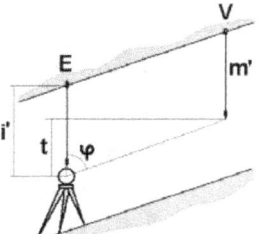

El instrumento se estaciona con relación a la plomada que cuelga del punto E, marcado en el techo de la labor. Si visamos a la mira o al prisma situado en el punto V del piso, tendremos:

$$Z_E^V = t - i' - m = D_R/tg\,\varphi - i' - m$$

- i': coaltura del instrumento. Es la altura desde el centro del anteojo del instrumento hasta el punto de estación situado en el techo.
- m: altura del prisma desde el suelo.

Fig. 3.11. Nivelación trigonométrica (3)

Como en los casos anteriores, t se aplica con su signo. En este caso, el desnivel está medido con relación al techo de la labor.

Ambos puntos se materializan en el techo de la labor.

Suponiendo que visamos a la punta de la plomada que cuelga de V, será:

$$Z_E^V = t - i' + m' = D_R/tg\,\varphi - i' + m'$$

- m': longitud del hilo de la plomada.
- i': coaltura del instrumento.

Fig. 3.12. Nivelación trigonométrica (4)

Como vimos anteriormente, si visamos directamente a un punto del techo, haremos $m' = 0$. En este caso, el desnivel también está medido con relación al techo de la labor.

3.3.1.- Nivelación geométrica.

Se emplea en los casos en que los requerimientos en precisión altimétrica sean grandes. Se realizan itinerarios altimétricos con nivel, independientes de los planimétricos, tal como se hace en topografía exterior. Las miras empleadas suelen ser más cortas (2 ó 3 m) para poder situarlas en el interior de las labores.

Se aplica el método del punto medio, estacionando el nivel en un punto aproximadamente equidistante de aquellos cuyo desnivel se quiere determinar. Las miras se sitúan en el piso, normalmente sobre los carriles del transporte, si se hace por vía férrea. En ocasiones se nivela por el techo, utilizando miras que cuelgan desde éste.

Nivelación por el piso de la labor.

Se estaciona en un punto intermedio E, visando sucesivamente a una mira situada en los puntos A y B cuyo desnivel pretendemos determinar (figura 3.13):

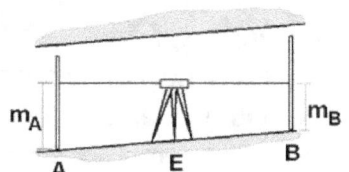

$$Z_A^B = m_A - m_B$$

Fig. 3.13. Nivelación geométrica (1)

Y la altitud de B se calcula, a partir de la de A, mediante:

$$Z_B = Z_A + Z_A^B$$

Empleando el método del punto medio, cada punto que se nivela se refiere al anterior, no al punto de estación. Por tanto, no es necesario señalar de forma permanente los puntos de estación utilizados.

Nivelación por el techo de la labor.

En este caso (figura 3.14) la Z de los puntos se refiere al techo de la labor, no al suelo. Las miras se cuelgan de las señales situadas en el techo. Hay que tener en cuenta que las miras se sitúan al revés, con el origen en el techo.

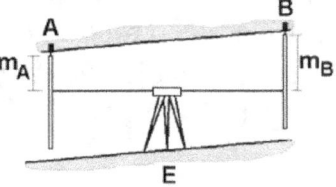

Fig. 3.14. Nivelación geométrica (2)

En este caso, la expresión a emplear es la siguiente:

$$Z_A^B = m_B - m_A$$

Y la altitud de B se calcula, a partir de la de A, como en los casos anteriores:

$$Z_B = Z_A + Z_A^B$$

3.4.- Toma de avances.

Se pretende levantar topográficamente los avances de la explotación con una cierta periodicidad, al menos mensual. Si se trata de tajos de extracción de mineral y estéril, que van a seguir avanzando posteriormente, los requerimientos de precisión no suelen muy grandes. Si se trata de labores de interconexión entre otras labores previas, lo que se conoce como *rompimientos mineros*, la precisión en el replanteo y en el seguimiento de los trabajos es vital. Los rompimientos mineros se estudiarán en detalle más adelante.

Es importante que los técnicos responsables de los trabajos topográficos estén bien informados de los avances que se han ido produciendo en los frentes desde que se hizo el levantamiento anterior. También es conveniente revisar los frentes antes de levantarlos, para comprobar que los puntos de estación no han sido afectados por las voladuras o por otras causas. Esto permitirá, cuando llegue el momento oportuno, realizar el trabajo topográfico en el menor tiempo posible y no entorpecer las labores de extracción.

La toma de avances se realiza a partir de las estaciones de los itinerarios que se han levantado con anterioridad.

En el caso más sencillo (figura 3.15) se dispone de una estación e próxima al frente y de otra estación anterior d, visible desde ésta y siendo conocidas las coordenadas de ambas. Estacionando en e y lanzando una

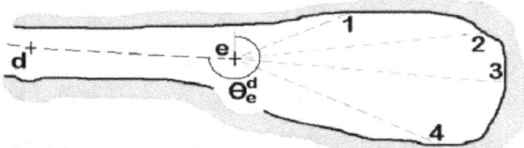

Fig. 3.15. Toma de avances desde la estación e del itinerario

visual a d, que nos puede servir para orientar el instrumento topográfico o para calcular la corrección de orientación, tendremos datos suficientes para calcular las coordenadas de los puntos del frente que visemos a continuación (*1* a *4* en la figura 3.15).

Cuando las labores son de difícil acceso, podemos situar dos puntos próximos al frente desde los que levantaremos el frente por intersección directa. Otra posibilidad es emplear una estación total láser, como hemos comentado antes.

Si el punto *e* se encuentra alejado y el frente no es visible desde él, podemos hacer lo siguiente:

- Si la distancia no es muy grande (figura 3.16) estacionamos en *e*, lanzamos la visual de espaldas a *d* y, a continuación levantamos una estación destacada *e'*, desde la que se domine bien el frente. Estacionando luego en *e'* lanzamos una visual de espaldas a *e*, para transmitir la orientación, y levantamos los puntos del frente.

- Si la distancia es grande, levantamos un itinerario de relleno apoyado en *e* hasta llegar a las proximidades del frente. Normalmente se trata de un itinerario abierto. Desde la última estación del itinerario levantamos el frente, procediendo como en el caso anterior.

En todos los casos necesitamos que esté señalada la estación *d*, de coordenadas conocidas y visible desde *e*. Si esta estación hubiese desaparecido, habrá que reconstruir el itinerario entre la primera estación disponible y la estación *e*. A partir de ahí, se opera como en los casos anteriores.

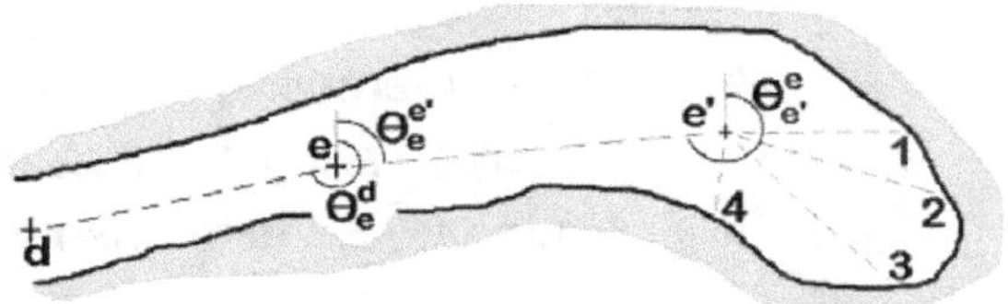

Fig. 3.16. Toma de avances desde una estación destacada *e'*

3.5.- Ejercicios.

3.5.1.- Para levantar un punto inaccesible en el frente de una explotación minera de interior se situaron y se levantaron dos puntos a y b próximos al frente. Se estacionó un teodolito en cada uno de ellos y se visó al otro punto conocido y al punto incógnita P. Calcula las coordenadas de P, conociendo las de los puntos de estación y las lecturas horizontales tomadas:

$$X_a = 110 \qquad Y_a = 115$$
$$X_b = 112 \qquad Y_b = 110$$

Estación	Punto visado	Lectura horizontal
a	P	$202,57^g$
	b	$288,40^g$
b	a	$46,32^g$
	P	$141,86^g$

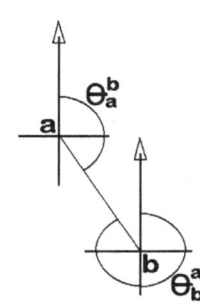

Calculamos el acimut de la alineación *ab*. Para ello situamos ambos puntos en un croquis en función de sus coordenadas planas. En este caso, el acimut será:

$$\theta_a^b = 100^g + arc\ tg\ \frac{|Y_b - Y_a|}{|X_b - X_a|} = 175,776^g$$

$$\theta_b^a = \theta_a^b \pm 200^g = 375,776^g$$

Calculamos la distancia reducida D_{ab}:

$$D_{ab} = \sqrt{(X_b - X_a)^2 + (Y_b - Y_a)^2} = 5,385m$$

Para resolver el triángulo *abP* comenzamos por calcular sus ángulos interiores a partir de las lecturas horizontales de la libreta de campo:

$$\alpha = L_a^b - L_a^P = 288,40^g - 202,57^g = 85,83^g$$

$$\beta = L_b^P - L_b^a = 141,86^g - 46,32^g = 95,54^g$$

$$\gamma = 200^g - \alpha - \beta = 18,63^g$$

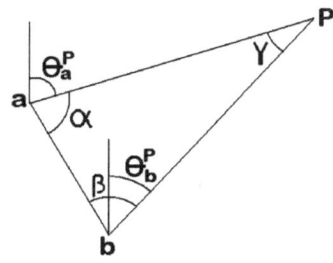

De la figura se deduce:

$$\theta_a^P = \theta_a^b - \alpha = 89,946^g$$

$$\theta_b^P = \theta_b^a + \beta - 400^g = 71,316^g$$

Calculamos las distancias reducidas D_{aP} y D_{bP} aplicando el teorema del seno:

$$\frac{D_{aP}}{sen\ \beta} = \frac{D_{bP}}{sen\ \alpha} = \frac{D_{ab}}{sen\ \gamma} \qquad D_{aP} = 18,621m \qquad D_{bP} = 18,206m$$

Finalmente:

$$X_P = X_a + D_{aP} \; sen \; \theta_a^P = 128{,}389m$$

$$Y_P = Y_a + D_{aP} \; cos \; \theta_a^P = 117{,}929m$$

Comprobamos los resultados calculando también las coordenadas de P a partir del punto b:

$$X_P = X_b + D_{bP} \; sen \; \theta_b^P = 128{,}389m$$

$$Y_P = Y_b + D_{bP} \; cos \; \theta_b^P = 117{,}929m$$

3.5.2.- *Se desea realizar un itinerario planimétrico encuadrado, recorriendo una galería que enlaza dos pozos A y D. A través de los pozos se determinaron mediante plomadas las coordenadas de los puntos interiores a y d y se transmitió la orientación, calculando los acimutes de las alineaciones de interior a-a' y d-d'. Calcula las coordenadas compensadas de las estaciones del itinerario, sabiendo que se empleó una estación total, orientándola en todas las estaciones.*

$$\theta_a^{a'} = 15{,}40^g \qquad \theta_d^{d'} = 205{,}50^g$$

$$X_a = 100 \quad Y_a = 100 \qquad X_d = 212{,}33 \quad Y_d = 119{,}26$$

Estación	Punto visado	L. acimutal	D. reducida
a	a'	15,40^g	
	b	87,32	45,30 m
b	a	287,32	
	c	91,56	30,85
c	b	291,56	
	d	89,15	37,76
d	c	289,15	
	d'	205,42	

Puesto que el instrumento se orientó en todas las estaciones del itinerario, las lecturas acimutales de la tabla anterior son acimutes. Por tanto, el error de cierre acimutal será:

$$e_{ca} = (\theta_d^{d'})_{TOP} - (\theta_d^{d'})_{TRIG} = 205{,}42^g - 205{,}50^g = -0{,}08^g$$

El acimut $\theta_d^{d'}$ topográfico, que se ha determinado mediante la última visual del itinerario, incorpora los errores acimutales cometidos a lo largo de éste. El acimut trigonométrico es el que nos sirve de referencia y procede de la orientación que se transmitió a la alineación d-d'. Puesto que el itinerario está formado por 4 estaciones:

$$f_c = \frac{e_{ca}}{4} = -0{,}02^g$$

Los acimutes se compensan teniendo en cuenta que los errores acimutales tienden a acumularse a medida que avanza el itinerario. Los acimutes compensados serán:

$$(\theta_a^b)_C = \theta_a^b - f_c = 87,32^g - (-0,02^g) = 87,34^g$$

$$(\theta_b^c)_C = \theta_b^c - 2 f_c = 91,56^g - (-0,04^g) = 91,60^g$$

$$(\theta_c^d)_C = \theta_c^d - 3 f_c = 89,15^g - (-0,06^g) = 89,21^g$$

$$(\theta_d^{d'})_C = \theta_d^{d'} - 4 f_c = 205,42^g - (-0,08^g) = 205,50^g$$

El acimut $\theta_d^{d'}$, una vez compensado, debe coincidir con el trigonométrico. Las coordenadas (todavía sin compensar) se calculan con las distancias reducidas de la libreta de campo y los acimutes compensados. Las expresiones genéricas a emplear para calcular las coordenadas parciales de una estación j respecto a la anterior i son las siguientes:

$$X_i^j = D_{ij}\, sen\, (\theta_i^j)_C$$

$$Y_i^j = D_{ij}\, cos\, (\theta_i^j)_C$$

Con ellas obtenemos las correspondientes columnas de la tabla siguiente:

	Parciales sin compensar		Parciales compensadas		Totales	
	X	Y	X	Y	X	Y
a					100,000	100,000
	44,407	8,949	44,455	8,895		
b					144,455	108,895
	30,582	4,059	30,615	4,034		
c					175,070	112,929
	37,219	6,369	37,259	6,331		
d					212,330	119,260

$$\Sigma X_i^j = 112,208 \qquad \Sigma Y_i^j = 19,377$$
$$\Sigma |X_i^j| = 112,208 \qquad \Sigma |Y_i^j| = 19,377$$

Para calcular los errores de cierre en coordenadas se han obtenido los sumatorios de los valores de cada de las columnas anteriores; cada sumatorio debería coincidir con la coordenada parcial de la última estación respecto a la primera. El error de cierre en cada una de las coordenadas se obtiene comparando el valor del sumatorio con la diferencia entre las coordenadas conocidas de a y d:

$$e_{cx} = \Sigma X_i^j - (X_d - X_a) = 112,208 - (212,33 - 100,00) = -0,122$$

$$e_{cy} = \Sigma Y_i^j - (Y_d - Y_a) = 19,377 - (119,26 - 100,00) = 0,117$$

Para compensar las coordenadas calculamos los sumatorios de los valores absolutos de las dos columnas anteriores. Estos sumatorios coinciden con los anteriores puesto que todas las coordenadas son positivas. Para compensar cada coordenada parcial hacemos:

$$(X_i^j)_C = X_i^j - e_{cx}\, \frac{|X_i^j|}{\Sigma |X_i^j|}$$

Se actúa de igual modo con las coordenadas Y y se obtienen las coordenadas parciales X e Y compensadas de la tabla anterior. Finalmente, por arrastre de coordenadas, se obtienen las coordenadas totales.

3.5.3.- Se ha realizado un itinerario encuadrado entre dos puntos 1 y 4, de coordenadas planas: $X_1 = 1.000$ $Y_1 = 1.000$

$X_4 = 1.103,703$ $Y_4 = 919,414$

En el punto 1 se disponía de una visual de acimut conocido. El instrumento topográfico se orientó en todas las estaciones. Calcula las coordenadas de los puntos de estación, con la siguiente libreta de campo:

Estación	Punto visado	Acimut	D. reducida
1	2	148,52^g	38,20m
2	3	136,97	49,67
3	4	142,70	43,58

Cuando sólo se dispone de una visual de acimut conocido en una de las estaciones extremas, el itinerario no puede compensarse con el método empleado en el ejercicio 3.5.2. En casos como el que nos ocupa calcularemos el acimut y la distancia reducida de la alineación que forman las estaciones extremas 1 y 4, tanto mediante las coordenadas conocidas de ambos puntos (valores "trigonométricos") como empleando las coordenadas obtenidas al calcular el itinerario (valores "topográficos"). La diferencia entre los dos acimutes se resta a todos los acimutes del itinerario. Las distancias se corrigen dividiéndolas por la relación entre las dos distancias que hemos calculado.

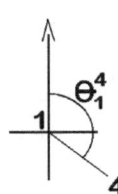

Calculamos el acimut trigonométrico de la alineación 1-4. Para ello situamos ambos puntos en un croquis en función de sus coordenadas planas:

$$(\theta_1^4)_{TRIG} = 100^g + arc\ tg\ \frac{|Y_4 - Y_1|}{|X_4 - X_1|} = 142,055^g$$

La distancia reducida entre ambas estaciones será:

$$(D_{14})_{TRIG} = \sqrt{(X_4 - X_1)^2 + (Y_4 - Y_1)^2} = 131,333m$$

Calculamos las coordenadas parciales de cada estación respecto a la anterior, empleando para ello los valores que figuran en la libreta de campo. Como en el ejercicio anterior, las expresiones genéricas son las siguientes:

$$X_i^j = D_{ij}\ sen\ (\theta_i^j)_C$$
$$Y_i^j = D_{ij}\ cos\ (\theta_i^j)_C$$

	X	Y
1		
	27,632	-26,376
2		
	41,527	-27,250
3		
	34,139	-27,088
4		

Las coordenadas parciales topográficas de 4 respecto a 1 se obtienen sumando las columnas de la tabla anterior:

$$X_1^4 = X_1^2 + X_2^3 + X_3^4 = 103,299m$$
$$Y_1^4 = Y_1^2 + Y_2^3 + Y_3^4 = -80,714m$$

Con ayuda de la figura anterior calculamos el acimut topográfico:

$$(\theta_1^4)_{TOP} = 100^g + arc\ tg\ \frac{|Y_1^4|}{|X_1^4|} = 142,225^g$$

La distancia reducida será:

$$(D_{14})_{TOP} = \sqrt{(X_1^4)^2 + (Y_1^4)^2} = 131,093m$$

Para corregir las coordenadas hacemos:

$$c = (\theta_1^4)_{TOP} - (\theta_1^4)_{TRIG} = 0,17^g$$

$$f = \frac{(D_{14})_{TOP}}{(D_{14})_{TRIG}} = 0,998$$

y corregimos acimutes y distancias:

$$(\theta_1^2)_C = \theta_1^2 - c = 148,52^g - 0,17^g = 148,350^g$$

$$(\theta_2^3)_C = \theta_2^3 - c = 136,97^g - 0,17^g = 136,800^g$$

$$(\theta_3^4)_C = \theta_3^4 - c = 142,70^g - 0,17^g = 142,530^g$$

$$(D_{12})_C = D_{12}\ /\ f = 38,20m\ /\ 0,998 = 38,270m$$

$$(D_{23})_C = D_{23}\ /\ f = 49,67m\ /\ 0,998 = 49,761m$$

$$(D_{34})_C = D_{34}\ /\ f = 43,58m\ /\ 0,998 = 43,660m$$

Con los valores corregidos de distancias y acimutes, y las expresiones anteriores, obtenemos las coordenadas parciales compensadas de la tabla siguiente. Las coordenadas totales se obtienen por arrastre de coordenadas:

	Parciales compensadas		Totales	
	X	Y	X	Y
1			1.000,000	1.000,000
	27,753	-26,351		
2			1.027,753	973,649
	41,676	-27,189		
3			1.069,429	946,460
	34,274	-27,046		
4			1.103,703	919,414

Terminamos comprobando que los valores de X_4 y de Y_4 obtenidos (*1.103,703* y *919,414*, respectivamente) coinciden con los valores conocidos de las coordenadas.

3.5.4.- *Se estacionó una estación total en un punto a próximo al frente de una explotación minera. Se lanzó una visual a la estación d y, a continuación, se visaron dos puntos del frente P y P'. Calcula las coordenadas de los puntos visados, conocidas las de a y d y la libreta de campo.*

$X_a = 100$ $Y_a = 100$ $Z_a = 100$ $X_d = 200$ $Y_d = 50$

Estación	i	Punto visado	L. acimutal	D. reducida	t	m
a	1,50	d	314,28^g		–	
		P	207,42	27,550m	0,320	1,60
		P'	38,96	32,180	0,210	1,65

Nota: La determinación del desnivel se llevó por el piso de la labor.

La visual lanzada al punto *d*, en la que el operador se limita a anotar la lectura acimutal, nos servirá para calcular la corrección de orientación en la estación *a*:

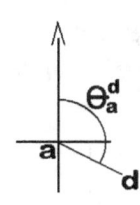

$$(\theta_a^d)_{TRIG} = 100^g + arc \ tg \ \frac{|Y_d - Y_a|}{|X_d - X_a|} = 129,517^g$$

$$Co_a = \theta_a^d - L_a^d = 129,517^g - 314,28^g = -184,763^g$$

Calculamos los acimutes correspondientes a las visuales a los puntos *P* y *P'*:

$$\theta_a^P = Co_a + L_a^P = -184,763^g + 207,42^g = 22,657^g$$

$$\theta_a^{P'} = Co_a + L_a^{P'} = -184,763^g + 38,96^g + 400^g = 254,197^g$$

En el segundo caso, hemos sumado 400^g para evitar que el acimut sea negativo. Las coordenadas se calculan:

$$X_P = X_a + D_{aP} \ sen \ \theta_a^P = 100,000 + 27,550 \ sen \ 22,657^g = 109,600m$$

$$Y_P = Y_a + D_{aP} \ cos \ \theta_a^P = 100,000 + 27,550 \ cos \ 22,657^g = 125,823m$$

$$Z_P = Z_a + t + i - m = 100,00 + 0,320 + 1,50 - 1,60 = 100,22m$$

$$X_{P'} = X_a + D_{aP'} \ sen \ \theta_a^{P'} = 75,796m$$

$$Y_{P'} = Y_a + D_{aP'} \ cos \ \theta_a^{P'} = 78,794m$$

$$Z_{P'} = Z_a + t + i - m = 100,06m$$

3.5.5.- *Calcular el desnivel entre los puntos a y b de un levantamiento de interior en los siguientes casos:*
<u>Caso 1.</u> *Los dos puntos están señalados en el piso de la labor.*

$t = 0,20m$ $i = 1,50m$ $m = 1,70m$

<u>*Caso 2.*</u> *a está señalados en el piso de la labor y b en el techo.*

$$t = 0,20m \qquad i = 1,50m \qquad m' = 1,10m$$

<u>*Caso 3.*</u> *a está señalados en el techo de la labor y b en el piso.*

$$t = 0,20m \qquad i' = 1,00m \qquad m = 1,70m$$

<u>*Caso 4.*</u> *Los dos puntos están señalados en el techo de la labor.*

$$t = 0,20m \qquad i\ ' = 1,00m \qquad m' = 1,10m$$

Las expresiones a emplear figuran en el apartado 3.3.1 de los apuntes de la asignatura.

1) $\qquad Z_a^b = t + i - m = 0,20 + 1,50 - 1,70 = 0,00m$

2) $\qquad Z_a^b = t + i + m' = 0,20 + 1,50 + 1,10 = 2,80m$

3) $\qquad Z_a^b = t - i' - m = 0,20 - 1,00 - 1,70 = -2,50m$

4) $\qquad Z_a^b = t - i' + m' = 0,20 - 1,00 + 1,10 = 0,30m$

3.5.6.- *Para determinar las coordenadas de la estación 2, se ha realizado un itinerario encuadrado de interior entre las estaciones 1 y 3, de coordenadas planas: 1 (100 ; 100), 3 (41,50 ; 134,50). En la estación 1 se disponía de una dirección de acimut conocido 1-1' que se empleó para orientar el instrumento topográfico. En la estación 3 se disponía también de una dirección 3-3' de acimut conocido: $\theta_3^{3'} = 260,40^g$. Resuelve el itinerario con la siguiente libreta de campo, sabiendo que el instrumento topográfico se orientó en todas las estaciones:*

Estación	Punto visado	Acimut	Distancia media
1	2	345,82	25,372
2	3	327,15	43,368
3	3'	260,34	

Se resuelve como el ejercicio 3.5.2. El error de cierre acimutal será:

$$e_{ca} = (\theta_3^{3'})_{TOP} - (\theta_3^{3'})_{TRIG} = 260,34^g - 260,60^g = -0,06^g$$

Puesto que el itinerario está formado por 3 estaciones:

$$f_c = \frac{e_{ca}}{3} = -0,02^g$$

Los acimutes compensados serán:

$$(\theta_1^2)_C = \theta_1^2 - f_c = 345,84^g$$

$$(\theta_2^3)_C = \theta_2^3 - 2\,f_c = 327,19^g$$

$$(\theta_3^{3'})_C = \theta_3^{3'} - 3\,f_c = 260,40^g$$

El acimut $\theta_3^{3'}$, una vez compensado, debe coincidir con el trigonométrico.

	Parciales sin compensar		Parciales compensadas		Totales	
	X	Y	X	Y	X	Y
1					100,000	100,000
	-19,074	16,731	-19,059	16,637		
2					80,941	116,637
	-39,472	17,964	-39,441	17,863		
3					41,50	134,50

$\Sigma X_i^j = -58,546 \qquad \Sigma Y_i^j = 34,695$

$\Sigma |X_i^j| = 58,546 \qquad \Sigma |Y_i^j| = 34,695$

$$e_{cx} = \Sigma X_i^j - (X_3 - X_1) = -0,046$$

$$e_{cy} = \Sigma Y_i^j - (Y_3 - Y_1) = 0,195$$

3.5.7.- Resuelve y compensa el itinerario anterior en el caso de que no se disponga del acimut de la dirección 3-3'.

Se resuelve como el ejercicio 3.5.3:

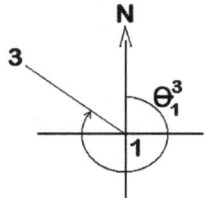

Acimut trigonométrico de la alineación *1-3*:

$$(\theta_1^3)_{TRIG} = 300^g + arc\ tg\ \frac{|Y_3 - Y_1|}{|X_3 - X_1|} = 333,922^g$$

Distancia reducida trigonométrica entre ambas estaciones:

$$(D_{13})_{TRIG} = \sqrt{(X_3 - X_1)^2 + (Y_3 - Y_1)^2} = 67,915m$$

Calculamos las coordenadas de cada estación respecto a la anterior, empleando para ello los valores que figuran en la libreta de campo.

	X	Y
1		
	-19,079	16,725
2		
	-39,484	17,940
3		

Las coordenadas parciales topográficas de 4 respecto a 1 se obtienen sumando las columnas de la tabla anterior:

$$X_1^3 = X_1^2 + X_2^3 = -58,563m$$
$$Y_1^3 = Y_1^2 + Y_2^3 = 34,665m$$

Con ayuda de la figura anterior calculamos el acimut topográfico:

$$(\theta_1^3)_{TOP} = 300^g + arc\ tg\ \frac{|Y_1^3|}{|X_1^3|} = 334,025^g$$

La distancia reducida topográfica será:

$$(D_{13})_{TOP} = \sqrt{(X_1^3)^2 + (Y_1^3)^2} = 68,054m$$

Para corregir las coordenadas hacemos:

$$c = (\theta_1^3)_{TOP} - (\theta_1^3)_{TRIG} = 0,103^g$$

$$f = \frac{(D_{13})_{TOP}}{(D_{13})_{TRIG}} = 1,00204$$

y corregimos acimutes y distancias:

$$(\theta_1^2)_C = \theta_1^2 - c = 345,717^g$$

$$(\theta_2^3)_C = \theta_2^3 - c = 327,047^g$$

$$(D_{12})_C = D_{12} / f = 25,320\,m$$

$$(D_{23})_C = D_{23} / f = 43,2795\,m$$

	Parciales compensadas		Totales	
	X	Y	X	Y
1			100,000	100,000
	-19,068	16,661		
2			80,932	116,661
	-39,432	17,839		
3			41,50	134,50

TEMA 4.- <u>TOPOGRAFÍA Y FOTOGRAMETRÍA EN EXPLOTACIONES MINERAS A CIELO ABIERTO.</u>

4.1.- Introducción.

La minería a cielo abierto es una de las actividades humanas que en mayor medida alteran la morfología de las zonas a las que afecta. Este sistema de producción de materias primas supone la extracción de los materiales estériles que se superponen a las masas mineralizadas, creando huecos de considerables proporciones que sólo en ocasiones vuelven a llenarse. Las tierras estériles, si el método de explotación no permite volver a depositarlas en el hueco creado, se almacenan en vertederos (vacies) cuya forma y dimensiones varían continuamente a medida que avanza la explotación minera. La normativa medio-ambiental obliga al minero a prever y desarrollar una serie de medidas que minimicen el impacto de las labores mineras y que van a suponer nuevas modificaciones de la morfología del terreno.

Los trabajos topográficos en explotaciones de este tipo deben adecuarse al ritmo con que la minería moderna modifica el entorno en el que se asienta. Algunas de las tareas con las que se enfrenta el equipo topográfico de una empresa minera adquieren un carácter crítico, debido a las limitaciones de tiempo para realizarlas y a que condicionan otros trabajos posteriores, que a su vez son vitales para el funcionamiento de la mina.

El equipo se ocupa también de apoyar a los restantes equipos técnicos de la mina en la elaboración y seguimiento de los distintos proyectos y planes que van a guiar la marcha de la explotación. En todos estos trabajos van a emplearse distintas técnicas topográficas, aplicadas a levantamientos planimétricos y altimétricos, a replanteos y a cubicaciones.

Los trabajos topográficos en una explotación minera a cielo abierto presentan una serie de características propias:
- Se localizan en un área relativamente pequeña.- Aunque algunas explotaciones afectan a superficies importantes (figura 4.1), la actividad de una mina a cielo abierto se desarrolla en una zona cuyo tamaño máximo alcanza algunos centenares de hectáreas. En esta zona se localiza la corta o cortas, los vertederos y las instalaciones que completan el complejo minero.
- Se desarrollan a lo largo de un periodo de tiempo extenso, comenzando varios años antes de que la mina entre en producción y, con frecuencia, terminando después de que el yacimiento se haya agotado, mientras se

completan las últimas fases de los trabajos de restauración del área afectada.

- Son de tipo muy variado y en ellos se aplican técnicas muy diferentes.
- En algunos de ellos, especialmente los de carácter más sistemático, el factor tiempo es crítico: se dispone de pocos días (o pocas horas) para su realización y hay que evitar, en lo posible, que puedan afectar a la producción.
- Determinan, en buena medida, la correcta marcha de la explotación. Por tanto, también son críticos en este sentido.

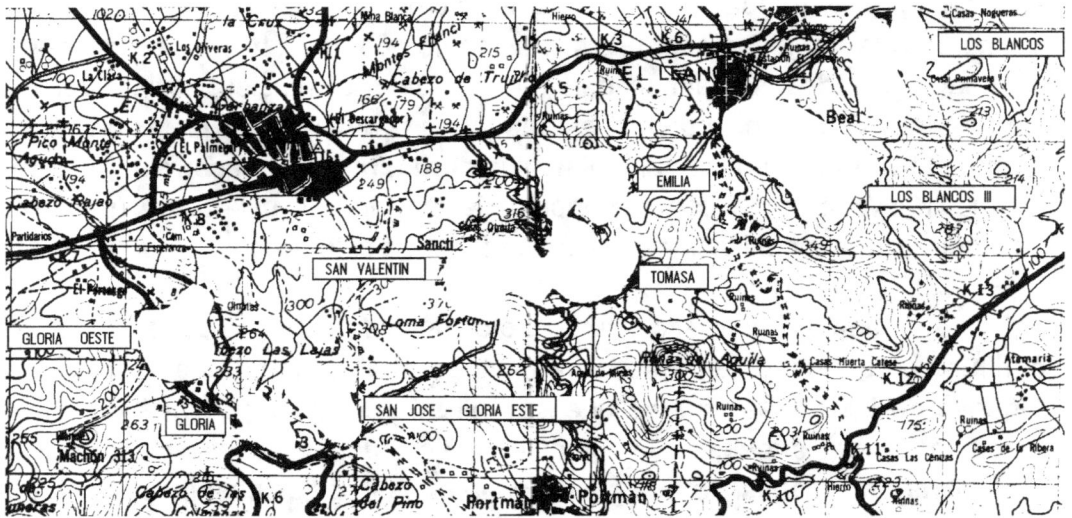

Fig. 4.1. Explotaciones mineras de la SMMPE en la Sierra de Cartagena-La Unión

Se han considerado tres etapas distintas de la actividad minera. Conviene señalar que esta división es una simplificación de la realidad, ya que muchas de las tareas contempladas se extienden en el tiempo y coexisten con las de etapas posteriores. Estas etapas son las siguientes:

- Trabajos topográficos iniciales: Consisten en el establecimiento de la infraestructura topográfica (redes de vértices) y en la elaboración de la cartografía inicial de la zona afectada, necesaria para los distintos proyectos (explotación, restauración, instalaciones, etc.):
  - Establecimiento de la red trigonométrica.
  - Levantamiento topográfico inicial.
- Trabajos topográficos de apoyo a la elaboración del proyecto de explotación:
  - Investigación geológica.
  - Proyecto de explotación. Vertederos. Planes de restauración.
  - Proyectos de instalaciones, accesos, líneas eléctricas, etc.
- Trabajos topográficos durante la etapa de producción de la explotación: Se trata de trabajos, con frecuencia sistemáticos, que posibilitan la marcha correcta de la explotación minera:

- Levantamiento de los avances de frentes de trabajo y vertederos. Marcaje de las separatrices entre mineral y estéril.
- Marcaje de sondeos de control de leyes. Levantamiento y/o marcaje de barrenos de voladura.
- Nivelación de plantas de trabajo.
- Control de estabilidad de taludes.
- Apoyo topográfico a los trabajos de restauración.

Vamos a suponer que todos estos trabajos serán realizados por el equipo topográfico de la explotación minera, aunque en la práctica algunos de ellos (especialmente los iniciales) suelen contratarse a empresas especializadas, incluso si la explotación dispone de su propio equipo.

4.2.- Trabajos topográficos iniciales.

Este apartado se refiere a todos los trabajos topográficos destinados a proporcionar las redes de apoyo y la cartografía necesaria para el desarrollo de las primeras fases de la actividad minera: exploración inicial, investigación geológica, adquisición de terrenos, etc., hasta la elaboración del proyecto de explotación.

4.2.1.- Establecimiento de la red trigonométrica.

Es la primera etapa del trabajo topográfico y, en principio, se aplican los métodos habituales para el establecimiento de este tipo de redes: intersección directa para la red de vértices, intersección inversa para determinar puntos trigonométricos complementarios, itinerario para establecer las redes topográficas. La red trigonométrica puede sustituirse por un levantamiento con equipos GPS, dando coordenadas a un número suficiente de puntos bien repartidos por la zona afectada.

En el establecimiento de redes de vértices en minería a cielo abierto hay que tener en cuenta que:

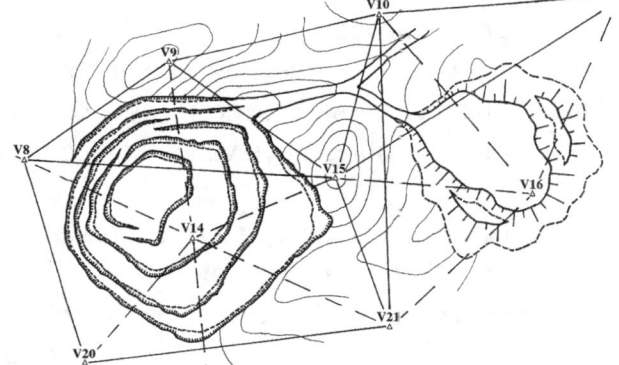

Fig. 4.2. Red trigonométrica

- la actividad minera puede durar muchos años y las redes de vértices de apoyo deben estar disponibles en todo momento.

- sin embargo, la propia naturaleza de la actividad minera puede suponer la desaparición de algunos de estos vértices, especialmente de los

141

situados en zonas afectadas por la corta o el vertedero (figura 4.2). En otros casos, las señales permanentes que marcan los vértices pueden desaparecer debido a los trabajos de infraestructura, al transporte, etc.

- las características de muchos de los trabajos mineros exigen disponer de un gran número de vértices de apoyo permanentes, cubriendo toda la zona de actividad minera.

Por estas razones puede ser recomendable establecer una red de vértices trigonométricos y topográficos mucho más densa que las habituales en trabajos topográficos no mineros. Una posible solución consiste en establecer dos redes, una con unos pocos triángulos de lados más grandes y vértices situados en puntos seguros; otra más densa, completada con puntos trigonométricos complementarios y vértices topográficos.

Toda la red debe revisarse con frecuencia (mejor si se establecen revisiones sistemáticas) y mantenerse totalmente operativa, especialmente en las proximidades de las zonas en producción.

4.2.2.- Levantamiento inicial.

Las distintas fases del trabajo minero se apoyarán en planos a distintas escalas. En su caso, los planos y sus escalas deben elaborarse de acuerdo con la legislación vigente. Los siguientes valores se dan simplemente a título de referencia, ya que en la práctica puede haber variaciones importantes:

- Trabajos de exploración/investigación: escalas 1/10.000 a 1/2.500.
- Proyecto de explotación: 1/5.000 a 1/1.000.
- Planes de restauración: 1/10.000 a 1/2.500.
- Otros proyectos: 1/1.000 a 1/200. Incluye infraestructuras, instalaciones, accesos y, eventualmente, algunas fases del plan de restauración.

La escala determinante suele ser la del proyecto de explotación y, por tanto, esta será la que hay que tener en cuenta a la hora de planificar el levantamiento. Otros proyectos pueden necesitar planos a escalas mayores, que suelen ser objeto de levantamientos específicos.

Una forma apropiada de realizar el levantamiento inicial es, por supuesto, el empleo de fotogrametría aérea. La elección de la escala y condiciones del vuelo se hará en función de la escala determinante en los planos, es decir, de aquella que vaya a emplearse para elaborar el proyecto de explotación. Los trabajos fotogramétricos serán realizados por el equipo topográfico de la propia empresa, si ésta dispone de los medios necesarios, o se contratarán. La cartografía a mayor escala, para proyectos de instalaciones, etc., puede realizarse por fotogrametría terrestre, si el terreno lo admite, o por métodos topográficos convencionales.

La otra posibilidad es realizar un levantamiento taquimétrico clásico. En ambos casos, los trabajos se apoyarán en las redes de vértices previamente establecidas.

4.3.- Trabajos topográficos en la fase de proyecto.

En este apartado agrupamos todos los trabajos topográficos de apoyo a las fases de investigación geológica, elaboración del proyecto de explotación, vertederos de estériles, plan de restauración, proyectos de instalaciones, accesos, líneas eléctricas, etc.

4.3.1.-Apoyo a la investigación geológica.

Según los primeros estudios geológicos (escalas 1/10.000 a 1/2.500) y con apoyo de la cartografía inicial, se diseña la malla de sondeos de investigación, definiendo sus dimensiones y su orientación. Las direcciones principales de la malla no tienen por qué coincidir con la cirección de la meridiana ni con ninguna otra orientación preestablecida, sino que vendrán condicionadas por la naturaleza del yacimiento. Se elige un punto inicial, que será una de las esquinas de la malla, y se calculan a partir de él las coordenadas de todas las intersecciones de la malla, donde irán ubicados los sondeos. Normalmente se comienza con mallas amplias, que luego se van cerrando a medida que se conocen los primeros resultados de los sondeos.

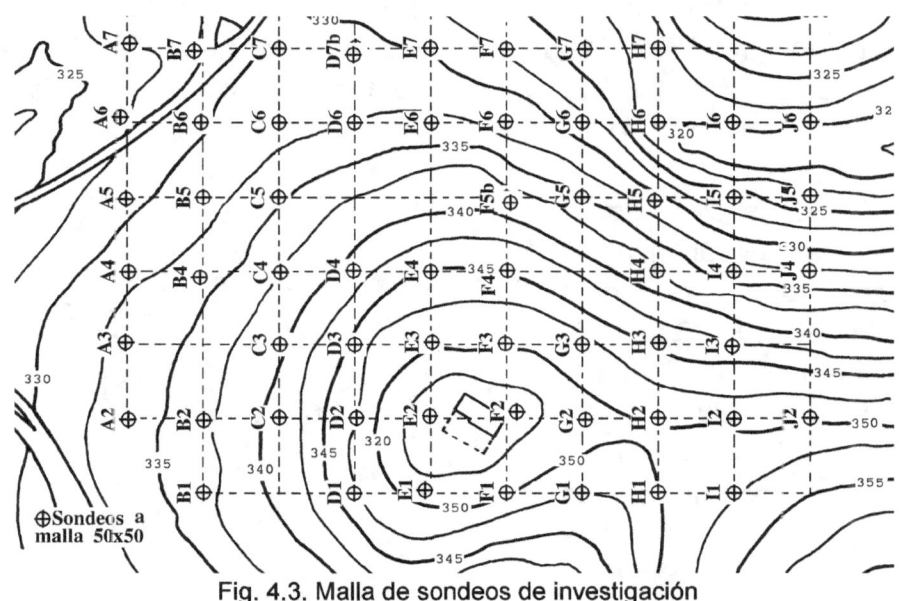

Fig. 4.3. Malla de sondeos de investigación

143

Antes de perforar cada sondeo, su situación teórica dentro de la malla debe replantearse y marcarse en el terreno, siguiendo los procedimientos clásicos de replanteo de puntos y alineaciones rectas, con apoyo en la red de vértices trigonométricos y topográficos. Los sondeos se realizan sobre el terreno virgen por lo que, en muchos casos, los accidentes del mismo impiden que la máquina sondeadora se posicione exactamente sobre el punto replanteado. Una vez efectuado cada sondeo es preciso levantar su situación real, por intersección o itinerario.

Una vez finalizada la campaña se elabora una cartografía geológica local, completada por el levantamiento de fallas, afloramientos, etc. Finalmente se realiza un modelo geológico tridimensional, integrando toda la información geológica y topográfica. Este modelo se materializa en una serie de secciones paralelas y equidistantes, que pueden ser horizontales y/o verticales (figura 4.4).

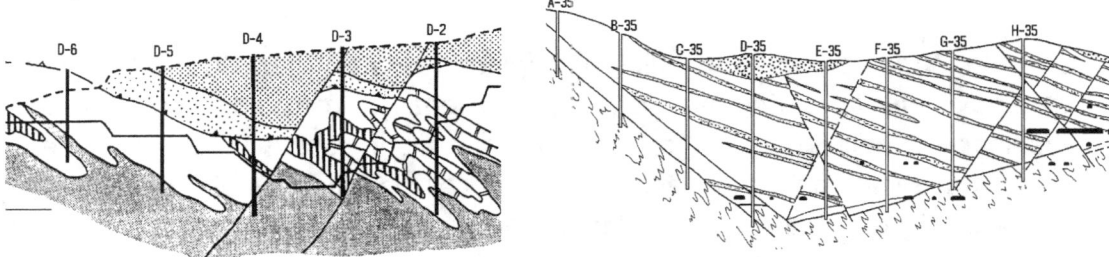

Fig. 4.4. Cortes geológicos

4.3.2.- Modelización y diseño de la explotación.

La siguiente fase consiste en la elaboración de un modelo completo del yacimiento, integrando la información geológica, análisis de muestras de sondeos, tests mineralúrgicos y otros datos de interés, además de la información topográfica.

La tendencia actual (figura 4.5) es utilizar modelos numéricos (o discretizados) dividiendo el yacimiento en bloques de base cuadrada o rectangular y de altura igual a la de banco, definidos por las coordenadas espaciales de sus centros y cuyos parámetros (leyes, leyes recuperables, potencias, etc.) se estiman, a

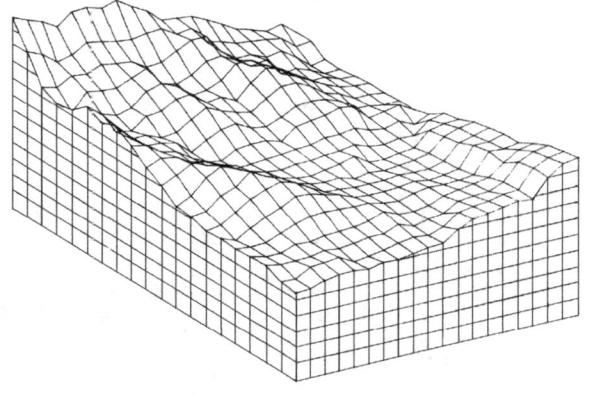

Fig. 4.5. Modelo de bloques

144

partir de la información de los sondeos, por procedimientos matemáticos o geomatemáticos con ayuda del ordenador. Las dimensiones y la orientación de la malla de bloques dependerán de las de la malla de sondeos y de las características del yacimiento (tamaño, continuidad, etc. de los cuerpos mineralizados).

Con modelos de este tipo resulta muy adecuado disponer de la topografía superficial en un formato similar, lo que nos lleva a la elaboración de un modelo digital del terreno (DTM o MDT, figura 4.6) basado en una red de puntos que coincidirá, en planta, con la de bloques del modelo del yacimiento o será un submúltiplo de ella.

Modelo del yacimiento	Modelo topográfico
Morfológico	Continuo (curvas de nivel)
Numérico	Numérico (DTM)

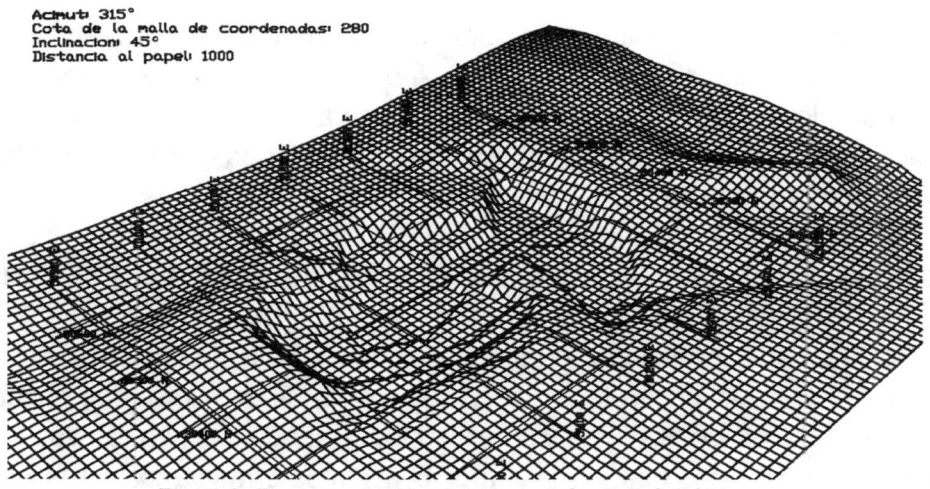

Fig. 4.6. Representación de un modelo digital del terreno

Normalmente, las direcciones del DTM y las de la red de bloques se harán coincidir con las direcciones principales de la malla de sondeos de investigación. En esta etapa es frecuente trabajar en coordenadas locales, con ejes cartesianos paralelos a estas direcciones principales.

El diseño del vaso de explotación y de los accesos se hará por procedimientos que pueden ir desde los puramente automáticos (algoritmos matemáticos) a los manuales y se basan en criterios económicos y mineros. Se obtendrá una serie de diseños, de entre los cuales se elige el más conveniente. El diseño del vaso debe repercutirse hasta la superficie del terreno, para determinar su intersección con ella y el volumen total de tierras e extraer. Dentro de cada proyecto se calculan los tonelajes de mineral y estéril. La cubicación se efectuará por procedimientos automáticos (conteo de bloques) o manuales (sobre secciones verticales o sobre curvas de nivel).

El diseño de vertederos, por su parte, supone:
- Elegir su ubicación: Criterios económicos y medioambientales.
- Calcular su capacidad.
- Diseñar el sistema de vertido, los accesos, etc.

Los planes de restauración también se elaboran en esta etapa. Los trabajos de restauración no van a ponerse en marcha cuando se agote el yacimiento sino, preferiblemente, en paralelo a la marcha de la mina. Se basan en la cartografía inicial y en el diseño del vaso y de los vertederos y suponen:
- Relleno de huecos de la explotación.
- Suavizado de taludes en corta y vertederos.
- Infraestructuras, etc.

El proyecto debe estudiarse cuidadosamente para minimizar impactos, no sólo cuando termine la explotación sino también durante la vida de la misma. Los planes de restauración suelen plasmarse sobre planos a distintas escalas, paro también se emplean otros soportes: planos-esquema mostrando las fases del plan, ortofotos, maquetas, etc.

4.3.3.- Proyectos de instalaciones, accesos, transportes, líneas eléctricas.

Se trata de proyectos puntuales aunque, con frecuencia, de gran envergadura. Se apoyan en levantamientos topográficos a distintas escalas e implican a técnicos de distintas especialidades, según su naturaleza. Puede tratarse de instalaciones nuevas o de modificación de otras ya existentes.

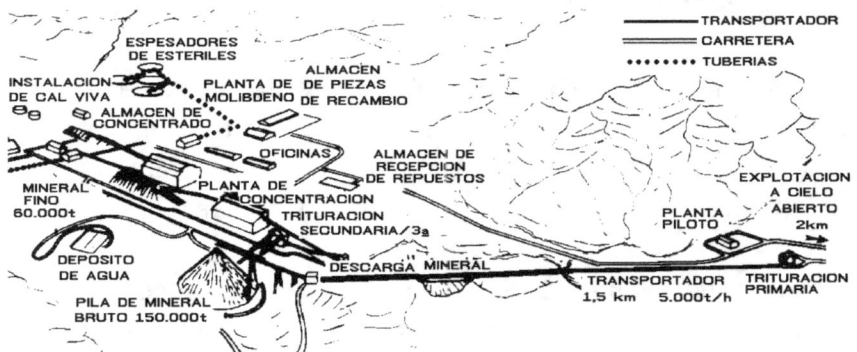

Fig. 4.7. Instalaciones de una mina de cobre

Los trabajos topográficos necesarios son los propios de cualquier proyecto de ingeniería civil: levantamientos, replanteos, nivelaciones, etc.

146

4.4.- Trabajos topográficos en la fase de producción.

Estos trabajos suelen tener un carácter sistemático y una periodicidad fija, que depende de las características de la explotación. El factor tiempo suele tener una importancia fundamental.

4.4.1- Levantamiento de frentes de trabajo y vertederos.

Suele realizarse mensualmente, coincidiendo con el fin de mes y, por tanto, con los trabajos de planificación a corto plazo de la explotación minera. El levantamiento de frentes constituye una operación crítica, ya que:

- Existe una importante limitación de tiempo: Se realizan en momentos muy concretos y en poco tiempo, ya que suelen condicionar la planificación a corto plazo.
- No deben alterar el ritmo de producción. Esto puede presentar problemas en frentes que estén activos en el momento de realizar el levantamiento.

Estos trabajos deben planificarse cuidadosamente, comprobando que toda la infraestructura topográfica necesaria (vértices) está operativa y estableciendo los apoyos topográficos necesarios en cada caso. La organización de los trabajos se hará con pocos días de antelación, ya que sólo entonces puede conocerse cuál va a ser la situación aproximada de frentes y vertederos y cuáles van a ser, por tanto, las necesidades en cuanto a infraestructuras topográficas.

Las escalas suelen oscilar entre 1/2.500 y 1/500, dependiendo de la utilización que vaya a darse a los planos obtenidos. Se han descrito distintas formas de realizar estos trabajos, entre ellas:

- Taquimetría, con itinerarios encuadrados aproximadamente paralelos al frente y situados a cierta distancia del mismo. Las estaciones extremas estarán marcadas en el terreno y se habrán levantado previamente (normalmente, por intersección). Las estaciones del itinerario pueden estar marcadas de antemano y servirán para levantar por radiación los puntos de interés. Se levantan puntos de la cabeza y el pie del banco. Si el avance es reducido, se puede levantar desde una sola estación.
- Fotogrametría terrestre: Las bases se sitúan fuera de la zona de actividad y se levantan con antelación. Las señales se colocan en el momento de tomar los fotogramas y se levantan desde los puntos de la base. Por este sistema se pueden trazar curvas de nivel, además de las líneas de cabeza y pie de banco.

Los resultados se emplean para cubicar los volúmenes de mineral y estéril extraídos, pero también para actualizar los planos sobre los que se realiza la planificación a corto plazo y que sirven de guía para la operación minera. En estos planos se incorpora la información geológico-minera del control de leyes y/o del proyecto. También se emplean para actualizar el inventario de reservas y para otros tipos de aplicaciones (figura 4.8).

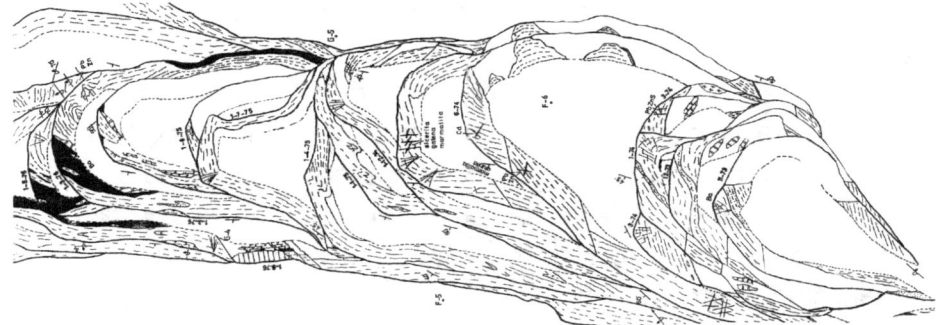

Fig. 4.8. Evolución de los frentes de una corta (SMMPE)

4.4.2- Sondeos de control de leyes. Barrenos de voladura.

En muchas explotaciones se precisa un control geológico-minero más preciso que el que proporciona el proyecto, lo que obliga a efectuar sondeos de control de leyes, a malla más cerrada que la de investigación y submúltiplo de ella. Estos sondeos se perforan una vez retirado el estéril de recubrimiento, por lo que no suele haber problemas para situarlos exactamente en sus posiciones teóricas. La malla de sondeos se replantea y se marca sobre el terreno, empleando los métodos ya conocidos.

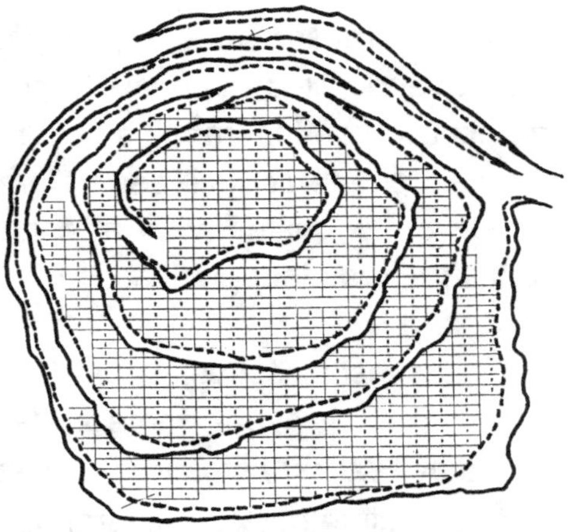

Fig. 4.9. Bloques de control de leyes

En otros casos es suficiente con analizar los detritus de los barrenos de voladura. Esto supone levantar topográficamente la situación de cada barreno, operación para la que se suele disponer de poco tiempo.

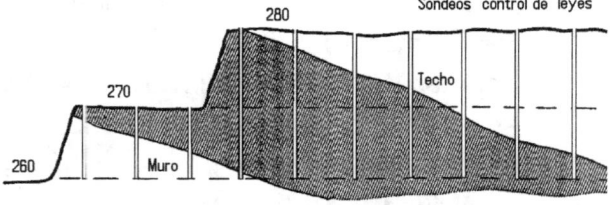

Fig. 4.10. Sondeos de control de leyes

148

En ocasiones se marcan sobre el terreno los barrenos, según su malla teórica, para facilitar el control de las voladuras. Esto supone levantar previamente el frente y replantear la malla según la forma del mismo. En el caso de barrenos inclinados conviene marcar la situación del barreno y una línea perpendicular al frente (por cada barreno) que permita a la máquina perforadora posicionarse correctamente.

A partir de los análisis realizados sobre muestras de sondeos de control de leyes o de barrenos se determinan, sobre plano, las separatrices entre zonas de mineral y de estéril. En ocasiones, estas líneas se marcan sobre el terreno, para facilitar la tarea del equipo de producción y evitar pérdidas y polución del mineral. También en este caso son de aplicación las técnicas de replanteo.

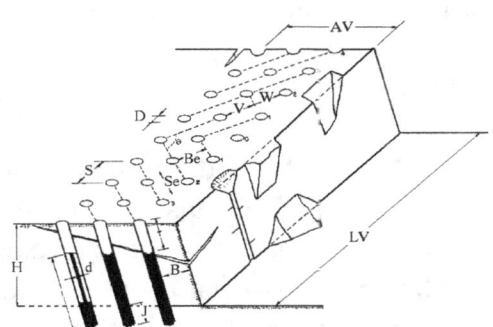

Fig. 4.11. Barrenos

4.4.3- Control de estabilidad de taludes.

Además de los controles de tipo geotécnico, interesa en ocasiones efectuar un seguimiento de los posibles movimientos en los taludes de la explotación. Se emplean los métodos de intersección y trilateración para el levantamiento de puntos aislados del talud o la fotogrametría terrestre para el levantamiento del talud completo.

Los métodos de micro-geodesia permiten precisiones muy superiores, pero la fotogrametría permite levantar el talud completo, lo que a veces es muy conveniente. En caso necesario, ambas técnicas pueden combinarse entre sí. La frecuencia y el tipo de controles vendrán definidos por las características del talud a controlar, por la precisión requerida y por los equipos disponibles.

4.4.4- Nivelación de plantas.

La planificación minera se basa en las plantas teóricas de trabajo, en las que se habrá determinado cuáles son las zonas de mineral y de estéril. La explotación debe seguir estas plantas sin grandes desviaciones, ya que lo contrario supondrá una contaminación del mineral con estéril y una pérdida de reservas, al enviar erróneamente parte del mineral al vertedero.

En el caso de que existan minados en la zona, como resultado de una mina subterránea ya abandonada (figura 4.12), los trabajos de nivelación son fundamentales para poder situar los huecos con precisión y evitar accidentes.

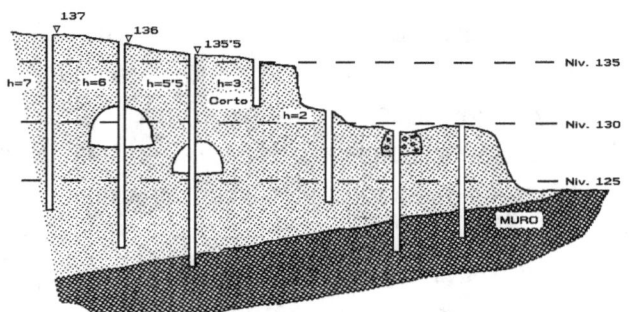

Fig. 4.12. Detección de minados

Para evitar todos estos problemas conviene realizar una nivelación periódica de las plantas de trabajo a medida que avanzan los frentes. En algunos casos basta con una nivelación trigonométrica realizada junto con el levantamiento mensual de los frentes, pero en otros será necesario efectuar nivelaciones geométricas, incluso después de cada voladura, para corregir las posibles desviaciones en la voladura siguiente.

4.4.5- Restauración.

Además de elaborar los planes de restauración, que es una de las etapas del proyecto, es preciso realizar un seguimiento topográfico de la ejecución de los mismos.

En ocasiones, cambios en las condiciones de la explotación, como el descubrimiento de nuevas zonas mineralizadas, obligarán a actualizar y completar estos planes. En todos los casos, el equipo topográfico de la explotación minera jugará un papel importante en este aspecto.

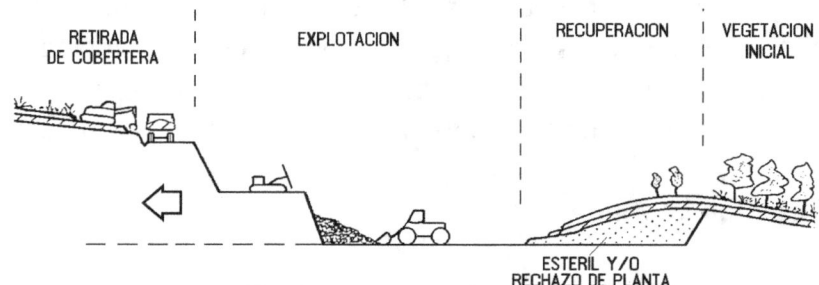

Fig. 4.13. Restauración de terrenos

4.5-   Ejercicios.

4.5.1.- Conocidas las coordenadas (X=100; Y=100) del sondeo que ocupa una de las esquinas de una malla de control de leyes de 10x10m, calcula las coordenadas de los tres sondeos más próximos a él sabiendo las orientaciones de las dos direcciones principales de la malla: $\theta_1 = 74^g 32^m$; $\theta_2 = 174^g 32^m$

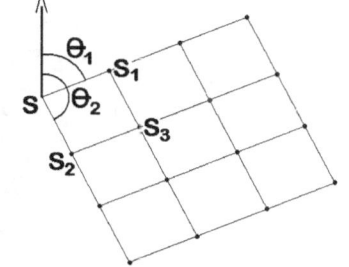

Llamamos S al primer sondeo y S_1, S_2 y S_3 a los tres sondeos más próximos a él, según el croquis adjunto. Las distancias reducidas entre sondeos de la misma alineación (D_{SS1}, D_{SS2}, D_{S1S3}, etc.) son de *10m*. Dados los acimutes θ_1 y θ_2 que corresponden a las direcciones principales de la malla, tenemos:

$$X_{S1} = X_S + D_{SS1}\ sen\ \theta_1 = 100,000 + 10,000\ sen\ 74,32^g = 109,197\,m$$

$$Y_{S1} = Y_S + D_{SS1}\ cos\ \theta_1 = 100,000 + 10,000\ cos\ 74,32^g = 103,925\,m$$

$$X_{S2} = X_S + D_{SS2}\ sen\ \theta_2 = 100,000 + 10,000\ sen\ 174,32^g = 103,925\,m$$

$$Y_{S2} = Y_S + D_{SS2}\ cos\ \theta_2 = 100,000 + 10,000\ cos\ 174,32^g = 90,803\,m$$

Para calcular las coordenadas de S_3 tenemos en cuenta que:

$$D_{S1S3} = 10m \qquad \theta_{S1}^{S3} = \theta_2 = 174,32^g$$

$$X_{S3} = X_{S1} + D_{S1S3}\ sen\ \theta_2 = 109,197 + 10,000\ sen\ 174,32^g = 113,123\,m$$

$$Y_{S3} = Y_{S1} + D_{S1S3}\ cos\ \theta_2 = 103,925 + 10,000\ cos\ 174,32^g = 94,728\,m$$

4.5.2.- Se necesita replantear una malla de sondeos cuadrada (50x50m). Se conocen las coordenadas planas del primer sondeo (X=200; Y=300) y las orientaciones de las direcciones principales de la malla $\theta_1 = 27^g$ y $\theta_2 = 127^g$. Calcula los datos necesarios para realizar el replanteo de este primer sondeo y de los dos más próximos a él. El replanteo se hará por ángulos y distancias, a partir de una estación E materializada en el terreno ($X_E=100$; $Y_E=100$) en la que se estaciona y se orienta una estación total.

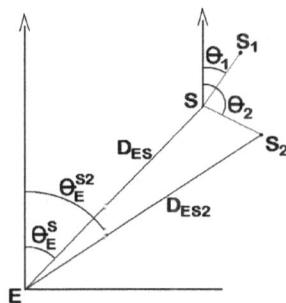

Llamamos S, S_1 y S_2 a los tres sondeos. Actuando como en el ejercicio anterior se calculan las coordenadas totales de los sondeos:

$$X_{S1} = X_S + D_{SS1}\ sen\ \theta_1 = 220,576\,m$$

$$Y_{S1} = Y_S + D_{SS1}\ cos\ \theta_1 = 345,570\,m$$

$$X_{S2} = X_S + D_{SS2}\ sen\ \theta_2 = 245,570\,m$$

$$Y_{S2} = Y_S + D_{SS2} \cos \theta_2 = 279,424m$$

Para replantear los tres puntos se necesita calcular las distancias reducidas y los acimutes de las alineaciones que forma cada uno de ellos con la estación E. Datos del replanteo sondeo S:

$$\theta_E^S = arc \ tg \frac{\left| X_S - X_E \right|}{\left| Y_S - Y_E \right|} = 29,517^g$$

$$D_{ES} = \sqrt{(X_S - X_E)^2 + (Y_S - Y_E)^2} = 223,607m$$

Datos del replanteo sondeo S_1:

$$\theta_E^{S1} = arc \ tg \frac{\left| X_S1 - X_E \right|}{\left| Y_{S1} - Y_E \right|} = 29,057^g$$

$$D_{ES1} = \sqrt{(X_{S1} - X_E)^2 + (Y_{S1} - Y_E)^2} = 273,575m$$

Datos del replanteo sondeo S_2:

$$\theta_E^{S2} = arc \ tg \frac{\left| X_{S2} - X_E \right|}{\left| Y_{S2} - Y_E \right|} = 43,392^g$$

$$D_{ES2} = \sqrt{(X_{S2} - X_E)^2 + (Y_{S2} - Y_E)^2} = 231,049m$$

TEMA 5.- ENLACE ENTRE LEVANTAMIENTOS SUBTERRÁNEOS Y DE SUPERFICIE.

5.1.- Introducción.

Los trabajos topográficos de interior deben ir referidos al mismo sistema de coordenadas empleado en el levantamiento de superficie. Los levantamientos de exterior se enlazan con la red geodésica a partir de los vértices geodésicos, cuyas coordenadas geográficas y UTM han sido calculadas con gran precisión. Para los levantamientos subterráneos se precisa de puntos situados en el interior y cuyas coordenadas (en el mismo sistema UTM) se calculan con suficiente precisión.

A partir de estos puntos se podrán enlazar los levantamientos subterráneos con los de superficie. Se aplicarán los métodos explicados en el tema 3, fundamentalmente itinerario y radiación para la planimetría y nivelación geométrica y trigonométrica para la altimetría.

Mención especial merece la transmisión de orientación, que a menudo exige la aplicación de procedimientos específicos (diferentes de los de exterior) por la naturaleza y la dificultad de las labores subterráneas. La orientación se habrá transmitido cuando dispongamos, en interior, de dos puntos visibles entre sí y cuyas coordenadas (o el acimut de la alineación que forman) se conozcan.

5.2.- Coordenadas.

Necesitamos determinar las coordenadas X, Y y Z (UTM) de, al menos, un punto situado en el interior y a partir del cual se pueda realizar el levantamiento de las labores. Dependiendo del tipo de comunicación, o comunicaciones, con el exterior podemos tener los siguientes casos:

Comunicación por rampa.

Basta realizar un itinerario siguiendo la rampa, hasta dar coordenadas a un punto del interior. Conviene que el itinerario sea cerrado, de ida y vuelta, para que se pueda comprobar y compensar.

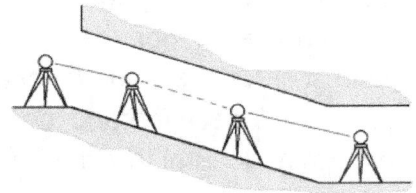

Fig. 5.1. Comunicación por rampa

Si se necesita bastante precisión en altimetría, conviene realizar además un itinerario por nivelación geométrica, que también debe ser cerrado. La altitud de los puntos de interior se determinará gracias a este itinerario.

<u>Comunicación por pozo vertical.</u>

Las coordenadas X e Y se transmiten al interior mediante una plomada. Las coordenadas del hilo de la plomada se determinan en el exterior, enlazándolas con el levantamiento de superficie. Las coordenadas planas del hilo en el interior serán las mismas.

Si se dispone de distanciómetro o estación total, capaz de lanzar una visual vertical, se pueden determinar simultáneamente las tres coordenadas del punto de estación en el interior. Naturalmente, la precisión depende de la nivelación del aparato, es decir, de que la visual sea realmente vertical.

Si no se dispone de este equipo, la Z se puede determinar, a partir de la de exterior, midiendo la profundidad del pozo con hilo de acero o cinta metálica.

<u>Comunicación por rampa y pozo o por dos pozos.</u>

En estos casos se pueden calcular las coordenadas de dos puntos de interior, uno a través de cada una de las labores de comunicación. Posteriormente se puede realizar un itinerario encuadrado, de interior, entre los dos puntos cuyas coordenadas se han determinado. Este itinerario, si es posible orientarlo, nos permitirá comprobar las coordenadas y, muy especialmente, que la transmisión de orientación es correcta.

En el caso de la figura 5.2, se han calculado las coordenadas de la estación interior *I*, mediante un itinerario por la rampa, a partir del punto exterior *E*. Enlazamos, con un itinerario de interior, los puntos *I* y *P*.

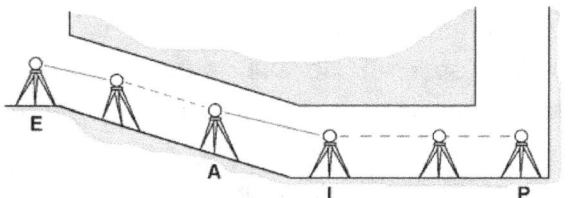

Fig. 5.2. Comunicación por rampa y pozo

Este itinerario se puede orientar lanzando una visual desde *I* a la estación anterior *A* del itinerario de la rampa. Si las coordenadas de *P* se habían determinado también, a partir del pozo, nos servirán como comprobación.

5.3.- Transmisión de orientación.

La transmisión de orientación al interior es una operación especialmente delicada, ya que condiciona la precisión de todos los trabajos subterráneos.

Las precauciones deben extremarse al máximo, pues cualquier desviación se transmite a los itinerarios y, en definitiva, a todo el levantamiento de interior. En ocasiones se dispone de procedimientos para determinar el error, pero otras veces (comunicación por un solo pozo) la comprobación no es posible.

En el caso de rompimientos mineros el problema puede tener consecuencias graves, al impedir que las labores previstas "calen" correctamente. En apertura de túneles que se excavan desde ambos extremos, e incluso desde puntos intermedios a través de pozos, es imprescindible un replanteo exterior preciso del eje del túnel y una medición correcta de la profundidad de los pozos. Además, la transmisión de orientación a través de los pozos debe garantizar que la excavación del eje del túnel se orienta con suficiente precisión.

La transmisión de orientación es más o menos complicada según el número y el tipo de comunicaciones existentes entre interior y exterior. En función de éstas, del tipo de instrumentos disponibles y de la precisión requerida, emplearemos uno u otro de los siguientes métodos:
- itinerario enlazado con el exterior
- métodos magnéticos
- métodos ópticos
- métodos mecánicos
- métodos giroscópicos.

5.3.1- Transmisión de orientación mediante itinerario enlazado con el exterior.

Es el caso de una mina a la que se accede desde el exterior por una rampa. Un itinerario cerrado, comenzando en un punto del exterior previamente conocido, nos permitirá calcular las coordenadas de uno o más puntos en el interior. La orientación se consigue, desde la estación de interior, visando a la estación anterior del itinerario, ya que ambas tienen coordenadas conocidas.

También es el caso de una mina con dos pozos, a través de los cuales se hayan determinado las coordenadas de sendos puntos de interior. Si conseguimos enlazar estos dos puntos con un itinerario de interior, calcularemos las coordenadas de las estaciones del itinerario y, por tanto, dispondremos de datos para orientar los trabajos de interior.

Como sabemos, un itinerario de este tipo no tiene comprobación, lo que puede resultar arriesgado. Para evitar este problema, será conveniente repetirlo en sentido contrario, volviendo a la estación inicial. Como se ha indicado, conviene que los puntos de estación del itinerario de ida no coincidan con los del de vuelta.

5.3.2- Transmisión de orientación por métodos magnéticos.

Los métodos magnéticos constituyen el procedimiento más sencillo para orientar las labores de interior. Se basan en la propiedad de una aguja imantada, sujeta por su centro y pudiendo girar libremente, para orientarse según las líneas del campo magnético terrestre.

Estos métodos no suponen ninguna complicación práctica, pero presentan inconvenientes importantes:
- Su precisión es limitada.
- Miden rumbos, no acimutes.
- No se deben usar en zonas que presenten anomalías magnéticas, provocadas por la existencia de minerales metálicos o por la maquinaria e instalaciones de interior.

En todos los casos será preciso determinar la declinación magnética, para poder transformar en acimutes los rumbos que hayamos calculado. Como sabemos, la declinación varía con el tiempo y con el lugar de medición, por lo que debe calcularse en la zona y en el momento en que se vayan a realizar las mediciones de interior.

Para declinar un instrumento magnético, se estaciona en uno o más vértices del exterior y se lanzan visuales a alineaciones de acimut conocido, determinando el rumbo de cada alineación. La diferencia entre cada rumbo medido y el acimut correspondiente nos da un valor de la declinación. Tomamos como resultado el valor promedio, siempre que no se hayan detectado valores aberrantes que puedan ser debidos a una anomalía magnética.

Los métodos magnéticos no son muy empleados, por las razones anteriores y porque, siempre que sea posible, se prefiere emplear instrumentos más rápidos y precisos en levantamientos de interior. Entre los instrumentos magnéticos empleados, podemos citar los siguientes:
- Brújulas y brújulas colgadas.- Son instrumentos cuya apreciación puede llegar a 5 o 10'. En brújulas excéntricas debe tenerse en cuenta la excentricidad a la hora de determinar los rumbos.
- Declinatorias.- Son agujas imantadas montadas sobre un taquímetro. Permiten orientarlo al Norte magnético, poniendo el limbo horizontal a

cero en la dirección señalada por la aguja. De esa manera, el taquímetro puede medir rumbos directamente.

- Teodolitos-brújula.- Más precisos que los anteriores, pudiendo llegar a apreciaciones de 1'.
- Magnetómetros.- Consiguen apreciaciones de 20 a 30". En este instrumento se sustituye la aguja imantada por un imán que cuelga de un hilo de cuarzo y las oscilaciones se perciben por reflexión de un rayo de luz en un espejo unido al hilo. Los *declinómetros* son aun más precisos y están dotados de un hilo de suspensión de platino-iridio.

5.3.3- Transmisión de orientación por métodos ópticos.

Estos métodos se basan en materializar, por procedimientos ópticos, un plano vertical que contiene a dos puntos fijos del exterior y a otros dos puntos fijos del interior. El acimut de la alineación formada por los puntos exteriores, que puede medirse con ayuda de los vértices exteriores, coincidirá con el de la alineación de interior que, de esta manera, queda orientada.

<u>Mediante teodolito, taquímetro o estación total.</u>

El instrumento debe estar perfectamente nivelado y su eje de colimación, al cabecear el anteojo, debe describir un plano vertical. Esta condición puede verificarse mediante el doble giro del anteojo o visando en toda su longitud el hilo de una plomada en reposo colgada de un punto fijo.

La transmisión de orientación puede realizarse con el instrumento en el exterior o en el interior.

a)   Desde el exterior.- El instrumento a emplear debe ser capaz de lanzar visuales al nadir, lo que nos es muy frecuente. Se estaciona sobre la boca del pozo P y se visa una alineación exterior P-A de acimut conocido. A continuación, se cabecea el anteojo, visando al nadir, y, siguiendo las instrucciones del operador, unos ayudantes tienden en el fondo del pozo un hilo H-I, tan largo como permita la anchura del pozo (figura 5.3).

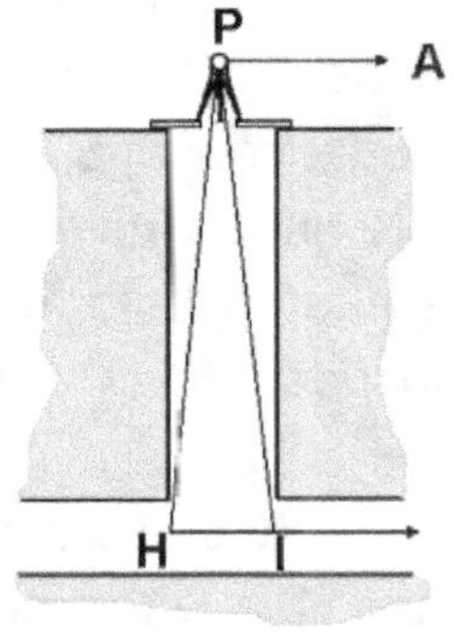

Fig. 5.3. Métodos ópticos: desde el exterior

El hilo debe quedar contenido en el plano vertical descrito por el eje de colimación, que es el mismo plano vertical que contiene a la alineación exterior. Lo comprobamos siguiéndolo en toda su longitud, usando únicamente el movimiento de cabeceo del anteojo.

Este método es complicado y sólo puede emplearse en pozos de poca profundidad, ya que a partir de 100m es difícil percibir imágenes nítidas en el interior.

Para la puesta en estación habrá que montar dos plataformas independientes en la boca del pozo, una para el instrumento y otra para el operador, con las aberturas necesarias para poder lanzar las visuales al nadir.

b)   Desde el interior.- En este caso, el instrumento debe ser capaz de lanzar visuales al cenit y admitir anteojos acodados. Se estaciona en el fondo del pozo y se visa una alineación *F-A* interior. Esta será la dirección cuyo acimut se va a determinar. Empleando únicamente el movimiento de cabeceo del anteojo, se visa al cenit y se marcan dos puntos *M* y *N* en la boca del pozo (figura 5.4).

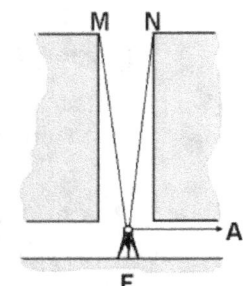

Fig. 5.4. Métodos ópticos: desde el interior

Estos puntos estarán situados en el mismo plano vertical que contiene a la alineación *F-A*. El acimut de la alineación *M-N*, que coincide con el de la *F-A*, se determina en el exterior.

Este método, como el anterior, sólo es recomendable para pozos anchos y poco profundos.

Mediante anteojos cenit-nadir.

Estos equipos se conocen también con el nombre de *plomadas ópticas de precisión*. Se trata de instrumentos capaces de lanzar visuales al nadir. La precisión que se puede conseguir con ellos depende de la sensibilidad del sistema de nivelación que incorporen, ya que el resultado será tanto mejor cuanto más se aproxime a la vertical la visual lanzada.

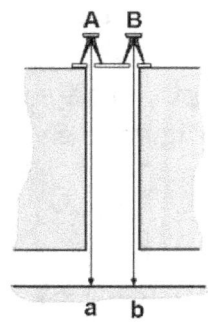

Fig. 5.5. Anteojos cenit-nadir

Se estaciona el instrumento, sucesivamente, en dos puntos del borde del pozo *A* y *B* tan alejados entre sí como sea posible (figura 5.5). Las visuales permiten marcar los dos puntos de interior *a* y *b* situados en las verticales de *A* y *B*. Como la alineación interior *a-b* está contenida en el mismo plano vertical que la exterior *A-B*, su orientación será la misma.

Este sistema puede ser más preciso que el anterior, pero no debe emplearse para profundidades de más de 200m, porque los errores provocados por la refracción atmosférica empiezan a ser relevantes para esa profundidad.

Equipos láser.

Estos equipos permiten lanzar un rayo láser en la dirección del eje de colimación. La ventaja respecto a los anteriores es que la luz láser es visible cuando se proyecta sobre un objeto, lo que permite marcar los puntos visados directamente.

Montados sobre una estación total, situada en el fondo del pozo y perfectamente nivelada, no hará falta emplear oculares acodados ya que la luz es visible en una plataforma situada sobre la boca del pozo y permite marcar puntos como si se emplease un teodolito.

Como en los casos anteriores, la precisión del sistema depende de que la nivelación del instrumento sea precisa. Conviene verificarlo mediante el doble giro del anteojo o visando en toda su longitud el hilo de una plomada en reposo colgada de un punto fijo.

5.3.4- Transmisión de orientación por métodos mecánicos.

Se basan en el empleo de plomadas, que permiten proyectar al interior (a lo largo de un pozo) los puntos medidos en el exterior. Con dos plomadas en reposo se puede materializar un plano vertical. Si medimos en el exterior el acimut de la alineación formada por los dos hilos de las plomadas, lo que resulta sencillo, habremos determinado la orientación de esa misma alineación en el interior. Esta orientación se transmite, ya desde el interior, a otra alineación fija, por ejemplo la formada por dos estaciones del itinerario de interior.

Dependiendo de la profundidad del pozo, se emplean plomadas con lastres de entre 10 y 50kg de peso e hilos de hierro dulce o acero de entre 0,5 y 2mm de diámetro. El hilo va enrollado en un torno provisto de freno y se hace pasar por una polea fija en la superficie.

Para atenuar las oscilaciones de las plomadas y lograr que estén en reposo lo más rápidamente posible, se introducen los lastres en depósitos, situados en el fondo del pozo y llenos de agua o aceite. Los hilos deben iluminarse correctamente, empleando una lámpara para cada uno y pantallas de papel o plástico de distinto color.

Antes de comenzar la operación de orientación, conviene verificar que la trayectoria de los hilos es perfectamente vertical, es decir, que no tocan ningún saliente del pozo. Para ello se mide la distancia entre ellos en el exterior y en el interior, comprobando que ambas distancias coinciden.

Métodos directos de orientación.

Consisten en estacionar el instrumento topográfico (teodolito, taquímetro o estación total) de forma que su eje principal esté contenido en el plano vertical formado por los hilos de dos plomadas (figura 5.6).

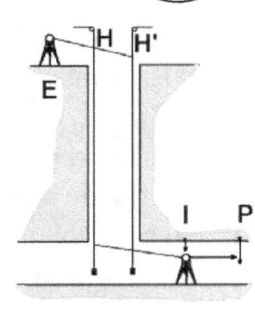

En exterior calculamos el acimut $\theta_H^{H'}$ de la alineación formada por los hilos H y H'. Para ello, por intersección o itinerario, calculamos las coordenadas de un punto E próximo al borde del pozo. El punto E se habrá elegido de forma que esté contenido en el plano vertical formado por los hilos de las plomadas. Al estacionar en él comprobaremos que esta condición se cumple.

Visando a otro punto conocido del exterior conseguimos orientar el instrumento (o calcular la corrección de orientación) y visando a las plomadas calculamos el acimut de la dirección que definen.

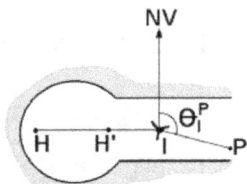

Fig. 5.6. Métodos mecánicos (1)

En interior estacionamos el instrumento en un punto I, también contenido en el plano vertical de las plomadas y situado a cierta distancia de ellas. Visando en la dirección de las plomadas, cuyo acimut conocemos por haberlo medido en el exterior, podemos orientar el instrumento. Finalmente, visamos a otro punto P, midiendo el acimut de la alineación I-P. Los dos puntos se habrán marcado de forma permanente y queda así constituida una base interior de acimut conocido.

La operación se puede realizar tangenteando los hilos o bisecándolos. Es importante que las plomadas se cuelguen de forma que sigan aproximadamente la dirección de la labor en la que están los puntos I y P, para que I se pueda situar a cierta distancia de ellas.

Métodos trigonométricos.

a)   Empleo de dos plomadas. Una sola estación.- Una vez colocadas las plomadas y determinado en el exterior el acimut de la alineación que forman $\theta_H^{H'}$, se hace estación en el punto interior I y se visa a los hilos de las plomadas H y H', determinando por diferencia de lecturas el ángulo γ (figura 5.7). Para determinarlo con precisión, es recomendable utilizar los métodos de repetición o de reiteración. A continuación se visa a otro punto P previamente señalizado. La alineación I-P es la que vamos a orientar.

Medimos también las distancias reducidas $D_{HH'}$, entre los hilos, y D_{IH}, entre el punto de estación y el hilo H. Para calcular el acimut θ_I^P de la alineación I-P necesitamos calcular el ángulo ω que forman las prolongaciones de las alineaciones H-H' e I-P. Aplicando el teorema del seno en el triángulo $HH'I$:

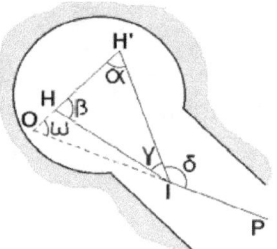

Fig. 5.7. Métodos mecánicos (2)

$$sen\,\alpha = \frac{D_{IH}}{D_{HH'}}\,sen\,\gamma$$

En el triángulo OIH':

$$\alpha + \omega + (\,200^g - \delta\,) = 200^g$$

$$\omega = \delta - \alpha$$

Una vez calculado ω, obtenemos el acimut buscado θ_I^P sumando o restando el valor de ω al acimut de la alineación de los hilos $\theta_H^{H'}$.

El inconveniente principal de este sistema es que exige medir las longitudes, lo que resulta incómodo y poco preciso

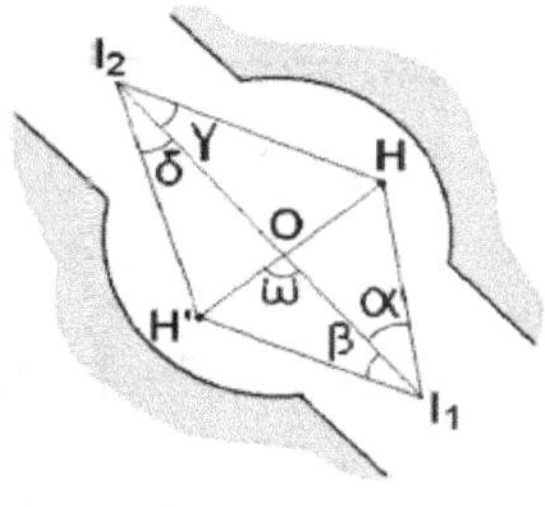

b) Empleo de dos plomadas. Dos estaciones.- Se marcan dos estaciones interiores I_1 e I_2. Si es posible, conviene situarlas como en la figura 5.8, una a cada lado de las plomadas H y H'. Desde cada estación se visa a la otra y a los dos hilos, obteniendo por diferencia de lecturas los ángulos α, β, γ y δ (figura 5.8).

Fig. 5.8. Métodos mecánicos (3)

Aplicando el teorema del seno en los triángulos HOI_1 y $H'OI_1$:

$$\frac{OI_1}{sen\,(\,\omega - \alpha\,)} = \frac{OH}{sen\,\alpha}$$

$$\frac{OI_1}{sen\,(\,\omega + \beta\,)} = \frac{OH'}{sen\,\beta}$$

de donde:

$$\frac{OH}{OH'} = \frac{sen\,\alpha\;sen\,(\omega + \beta\,)}{sen\,\beta\;sen\,(\omega - \alpha\,)} \quad (1)$$

161

Aplicando el teorema del seno en los triángulos HOI_2 y $H'OI_2$:

$$\frac{OI_2}{sen(\omega - \delta)} = \frac{OH'}{sen\,\delta}$$

$$\frac{OI_2}{sen(\omega + \gamma)} = \frac{OH}{sen\,\gamma}$$

de donde:

$$\frac{OH}{OH'} = \frac{sen\,\gamma\; sen(\omega - \delta)}{sen\,\delta\; sen(\omega + \gamma)} \quad (2)$$

Igualando (1) y (2), tenemos:

$$\frac{sen\,\alpha\; sen(\omega + \beta)}{sen\,\beta\; sen(\omega - \alpha)} = \frac{sen\,\gamma\; sen(\omega - \delta)}{sen\,\delta\; sen(\omega + \gamma)}$$

y desarrollando:

$$\frac{sen\,\alpha\;(sen\,\omega\,cos\,\beta + cos\,\omega\,sen\,\beta)}{sen\,\beta\;(sen\,\omega\,cos\,\alpha - cos\,\omega\,sen\,\alpha)} = \frac{sen\,\gamma\;(sen\,\omega\,cos\,\delta - cos\,\omega\,sen\,\delta)}{sen\,\delta\;(sen\,\omega\,cos\,\gamma + cos\,\omega\,sen\,\gamma)}$$

Dividimos numerador y denominador del primer miembro por $sen\,\alpha$, $cos\,\omega$ y $sen\,\beta$ y los del segundo miembro por $sen\,\gamma$, $cos\,\omega$ y $sen\,\delta$:

$$\frac{tg\,\omega\,cotg\,\beta + 1}{tg\,\omega\,cotg\,\alpha - 1} = \frac{tg\,\omega\,cotg\,\delta - 1}{tg\,\omega\,cotg\,\gamma + 1}$$

y desarrollando:

$$tg^2\omega\,cotg\,\beta\,cotg\,\gamma + tg\,\omega\,cotg\,\beta + tg\,\omega\,cotg\,\gamma + 1 =$$
$$= tg^2\omega\,cotg\,\alpha\,cotg\,\delta - tg\,\omega\,cotg\,\alpha - tg\,\omega\,cotg\,\delta + 1$$

de donde, finalmente:

$$tg\,\omega = \frac{cotg\,\alpha + cotg\,\beta + cotg\,\gamma + cotg\,\delta}{cotg\,\alpha\,cotg\,\delta - cotg\,\beta\,cotg\,\gamma}$$

Una vez calculado ω, podemos obtener el acimut de la alineación formada por las estaciones I_1 e I_2 a partir del acimut medido en el exterior $\theta_H^{H'}$.

c)   Empleo de tres plomadas.- Las tres plomadas se sitúan alineadas y equidistantes. Esto se consigue haciendo pasar los hilos por agujeros calibrados realizados en una vigueta metálica. Se estaciona en I, situado a una distancia de H' que sea el doble aproximadamente de la distancia entre hilos (figura 5.9). Como en los casos anteriores, el problema queda resuelto calculando α, ya que:

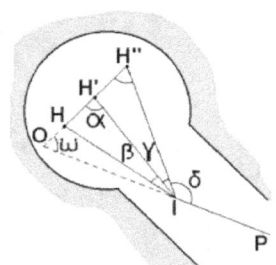

Fig. 5.9. Métodos mecánicos (4)

162

$$\omega = \gamma + \delta - \alpha$$

y los ángulos β, γ y δ se miden con el instrumento topográfico al estacionar en I y visar a los tres hilos.

En el triángulo $IH'H''$:

$$\frac{H'H''}{sen\,\gamma} = \frac{IH''}{sen(\alpha - \gamma)}$$

y en el IHH':

$$\frac{HH'}{sen\,\beta} = \frac{IH''}{sen(\alpha + \beta)}$$

Dividiendo las dos ecuaciones:

$$\frac{H'H''\,sen\,\beta}{HH'\,sen\,\gamma} = \frac{sen(\alpha + \beta)}{sen(\alpha - \gamma)}$$

y como las plomadas son equidistantes $HH' = H'H''$

$$\frac{sen\,\beta}{sen\,\gamma} = \frac{sen(\alpha + \beta)}{sen(\alpha - \gamma)}$$

de donde:

$$sen\,\beta\,sen(\alpha - \gamma) = sen\,\gamma\,sen(\alpha + \beta)$$

Desarrollando:

$$sen\,\beta\,sen\,\alpha\,cos\,\gamma - sen\,\beta\,cos\,\alpha\,sen\,\gamma = sen\,\gamma\,sen\,\alpha\,cos\,\beta + sen\,\gamma\,cos\,\alpha\,sen\,\beta$$

$$sen\,\alpha\,(sen\,\beta\,cos\,\gamma - sen\,\gamma\,cos\,\beta) = cos\,\alpha\,(sen\,\gamma\,sen\,\beta + sen\,\gamma\,sen\,\beta)$$

$$\frac{sen\,\alpha}{cos\,\alpha} = \frac{sen\,\gamma\,sen\,\beta + sen\,\gamma\,sen\,\beta}{sen\,\beta\,cos\,\gamma - sen\,\gamma\,cos\,\beta} \qquad tg\,\alpha = \frac{2\,sen\,\gamma\,sen\,\beta}{sen(\beta - \gamma)}$$

5.3.5- Transmisión de orientación por métodos giroscópicos.

El giróscopo es un aparato ideado por Foucault, en 1852, para demostrar que la dirección de la meridiana y la latitud de un lugar se pueden medir a partir de la rotación de un cuerpo en la superficie terrestre.

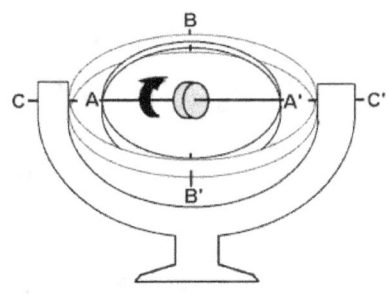

Fig. 5.10. Giróscopo

Consta de una masa M que gira a gran velocidad alrededor de un eje A-A', sujeta por una suspensión cardán que permite que el eje pueda ocupar cualquier posición (figura 5.10). Si no existen fuerzas externas, el giro de M hace que el eje A-A' se mantenga en una posición inalterable.

Pero al actuar también el movimiento de rotación de la Tierra, el eje A-A' describe una superficie cónica (movimiento de precesión) alrededor de una paralela al eje de la Tierra trazada por el centro de M. Si se fuerza al eje A-A' a mantenerse horizontal, el movimiento de precesión se transforma en una oscilación al Este y al Oeste de la meridiana, lo que nos permitirá determinar la dirección de ésta. Esto se consigue suspendiendo un giro-motor (que gira a gran velocidad) de una cinta metálica, para que la gravedad lo obligue a mantenerse horizontal.

Los giróscopos van montados sobre un teodolito o una estación total y disponen de un ocular por el que se observa un retículo graduado (figura 5.11). Las oscilaciones pueden apreciarse en el retículo gracias a una señal luminosa que oscila con el giro-

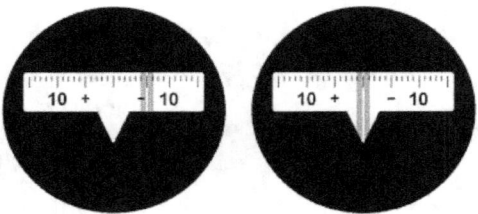

Fig. 5.11. Retículo de un giroteodolito

motor. Cada semioscilación dura unos 4 minutos, por lo que es posible seguirla, actuando sobre el tornillo de coincidencia del movimiento particular del teodolito, de forma que la señal luminosa se mantenga en el centro de la escala del retículo.

Antes de cambiar de sentido, la señal permanece parada unos segundos lo que nos permite anotar la lectura U_1 del limbo horizontal del teodolito. Repetimos la operación para la segunda semioscilación, obteniendo la segunda lectura U_2. Para una orientación precisa, anotaremos un mínimo de dos oscilaciones completas (figura 5.12). Según Schuler, la posición de la meridiana se obtiene a partir de:

$$N_1 = \frac{1}{2}\left(\frac{U_1 + U_3}{2} + U_2 \right)$$

$$N_2 = \frac{1}{2}\left(\frac{U_2 + U_4}{2} + U_3 \right)$$

$$...$$

$$N = \frac{\Sigma N_i}{n}$$

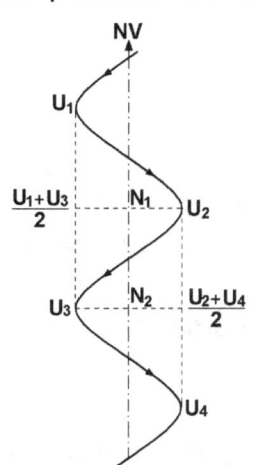

Fig. 5.12. Orientación con giroteodolito

N será la lectura del limbo acimutal que corresponde a la visual a la meridiana.

164

Antes de comenzar la operación, el anteojo del teodolito debe estar orientado aproximadamente al Norte verdadero. Esto se consigue con una brújula (previamente declinada) o con alguno de los métodos de orientación rápidos (pero menos precisos) que permiten los giróscopos.

La precisión de este método está entre 10^s y 1^m.

5.4.- Ejercicios.

5.4.1.- Para calcular la declinación de una brújula, se hizo estación en un vértice V (coordenadas 1.000 ; 1.000) y se visó a otro vértice W (coordenadas 1.500 ; 800). El rumbo leído fue 131,3^g. A continuación se visó una alineación del interior de la mina, obteniendo un rumbo de 248,8^g. Calcula el acimut de la alineación.

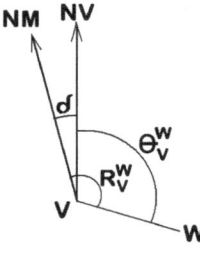

Las posiciones planimétricas relativas de los puntos V y W figuran en la figura adjunta. El acimut de la alineación que forman se calcula:

$$\theta_V^W = 100^g + arc\ tg \frac{|Y_W - Y_V|}{|X_W - X_V|} = 124,2^g$$

Para calcular la declinación magnética δ:

$$\delta = \theta_V^W - R_V^W = 124,2^g - 131,3^g = -7,1^g \quad \longrightarrow \quad 7,1^g\ Oeste$$

El acimut de la alineación interior será:

$$\theta = R + \delta = 248,8^g - 7,1^g = 241,7^g$$

5.4.2.- Se ha medido en exterior el acimut del plano formado por los hilos de dos plomadas tendidas a lo largo de un pozo: $\theta_H^{H'} = 40,362^g$. A continuación se hace estación en el punto interior I, midiendo los ángulos γ=29,562g y δ=156,697^g. Se midieron también la distancia entre hilos ($D_{HH'}$ = 4m) y la distancia entre el punto de estación y el primero de los hilos (D_{IH} = 7,5m). Calcula el acimut de la alineación I-P de la figura.

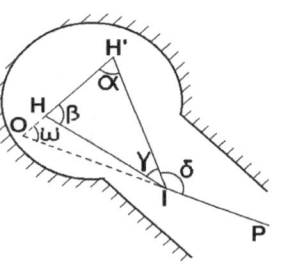

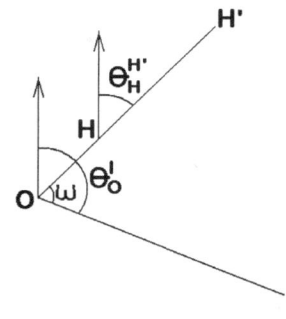

Las expresiones a emplear figuran en el apartado 5.3.4 (a) de los apuntes de la asignatura:

$$sen\ \alpha = \frac{D_{IH}}{D_{HH'}}\ sen\ \gamma$$

De donde:

$$\alpha = 63,456^g$$
$$\omega = \delta - \alpha = 93,241^g$$

De la figura adjunta:

$$\theta_O^I = \theta_I^P = \theta_H^{H'} + \omega = 133,603^g$$

5.4.3.- *Para determinar la orientación de la alineación formada por las estaciones I_1 e I_2, situadas en el interior de la mina, se estacionó en ambas y se midieron los ángulos:*

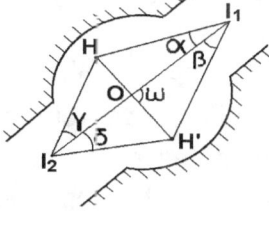

$$\alpha = 19,372^g \qquad \beta = 28,762^g$$
$$\gamma = 23,678^g \qquad \delta = 32,467^g$$

Por otra parte, se determinó en el exterior el acimut $\theta_H^{H'} = 172,829^g$. Calcula el acimut de la alineación formada por las dos estaciones de interior.

Las expresiones a emplear figuran en el apartado 5.3.4 (b) de los apuntes de la asignatura:

$$tg\,\omega = \frac{cotg\,\alpha + cotg\,\beta + cotg\,\gamma + cotg\,\delta}{cotg\,\alpha\,\,cotg\,\delta - cotg\,\beta\,\,cotg\,\gamma} = 23,402$$

$$\omega = 97,281^g$$

En la figura:

$$\theta_{I2}^{I1} = \theta_H^{H'} - \omega = 75,548^g$$

$$\theta_{I1}^{I2} = \theta_{I2}^{I1} \pm 200^g = 275,548^g$$

TEMA 6.- ROMPIMIENTOS MINEROS.

6.1.- Introducción.

Se denomina *rompimiento minero* a la operación consistente en comunicar dos puntos determinados, pertenecientes a labores de interior ya existentes en la mina, por medio de una nueva labor. Las características del rompimiento dependerán de las posiciones relativas de los dos puntos a comunicar. Además, es frecuente que el rompimiento deba cumplir determinadas condiciones impuestas de antemano.

Dependiendo de las posiciones de los puntos, la nueva labor puede ser horizontal, vertical o inclinada:
- En el primer caso, se trata de comunicar puntos situados en el mismo plano horizontal mediante una galería.
- En el segundo, se trata de puntos situados en la misma línea vertical, que se comunicarán mediante un pozo o una chimenea.
- Cuando los puntos no están situados en el mismo plano horizontal ni en la misma línea vertical, la comunicación se hará por una rampa o una chimenea inclinada.

Por otra parte, las condiciones impuestas supondrán que el rompimiento pueda resolverse mediante una labor recta (horizontal, vertical o inclinada) o que haya que emplear curvas (circulares o de otro tipo) que pueden estar contenidas en un plano horizontal o tener una determinada inclinación.

La nueva labor puede acometerse por uno de sus extremos (ataque) o por los dos simultáneamente (ataque y contraataque). A veces se emplean también puntos de ataque intermedios.

El cálculo de un rompimiento supone determinar, en función de las coordenadas de los extremos y del tipo de trazado (recto o curvo), la longitud, la orientación, la inclinación, etc. del eje de la labor a perforar.

Los trabajos necesarios se pueden dividir en tres fases:
- Trabajos de campo.- Consisten en realizar el levantamiento topográfico (si no se hubiera hecho previamente) necesario para determinar, con la mayor precisión posible, las coordenadas de los puntos extremos y las de todos los puntos auxiliares que nos servirán para el replanteo.
- Trabajo de gabinete.- Cálculo del rompimiento: orientación, longitud, inclinación, etc. Si se trata de una labor en curva, habrá que calcular las características de ésta: radio de curvatura, tangentes, etc. Si el ataque

se va a realizar desde dos o más puntos, habrá que realizar los cálculos correspondientes a cada uno de ellos.

- Replanteo.- Consiste en realizar el marcaje y el seguimiento de la labor, a medida que ésta se excava, para guiarla adecuadamente. El replanteo se adaptará al ritmo de avance de la excavación para evitar desviaciones que, frecuentemente, son difíciles de corregir.

La primera fase, trabajo de campo, se desarrolla aplicando los métodos topográficos de interior que se han explicado en los capítulos precedentes.

6.2.- Rompimientos en pozos.

Es el caso de la perforación de un pozo vertical, para el acceso y/o la extracción de mineral y estéril, o de la reprofundización de un pozo, para alcanzar zonas más profundas del criadero.

La labor topográfica no se limita a proporcionar los elementos de dirección de la excavación y de seguimiento de la misma. También se ocupa de dirigir al equipo que ha de colocar las guías y raíles sobre las que se mueven las jaulas o los skips de extracción, las tuberías de agua y aire comprimido, los cables eléctricos, etc.

Además, conviene realizar un levantamiento geológico del terreno atravesado por el pozo en su avance, que será de gran interés para la planificación minera.

6.2.1.- Cálculo del rompimiento.

Cuando se trata de un pozo nuevo, o de la reprofundización de uno antiguo que no está en uso, el cálculo resulta muy sencillo. Las coordenadas planas (X e Y) de los extremos del pozo coinciden y la profundidad será la diferencia entre la coordenada Z del punto inicial y la del punto final del mismo.

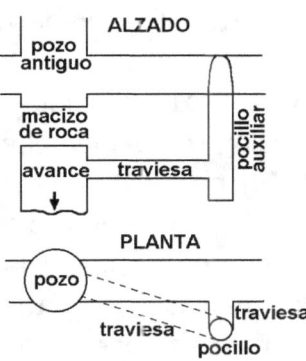

Fig. 6.1. Reprofundización de pozos

Si se trata de reprofundizar un pozo en el que no se puede interrumpir la marcha normal, habrá que proyectar y excavar labores auxiliares. En el ejemplo de la figura 6.1, se excava una pequeña galería horizontal (traviesa) y, en su extremo, un pocillo auxiliar. Desde el fondo de éste, se excava una nueva traviesa que nos lleva debajo del fondo del pozo antiguo, dejando un macizo de protección. A partir de aquí se inicia el avance, eliminando el macizo de roca cuando sea preciso.

Los cálculos a realizar, en este caso, corresponden al rompimiento en línea recta y se verán en los apartados siguientes.

6.2.2.- Replanteo de pozos.

La entibación definitiva del pozo se va realizando a medida que este avanza. Por tanto, no será fácil corregir la dirección si ésta no ha sido bien guiada. Esto nos obliga a replantear la dirección del pozo de manera muy precisa desde el primer momento.

<u>Métodos mecánicos.</u>- El replanteo se realiza mediante plomadas similares a las empleadas para transmitir la orientación a lo largo del pozo. Como sabemos, los lastres se pueden sumergir en agua o aceite para amortiguar rápidamente las oscilaciones de las plomadas.

a)   Pozos estrechos.- Para pozos cuya mayor dimensión es inferior a 3 metros se cuelgan dos plomadas H y H' cuyos hilos se sitúan, aproximadamente, a 30 cm de la pared del pozo (figura 6.2).

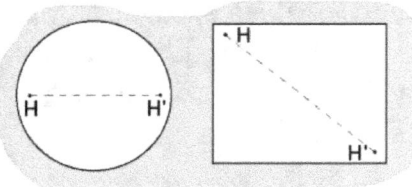

Fig. 6.2. Replanteo de pozos (1)

La orientación del plano de las plomadas se determina en el exterior, en caso necesario, para transmitir la orientación. En pozos circulares, las plomadas se sitúan según un diámetro. En pozos cuadrados o rectangulares, se sitúan según una de las diagonales. A partir de ellas, los operarios fijan la distancia a las paredes del pozo mediante calibres.

b)   Pozos anchos.- Para pozos de mayor sección se cuelgan cuatro plomadas H, H', I e I'. En pozos circulares se sitúan según dos diámetros perpendiculares entre sí y en pozos cuadrados o rectangulares se sitúan según las dos diagonales (figura 6.3). Los planos de las plomadas se orientan desde el exterior, si es necesario.

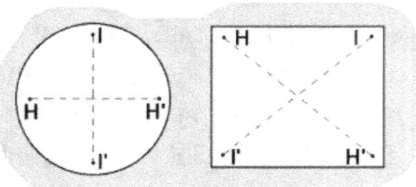

Fig. 6.3. Replanteo de pozos (2)

En todos los casos conviene levantar un corte geológico, representando los terrenos atravesados por el pozo y marcando todos los detalles relevantes. Se trata del plano vertical obtenido al desarrollar el cilindro constituido por las paredes del pozo y orientado gracias a la situación de las plomadas, que también se representan en él.

Métodos ópticos.- También es posible emplear para el replanteo equipos capaces de señalar una dirección vertical, como los anteojos cenit-nadir o los equipos láser.

Se sitúan centrados en el borde del pozo, sobre una estructura estable, y tienen la ventaja de que no interrumpen los trabajos de perforación y de entibado. Como sabemos, su precisión depende de la puesta en estación y su alcance es limitado, por lo que sólo pueden emplearse en pozos de poca profundidad.

6.3.- Rompimientos en línea recta.

Se trata de comunicar dos puntos, cuyas coordenadas se conocen de antemano, por una labor cuyo eje es una línea recta y que puede ser horizontal, si los dos puntos tienen la misma altitud, o inclinada.

6.3.1.- Cálculo del rompimiento.

Para poder guiar la excavación de la nueva labor, necesitamos calcular su orientación, la longitud a perforar y la pendiente.

Supongamos dos puntos A y B que serán los extremos de una galería recta que pretendemos excavar (figura 6.4). Conocemos las coordenadas (X_A , Y_A , Z_A) (X_B , Y_B , Z_B) de ambos puntos. Si el ataque se va a realizar desde A, necesitamos conocer la orientación de la alineación A-B para poder guiar la perforación. En el caso de la figura:

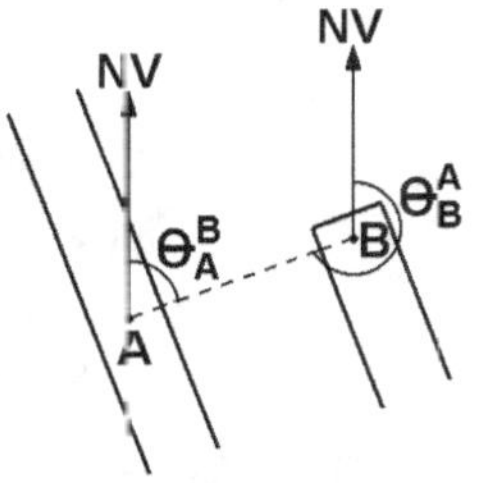

Fig. 6.4. Galería recta (1)

$$\theta_A^B = arc\, tg \frac{\left| X_B - X_A \right|}{\left| Y_B - Y_A \right|}$$

Si el ataque se realiza desde B:

$$\theta_B^A = 200^g + arc\, tg \frac{\left| X_B - X_A \right|}{\left| Y_B - Y_A \right|} = \theta_A^B \pm 200^g$$

La longitud de la nueva labor, en distancia natural, será:

$$D_N = \sqrt{(X_B - X_A)^2 + (Y_B - Y_A)^2 + (Z_B - Z_A)^2}$$

Normalmente necesitaremos conocer la correspondiente distancia reducida:

$$D_R = \sqrt{(X_B - X_A)^2 + (Y_B - Y_A)^2}$$

El desnivel entre los puntos A y B viene dado por la diferencia de sus coordenadas Z. Hay que tener en cuenta que si los dos puntos tienen distinta altitud, la labor tendrá una cierta inclinación, ascendente o descendente, cuyo signo hay que indicar claramente para evitar errores. Si el ataque se realiza desde A, la pendiente de la labor vendrá dada por:

$$p = \frac{Z_B - Z_A}{D_R}$$

que tendrá signo positivo si la labor es ascendente y negativo en caso contrario.

En ocasiones se precisa enlazar dos galerías, continuando la excavación desde B y de manera que la longitud excavada desde A sea la menor posible. Esto supone que la labor A-C ha de ser perpendicular a la B-C. En el caso de la figura 6.5, será:

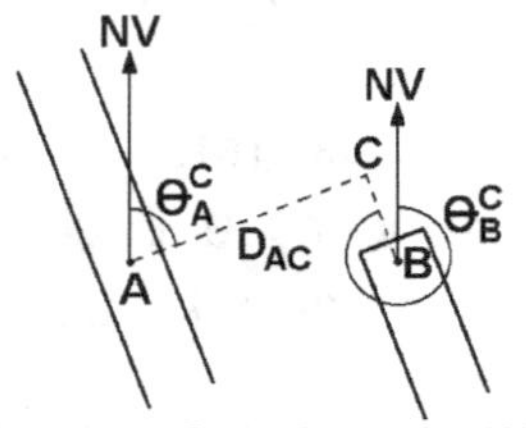

Fig. 6.5. Galería recta (2)

$$\theta_A^C = \theta_C^A \pm 200^g$$

$$\theta_C^A = \theta_C^B + 100^g$$

ya que las dos labores a excavar han de ser perpendiculares. Como el acimut de la galería B-C es conocido, calculamos la orientación de la labor A-C.

Para calcular las longitudes a perforar haremos:

$$X_C = X_A + D_{AC}\, sen\,\theta_A^C = X_B + D_{BC}\, sen\,\theta_B^C \quad (1)$$

$$Y_C = Y_A + D_{AC}\, cos\,\theta_A^C = Y_B + D_{BC}\, cos\,\theta_B^C \quad (2)$$

De la igualdad (1):

$$D_{AC} = \frac{X_B - X_A + D_{BC}\, sen\,\theta_B^C}{sen\,\theta_A^C}$$

Sustituyendo D_{AC} en (2) tenemos:

$$Y_A - Y_B + (X_B - X_A + D_{BC}\, sen\,\theta_B^C)\,\frac{cos\,\theta_A^C}{sen\,\theta_A^C} = D_{BC}\, cos\,\theta_B^C$$

$$Y_A - Y_B + (X_B - X_A)\, cotg\,\theta_A^C = D_{BC}\,(cos\,\theta_B^C - cotg\,\theta_A^C\, sen\,\theta_B^C)$$

y finalmente:

$$D_{BC} = \frac{Y_A - Y_B + (X_B - X_A)\, cotg\,\theta_A^C}{cos\,\theta_B^C - cotg\,\theta_A^C\, sen\,\theta_B^C}$$

que nos permite calcular D_{BC} y las coordenadas de *C*. A partir de éstas y de las de *A* se puede calcular la distancia D_{AC}. Las distancias que aparecen en las expresiones anteriores son distancias reducidas.

6.3.2.- Replanteo de labores en línea recta.

Una vez completados los cálculos del rompimiento se realiza el replanteo de la labor desde el punto o puntos de ataque. El replanteo consiste en marcar sobre el terreno los elementos necesarios para iniciar la excavación y para realizar el seguimiento de la misma. El espacio disponible al iniciar la labor suele ser reducido, por lo que a veces es recomendable hacer un replanteo provisional que luego se va afinando, a medida que avanza la labor.

Estacionamos en el punto conocido *A* y, con apoyo de un punto auxiliar *P* también conocido, orientamos el instrumento topográfico y visamos en la dirección de la futura labor *A-B*, cuyo acimut hemos calculado. Actuando únicamente sobre el movimiento de cabeceo del anteojo, señalamos los puntos *A'* y *A"*, que forman parte de la alineación, en los hastiales o en el techo (figura 6.6). La excavación deberá seguir la dirección señalada.

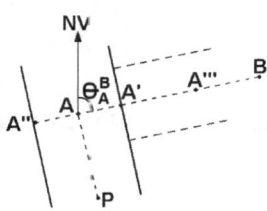

Fig. 6.6. Replanteo de galería recta

Para reducir errores conviene lanzar dos visuales a cada punto, una con el anteojo en posición normal y otra con el anteojo en posición invertida (tras aplicar la regla de Bessel). Si existe una pequeña descorrección en el instrumento obtendremos dos lecturas ligeramente distintas, de las que tomaremos el valor intermedio.

Cuando la labor ha avanzado algunos metros se repite la operación, señalando nuevos puntos como el *A'''*. La operación se simplifica considerablemente utilizando oculares láser.

Para replantear la inclinación se marcan puntos en el techo o en los hastiales de la labor. Una forma de hacerlo es marcar cuatro puntos en los hastiales, situados 1 metro por encima de la posición teórica del piso. Uniéndolos con cuerdas se puede materializar un plano (rasante sobreelevada, figura 6.7) con la inclinación prevista para el piso de la labor y situado 1 metro por encima de éste.

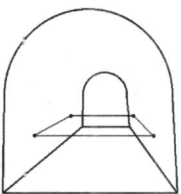

Fig. 6.7. Rasante sobreelevada

La dirección y la inclinación de la labor deben verificarse cada cierta distancia, para corregir posibles desviaciones. Si la precisión en altimetría ha de ser grande, conviene hacerlo utilizando un nivel.

6.4.- Rompimientos en curva.

En ocasiones los rompimientos se resuelven mediante líneas curvas, que deben cumplir determinadas condiciones. Estas condiciones dependerán de las posiciones de los puntos a comunicar, pero también del uso que se vaya a dar a la nueva labor. Los radios de curvatura, por ejemplo, vendrán determinados por las características de la maquinaria que vaya a circular por ella. La curva puede estar contenida en un plano horizontal o tener también un desarrollo vertical y, en este caso, la pendiente máxima estará condicionada por las limitaciones impuestas por el transporte.

6.4.1.- Curvas circulares.

Supongamos que queremos comunicar dos galerías a-a' y b-b' con una curva circular de radio R, impuesto por el proyecto, y tangente a ambas (figura 6.8). Vamos a suponer, además, que las galerías se sitúan en el mismo plano horizontal.

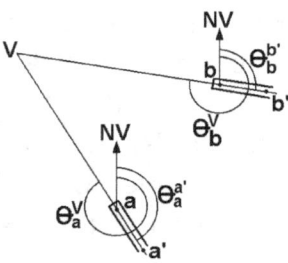

Fig. 6.8. Curva circular (1)

En primer lugar calculamos las coordenadas planas del punto V, intersección de las prolongaciones de las dos galerías. Para ello:

$$\theta_a^V = \theta_a^{a'} \pm 200^g$$

$$\theta_b^V = \theta_b^{b''} \pm 200^g$$

Las coordenadas de a y b son conocidas. Procediendo como en 6.3.1.:

$$X_V = X_a + D_{aV}\ sen\,\theta_a^V = X_b + D_{bV}\ sen\,\theta_b^V$$

$$Y_V = Y_a + D_{aV}\ cos\,\theta_a^V = Y_b + D_{bV}\ cos\,\theta_b^V$$

$$...$$

$$D_{bV} = \frac{Y_a - Y_b + (X_b - X_a)\ cotg\,\theta_a^V}{cos\,\theta_b^V - cotg\,\theta_a^V\ sen\,\theta_b^V}$$

Con la distancia D_{bV} y el acimut θ_b^V calculamos las coordenadas del punto V.

Para calcular las coordenadas de A y B, puntos de entrada y salida de la curva circular, calculamos primero la tangente T. En el caso de la figura:

174

$$\beta = \theta_V^a - \theta_V^b$$

$$T = D_{VA} = D_{VB} = R \cot g \frac{\beta}{2}$$

$$\theta_V^A = \theta_V^a \qquad \theta_V^B = \theta_V^b$$

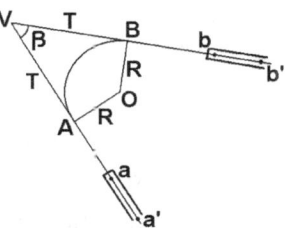

Con las distancias y los acimutes se calculan las coordenadas de A y B a partir de las de V (figura 6.9).

Fig. 6.9. Curva circular (2)

Como los radios son perpendiculares a las tangentes, tendremos:

$$\theta_B^O = \theta_B^b \pm 100^g$$

siendo O el centro de curvatura. La distancia entre O y B es el radio R. Por tanto:

$$X_O = X_B + R \, sen \, \theta_B^O$$

$$Y_O = Y_B + R \, cos \, \theta_B^O$$

Con estas coordenadas y las de A calculamos el $\theta_A{}^O$ y la distancia reducida, comprobando que coincide con el radio R.

Dando valores al ángulo γ de la figura calculamos las coordenadas de puntos P que pertenecen a la alineación curva (figura 6.10):

$$\theta_O^P = \theta_O^A \pm \gamma$$

$$X_P = X_O + R \, sen \, \theta_O^P$$

$$Y_P = Y_O + R \, cos \, \theta_O^P$$

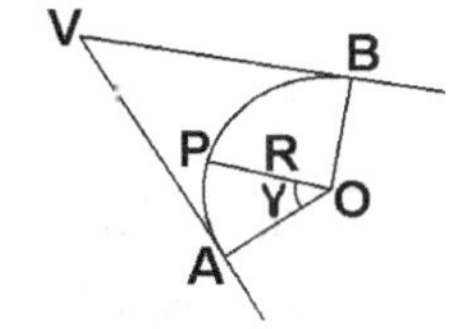

Fig. 6.10. Replanteo de curvas

Estas coordenadas se pueden emplear para replantear puntos de la curva desde los puntos de entrada A y salida B o desde cualquier otro punto conocido.

También podemos emplear los siguientes métodos:

<u>Polígonos circunscritos.</u>- Estacionamos un instrumento topográfico en el punto de entrada de la curva y prolongamos la tangente de entrada hasta un punto E, próximo al hastial pero que permita estacionar de nuevo el instrumento. Calculamos la distancia reducida D_{AE} y determinamos el valor del ángulo γ (figura 6.11):

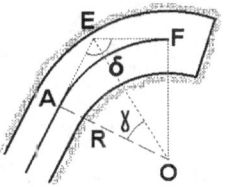

Fig. 6.11. Polígonos circunscritos

$$\gamma = arc \, tg \frac{D_{AE}}{R}$$

A continuación estacionamos en E y calculamos el ángulo δ, que viene dado por:

$$\delta = 200^g - 2\gamma$$

y, visando en esa dirección, llevamos la distancia $D_{AE} = D_{EF}$ y obtenemos el punto F, que forma parte de la curva. Para el siguiente punto, estacionamos en F, prolongamos la alineación E-F y repetimos la operación anterior.

<u>Polígonos inscritos</u>.- Con este método todos los puntos de estación son puntos de la curva a replantear. Para aplicarlo, adoptamos una longitud de cuerda apropiada l, que podamos medir fácilmente y calculamos el ángulo γ correspondiente mediante (figura 6.12):

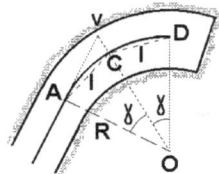

Fig. 6.12. Polígonos inscritos

$$sen\frac{\gamma}{2} = \frac{l}{2R}$$

Estacionamos en el punto de entrada A y determinamos la dirección de la visual al punto C, de manera que sea:

$$v\hat{A}C = \frac{\gamma}{2}$$

En esta dirección llevamos la longitud l y obtenemos el punto C. A continuación se estaciona en C y, para determinar la dirección del siguiente punto de la curva, D, materializamos el ángulo:

$$A\hat{C}D = 200^g - \gamma$$

Sobre esta dirección llevamos la longitud l y obtenemos el punto D. Repetimos el procedimiento para obtener más puntos de la curva.

6.4.2.- Curvas circulares compuestas.

Si las condiciones del rompimiento imponen los dos puntos de tangencia A y B y estos no equidistan de V, el enlace no puede resolverse mediante una curva circular pero sí mediante dos o más curvas de radios distintos.

Supongamos dos galerías A-a y B-b contenidas en el mismo plano horizontal y donde conocemos las coordenadas de los puntos A y B, impuestas por el proyecto (figura 6.13). El enlace con dos curvas circulares tiene infinitas soluciones y, para elegir una de ellas, fijaremos un valor arbitrario para el radio R_2, adaptado a las limitaciones del trazado.

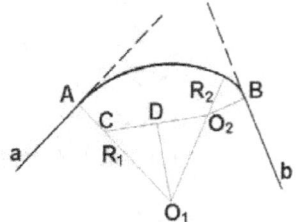

Fig. 6.13. Curvas circulares compuestas

Calculamos las coordenadas planas del centro de curvatura O_2 a partir de las de B, teniendo en cuenta que:

$$\theta_B^{O2} = \theta_B^b \pm 100^g$$

ya que el radio y la tangente son perpendiculares, y que la distancia D_{BO2} es igual al radio R_2 elegido.

Calculamos las coordenadas del punto C de la figura, de forma que la distancia D_{AC} coincida con el radio R_2. El acimut será:

$$\theta_A^C = \theta_A^a \pm 100^g$$

Calculamos las coordenadas del punto D, promediando las de C y O_2. Resolvemos el triángulo CDO_1, calculando la distancia D_{CD} a partir de las coordenadas de C y D. El ángulo en C se calcula:

$$D\hat{C}O_1 = \theta_A^C - \theta_C^D$$

Calculamos el radio R_1:

$$R_1 = R_2 + D_{CO1}$$

A partir de aquí resulta sencillo calcular las coordenadas del segundo centro de curvatura O_1 y todos los datos necesarios para calcular el rompimiento y realizar su replanteo.

6.4.3.- Curvas parabólicas.

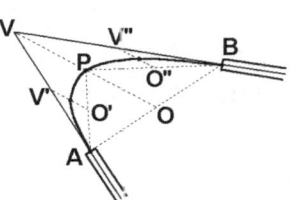

Esta curva permite enlazar dos puntos A y B en el caso de que las tangentes sean distintas. Para replantear puntos del eje por coordenadas, vamos a aplicar las propiedades geométricas de la parábola (figura 6.14).

Fig. 6.14. Curvas parabólicas (1)

En primer lugar calculamos las coordenadas de V como en los casos anteriores. Promediando las coordenadas planas de A y B obtenemos las del centro O.

$$X_O = \frac{X_A + X_B}{2} \qquad Y_O = \frac{Y_A + Y_B}{2}$$

Obtendremos las coordenadas de un punto P de la parábola promediando estas coordenadas con las de V:

$$X_P = \frac{X_O + X_V}{2} \qquad Y_P = \frac{Y_O + Y_V}{2}$$

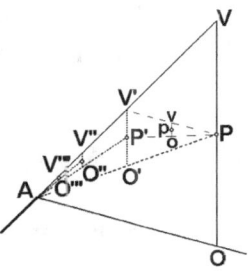

Fig. 6.15. Curvas parabólicas (2)

Para calcular otro punto P', intermedio entre A y P, actuamos como si estos fuesen los dos puntos extremos de la curva (figura 6.15). Calculamos el nuevo vértice V' promediando las coordenadas de A y V y el nuevo centro O' promediando las de A y P: El punto P' se calcula:

$$X_{P'} = \frac{X_{O'} + X_{V'}}{2} \qquad Y_{P'} = \frac{Y_{O'} + Y_{V'}}{2}$$

El punto p intermedio entre P y P' se puede calcular promediando las coordenadas de P y V', para obtener el nuevo vértice v, y promediando las de P y P' para obtener las del nuevo centro o.

Por este método podemos calcular las coordenadas de tantos puntos como sea necesario, a ambos del punto central P. Conocidas las coordenadas de los puntos, el replanteo puede realizarse como en los casos anteriores.

6.4.4.-Curvas helicoidales cilíndricas.

Se trata de enlaces por curvas cuya proyección horizontal es un arco de circunferencia y que comunican dos puntos A y B situados a distinta altitud. Es un caso frecuente en explotaciones con acceso al subsuelo por una rampa, por la que deben circular vehículos automotores. En ocasiones la labor puede suponer uno o varios giros completos.

El cálculo y el replanteo, en planimetría, se desarrolla como en las curvas circulares horizontales. Se entiende que los parámetros de la curva circular que hemos calculado corresponden a la proyección horizontal de la curva helicoidal que, como hemos dicho, será un arco de circunferencia (figura 6.16).

Pero como los puntos extremos del rompimiento, A y B, no están a la misma cota, la nueva labor no será horizontal sino inclinada. Llamando α al ángulo en O formado por las proyecciones horizontales de los radios de A y de B, la longitud reducida del tramo curvo será:

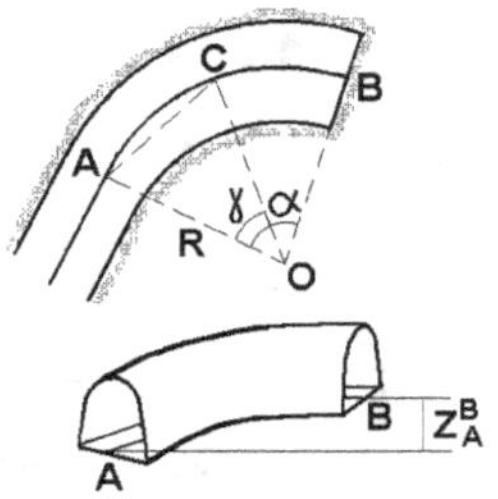

Fig. 6.16. Curvas helicoidales

$$L = \frac{2\pi R \alpha}{400^g}$$

Si la pendiente de la curva es constante, podemos calcularla mediante:

$$p = \frac{Z_B - Z_A}{L}$$

pero no es p la pendiente que vamos a emplear para el replanteo, ya que éste se realiza siguiendo tramos rectos. En el caso de la figura, la longitud del arco de circunferencia entre A y el punto C, será:

$$L_{AC} = \frac{2\pi R \gamma}{400^g}$$

y, por tanto, la altitud de C se calcula:

$$Z_C = Z_A + p\, L_{AC} = Z_A + p\frac{2\pi R \gamma}{400^g}$$

y si l es la longitud reducida del tramo recto A-C, éste tendrá una pendiente:

$$p' = \frac{Z_C - Z_A}{l}$$

distinta de la pendiente p correspondiente a la curva. Esta pendiente p' es la que vamos a emplear para replantear la inclinación del rompimiento.

6.5.- Ejercicios.

6.5.1.- *Sea P (100 ; 100 ; 100) el punto central del fondo de un pozo que se pretende reprofundizar, dejando un macizo de protección. Del fondo del pozo parte una galería horizontal P-A, de acimut 55^g. Desde el punto A, situado a 20m de P, se excavará una traviesa de 5m, de orientación 155^g. Desde el punto final de ésta se excavará un pocillo de 10m de profundidad y, finalmente, del fondo del pocillo partirá otra galería horizontal en dirección al centro del pozo. Calcula las coordenadas de los dos extremos de esta última labor y su orientación.*

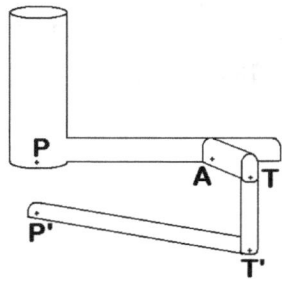

Sea *P* el punto central del fondo del pozo, *A* y *T* los puntos extremos de la traviesa, *T'* el punto central del fondo del pocillo y *P'* el punto final de la galería trazada desde *T'* en dirección al centro del pozo. Se trata del caso descrito en el apartado 6.2.1 de los apuntes de esta asignatura. Calcularemos sucesivamente las coordenadas de los puntos hasta llegar a *T'* y *P'*.

Coordenadas de *P*:

$X_P = 100,000$ $Y_P = 100,000$ $Z_P = 100,000$

Coordenadas de *A*:

$$D_{PA} = 20m \qquad \theta_P^A = 55^g$$

$$X_A = X_P + D_{PA} \, sen \, \theta_P^A = 115,208 \, m$$

$$Y_A = Y_P + D_{PA} \, cos \, \theta_P^A = 112,989 \, m$$

$$Z_A = Z_P = 100,000 \, m$$

Coordenadas de *T*:

$$D_{AT} = 5m \qquad \theta_A^T = 155^g$$

$$X_T = X_A + D_{AT} \, sen \, \theta_A^T = 118,455 \, m$$

$$Y_T = Y_A + D_{AT} \, cos \, \theta_A^T = 109,187 \, m$$

$$Z_T = Z_A = 100,000 \, m$$

Las coordenadas de *T'* coinciden con las de *T*, salvo la Z, que será:

$$Z_{T'} = Z_T - 10m = 90,000 \, m$$

Las coordenadas de *P'* coinciden con las de *P*, salvo la Z, que será:

$$Z_{P'} = Z_P - 10m = 90,000 \, m$$

Para calcular la orientación de la labor *T'-P'* se sitúan los dos puntos en un croquis en función de sus coordenadas planas X e Y. De la figura:

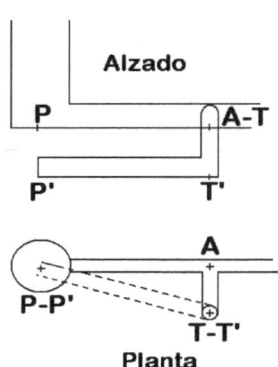

$$\theta_{T'}^{P'} = \theta_T^P = 200^g + arc\ tg\ \frac{|X_P - X_T|}{|Y_P - Y_T|} = 270,595^g$$

6.5.2.- *Desde un punto A, de coordenadas planas (80 ; 170) se va a trazar una galería horizontal, perpendicular a otra galería que pasa por B (100 ; 100) y tiene un acimut de 25ᵍ. Calcula las coordenadas del punto C de intersección de las dos galerías, la orientación de la labor a excavar y su longitud.*

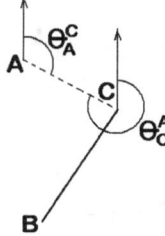

Es uno de los casos descritos en el apartado 6.3.1 de los apuntes de esta asignatura.
$$\theta_B^C = 25^g \qquad \theta_C^B = \theta_B^C \pm 200^g = 225^g$$
Como la galería A-C es perpendicular a la B-C:
$$\theta_C^A = \theta_C^B + 100^g = 325^g \qquad \theta_A^C = \theta_C^A \pm 200^g = 125^g$$
Para calcular las coordenadas de C se plantea un sistema de dos ecuaciones con dos incógnitas.

$$X_C = X_A + D_{AC}\ sen\ \theta_A^C = X_B + D_{BC}\ sen\ \theta_B^C$$

$$Y_C = Y_A + D_{AC}\ cos\ \theta_A^C = Y_B + D_{BC}\ cos\ \theta_B^C$$

Las incógnitas son las dos distancias D_{AC} y D_{BC}. Resolviendo el sistema:
$$D_{AC} = 45,265m \qquad\qquad D_{BC} = 57,018$$
$$X_C = 121,820m$$
$$Y_C = 152,678m$$
La distancia D_{AC} es la longitud a perforar. La orientación será $\theta_A^C = 125^g$.

6.5.3.- *Por el punto A (100 ; 100) pasa una galería de acimut $\theta_A^a = 310^g$ y por B (120 ; 30) pasa otra de acimut $\theta_B^b = 250^g$. Se desea enlazar las dos galerías con un tramo circular de radio 20m. Calcula las coordenadas de los puntos de tangencia, las del centro de curvatura y la longitud de la alineación curva.*

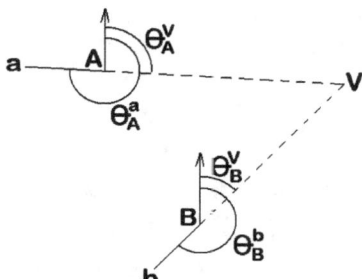

Se trata del caso descrito en el apartado 6.4.1 de los apuntes de esta asignatura. Si V es el vértice de la curva circular, de la figura:
$$\theta_A^V = \theta_A^a - 200^g = 110^g \qquad \theta_B^V = \theta_B^b - 200^g = 50^g$$
$$\theta_V^A = \theta_A^V \pm 200^g = 310^g \qquad \theta_V^B = \theta_B^V \pm 200^g = 250^g$$
Para calcular sus coordenadas resolvemos el sistema formado por las dos ecuaciones siguientes, cuyas incógnitas son las distancias D_{AV} y D_{BV}:

$$X_V = X_A + D_{AV}\ sen\ \theta_A^V = X_B + D_{BV}\ sen\ \theta_B^V$$

$$Y_V = Y_A + D_{AV}\ cos\ \theta_A^V = Y_B + D_{BV}\ cos\ \theta_B^V$$

Resolviendo el sistema:

$$D_{BV} = 81,592m$$
$$X_V = 177,694m$$
$$Y_V = 87,694m$$

Sean A' y B' los puntos de entrada y de salida, respectivamente, de la curva y T la tangente, es decir la distancia entre uno de estos puntos y el vértice V. De la figura:

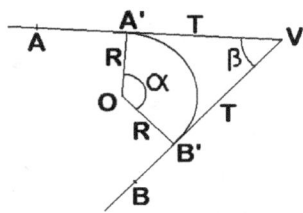

$$\beta = \theta_V^A - \theta_V^B = 310^g - 250^g = 60^g$$
$$\alpha = 200^g - \beta = 140^g$$

Para calcular la tangente T hacemos:

$$T = D_{VA'} = D_{VB'} = R\ tg\ \alpha/2 = 39,252m$$

Las coordenadas planas de A' y de B' serán:

$$X_{A'} = X_V + T\ sen\ \theta_V^A = 138,925m$$

$$Y_{A'} = Y_V + T\ cos\ \theta_V^A = 93,834m$$

$$X_{B'} = X_V + T\ sen\ \theta_V^B = 149,939m$$

$$Y_{B'} = Y_V + T\ cos\ \theta_V^B = 59,939m$$

Para calcular las coordenadas del centro O de la curva tenemos en cuenta que el radio y la tangente son perpendiculares. En la figura:

$$\theta_A'^O = \theta_A^A - 100^g = \theta_V^A - 100^g = 210^g \qquad D_{A'O} = D_{B'O} = R$$

$$X_O = X_{A'} + R\ sen\ \theta_{A'}^O = 135,796m$$

$$Y_O = Y_{A'} + R\ cos\ \theta_{A'}^O = 74,080m$$

Conviene comprobar los resultados calculando también las coordenadas de O a partir de las del punto de salida B':

$$X_O = X_{B'} + R\ sen\ \theta_{B'}^O = 135,796m$$

$$Y_O = Y_{B'} + R\ cos\ \theta_{B'}^O = 74,080m$$

Para calcular la longitud de la alineación curva hacemos:

$$l_C = \frac{2\ \pi\ R\ \alpha}{400} = 43,982m$$

6.5.4.- Con los datos del ejercicio anterior, y suponiendo que el desnivel entre A' y B', puntos de tangencia del tramo curvo, es $Z_A^{B'} = -7m$, se pretende enlazar las dos galerías con una curva helicoidal de pendiente uniforme. Calcula los datos necesarios (acimut y pendiente) para replantear un punto de la curva situado a 5m, en distancia reducida, del punto de ataque.

El desnivel entre los puntos de entrada y de salida es -7m y la longitud de la curva l_C se obtiene del ejercicio anterior. La pendiente de la alineación curva será:

$$p = \frac{Z_{A'}^{B'}}{l_C} = \frac{-7}{43,982} = -0,159 = -15,9\%$$

En la figura, a una distancia reducida $l = 5m$ le corresponde un ángulo γ:

$$sen\frac{\gamma}{2} = \frac{l}{2R} \qquad \gamma = 15,957^g$$

En la figura:

$$\theta_{A'}^P = \theta_{A'}^V + \gamma/2 = 117,978^g \qquad\qquad D_{A'P} = l = 5m$$

La longitud del arco entre A' y P será:

$$l_{A'P} = \frac{2\pi R\gamma}{400} = 5,013m$$

El desnivel entre A' y P será:

$$Z_{A'}^P = p\ l_{A'P} = -0,798m$$

La pendiente de la recta a replantear será:

$$p' = \frac{Z_{A'}^P}{l} = 0,160 = 16\%$$

6.5.5.- En un punto A (200, 200, 100) termina una galería horizontal, de orientación $\theta_a^A = 75^g$. Por otro punto B (200,100, 100) pasa otra galería horizontal, de orientación $\theta_b^B = 30^g$. Se desea enlazar las dos galerías mediante una curva circular, de forma que A sea el punto de entrada de la curva. Calcula: coordenadas del punto de salida, radio de curvatura, coordenadas del centro de curvatura y longitud del tramo curvo.

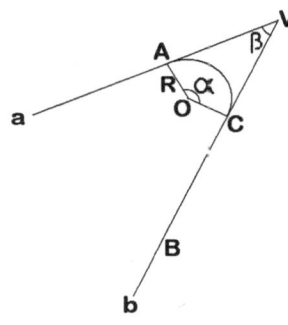

Sea V el vértice de la alineación curva. Los acimutes de las alineaciones rectas son:

$$\theta_A^V = \theta_a^A = 75^g \qquad \theta_V^A = \theta_A^V \pm 200^g = 275^g$$
$$\theta_B^V = \theta_b^B = 30^g \qquad \theta_V^B = \theta_B^V \pm 200^g = 230^g$$

Para calcular las coordenadas de V resolvemos el sistema formado por las dos ecuaciones siguientes:

$$X_V = X_A + D_{AV}\ sen\ \theta_A^V = X_B + D_{BV}\ sen\ \theta_B^V$$

$$Y_V = Y_A + D_{AV}\ cos\ \theta_A^V = Y_B + D_{BV}\ cos\ \theta_B^V$$

Resolviendo el sistema:

$$D_{BV} = 142,256m \qquad\qquad D_{AV} = T = 69,904$$
$$X_V = 264,583m$$
$$Y_V = 226,751m$$

A es el punto de entrada de la curva. Por tanto, la distancia entre A y V es la tangente T. Si C es el punto de salida, sus coordenadas se calculan:

$$\theta_V^C = \theta_V^B = 230^g$$

$$X_C = X_V + T \ sen \ \theta_V^C = 232,847 \, m$$

$$Y_C = Y_V + T \ cos \ \theta_V^C = 164,466 \, m$$

En la figura:

$$\beta = \theta_V^A - \theta_V^C = 45^g$$

$$\alpha = 200^g - \beta = 155^g$$

$$R = T \ tg \ \beta/2 = 25,789 \, m$$

Coordenadas del centro de curvatura O:

$$\theta_A^O = \theta_A^V + 100^g = 175^g \qquad\qquad D_{AO} = R$$

$$X_O = X_A + R \ sen \ \theta_A^O = 209,869 \, m$$

$$Y_O = Y_A + R \ cos \ \theta_A^O = 176,174 \, m$$

Conviene comprobar los resultados calculando también las coordenadas de O a partir de las del punto de salida C.

Longitud del tramo curvo:

$$l_C = \frac{2 \, \pi \, R \, \alpha}{400} = 62,789 \, m$$

TEMA 7.- __INTRUSIÓN DE LABORES.__

7.1.- Introducción.

Se conoce por *intrusión* el hecho de que en una explotación minera, a cielo abierto o subterránea, se realicen indebidamente labores fuera del perímetro de sus concesiones.

Cuando la intrusión se produce en un terreno franco, que no pertenece a otro concesionario, el explotador suele solicitar a la Administración la concesión de ese nuevo terreno, generalmente en forma de demasía. En este caso, el problema se resolvería legalizando la situación del terreno.

Si la intrusión se produce en una concesión colindante otorgada a otro concesionario, el responsable deberá indemnizarlo por el mineral que se haya extraído indebidamente y también por los perjuicios que se haya podido ocasionar en el criadero, que dificultan y pueden llegar a imposibilitar la explotación de una parte del mismo.

Para evitar la intrusión es fundamental realizar sistemáticamente el levantamiento de los frentes de trabajo y llevar los planos al día, especialmente cuando se estén explotando zonas próximas al linde de la concesión. En estos planos deben figurar las labores y el perímetro de la concesión minera.

Cuando se sospeche que se ha cometido una intrusión se debe actualizar el levantamiento de todas las labores de la zona. Podremos comprobar así si existe un problema de este tipo y cuál es su magnitud. Asimismo, podremos determinar el correspondiente volumen de mineral, para poder cuantificar las indemnizaciones pertinentes. Este trabajo suelen hacerlo topógrafos de las dos partes afectadas y, en caso necesario, también de la Administración.

El levantamiento de la zona afectada se lleva a un plano donde figuren los límites de las concesiones y, sobre él, se determinan las características de la intrusión.

7.2.- Toma de datos.

Los datos correspondientes a los límites de las concesiones mineras se conocen de antemano. Se debe disponer de las coordenadas UTM de cada una de las esquinas del perímetro de éstas.

El levantamiento de las labores en que se ha producido la intrusión se realiza tal como se explicó en los capítulos precedentes. Como hemos indicado, conviene calcular las coordenadas UTM de tantos puntos como sea necesario para poder calcular el volumen de material extraído.

Para ello, relacionamos el levantamiento con las coordenadas de la red topográfica de la explotación, que, a su vez, estará relacionada con la red geodésica. A partir de las coordenadas de todos estos puntos podremos realizar los cálculos oportunos.

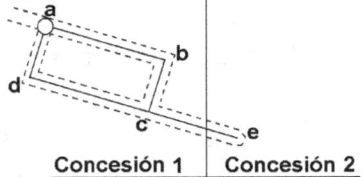

Fig. 7.1. Intrusión de labores

Así, a partir del itinerario de interior *abcd* de la figura 7.1 se podría levantar toda la labor *c-e*, una parte de la cual corresponde a la intrusión.

7.3.- Cálculo de la intrusión.

7.3.1.- Intrusión de labores subterráneas.

En primer lugar, representamos los datos del levantamiento de labores en el plano de concesiones, para confirmar que se ha producido la intrusión.

Supongamos conocidas las coordenadas de los puntos P y P' del perímetro de la concesión en la zona de la intrusión (figura 7.2). Supongamos también conocidas las coordenadas de los puntos c y e, el segundo de los cuales es exterior a dicho perímetro. Vamos a calcular las coordenadas del punto i, a partir del cual empieza la intrusión.

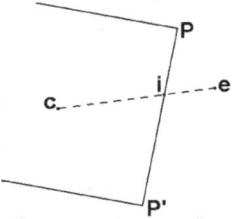

Fig. 7.2. Cálculo de la intrusión

Este punto corresponde a la intersección de las rectas P-P' y c-e. Calculados los acimutes $\theta_P^{P'}$ y θ_c^e de ambas, será:

$$X_i = X_c + D_{ci}\, sen\,\theta_c^e = X_P + D_{Pi}\, sen\,\theta_P^{P'}$$

$$Y_i = Y_c + D_{ci}\, cos\,\theta_c^e = Y_P + D_{Pi}\, cos\,\theta_P^{P'}$$

Procediendo como en 6.3.1., llegamos a:

$$D_{Pi} = \frac{Y_c - Y_P + (X_P - X_c)\, cot g\,\theta_c^e}{cos\,\theta_P^{P'} - cot g\,\theta_c^e\, sen\,\theta_P^{P'}}$$

Conocida la distancia D_{Pi} calculamos las coordenadas de *i* y la longitud del tramo *i-e* correspondiente a la intrusión.

Para calcular el volumen de tierras correspondiente a la intrusión habremos determinado, desde *c* y *e*, las coordenadas *X*, *Y* y *Z* de un número suficiente de puntos.

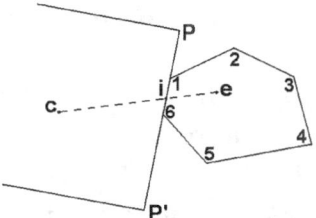

Fig. 7.3. Intrusión: labores de interior

Con estos datos trazaremos una serie de perfiles, horizontales o verticales, y calcularemos el volumen de tierras aplicando el método de los perfiles. En caso necesario, habrá que tomar los datos suficientes para realizar por separado el cálculo de los volúmenes de mineral y de estéril.

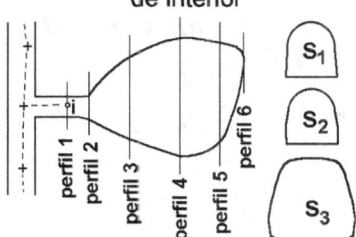

Fig. 7.4. Cubicación: labores de interior

Para calcular la superficie horizontal comprendida entre los puntos 1, 2 ... 6, también se puede aplicar la expresión:

$$S = \left| (X_1 - X_2) \frac{Y_1 + Y_2}{2} + (X_2 - X_3) \frac{Y_2 + Y_3}{2} + ... + (X_6 - X_1) \frac{Y_6 + Y_1}{2} \right|$$

7.3.2.- Intrusión de labores a cielo abierto.

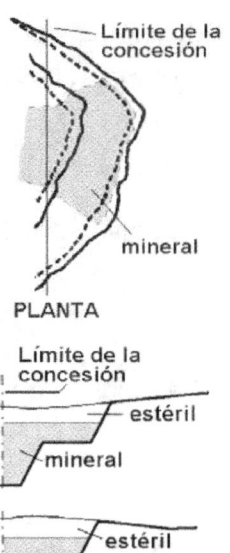

El levantamiento de las labores de la zona afectada se hace de la forma que ya conocemos. Los datos correspondientes se llevan al plano que representa los límites del perímetro de la concesión, para determinar si ha habido intrusión.

En este caso, para determinar el movimiento de tierras que se ha efectuado, tendremos que tener en cuenta la topografía inicial de la zona afectada. Si hemos medido un número suficiente de puntos, podremos realizar la cubicación por el método de los perfiles. Se trata de calcular el volumen de tierras, exterior al perímetro de la concesión, comprendido entre la topografía inicial y las labores realizadas.

Es posible que una parte significativa de estas tierras sea estéril y no corresponda indemnización por ella. Para determinar el volumen de mineral habrá que reconstruir, sobre el plano, la forma del cuerpo mineralizado, su potencia, etc. Para ello, cuando se realice el levantamiento de los frentes conviene levantar también las separatrices entre mineral y estéril que sean visibles en ellos, de forma que el cálculo del movimiento de tierras se pueda hacer con más exactitud.

Fig. 7.5. Cubicación: cielo abierto

7.4.- Ejercicios.

7.4.1.- *Se conocen las coordenadas planas de las cuatro esquinas del perímetro de una concesión: P_1 (100 ; 100), P_2 (600 ; 100) , P_3 (600 ; 600) y P_4 (100 ; 600). Desde un punto a (560 ; 300) se ha levantado el otro extremo de una galería recta a-b, cuyas coordenadas son b (620 ; 400). Se pretende saber si existe intrusión, cuáles son las coordenadas del punto en que comienza la intrusión y cuál es la longitud de la misma.*

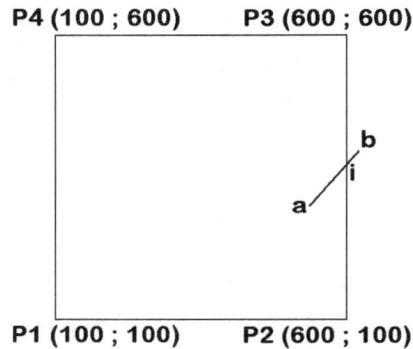

P4 (100 ; 600)   P3 (600 ; 600)

b

i

a

P1 (100 ; 100)   P2 (600 ; 100)

En la figura se ha representado la concesión y la galería *a-b*. Se aprecia que se ha producido una intrusión ya que el punto *b* es exterior a la concesión. Para conocer las coordenadas del punto *i* de comienzo de la intrusión se calculan los acimutes:

$$\theta_{P3}{}^i = \theta_{P3}{}^{P2} = 200^g$$

$$\theta_a^i = \theta_a^b = arc\ tg\ \frac{|X_b - X_a|}{|Y_b - Y_a|} = 34,40^g$$

A continuación, se plantea el sistema de dos ecuaciones con dos incógnitas siguiente. Las incógnitas son las distancias D_{ai} y D_{P3i}:

$$X_i = X_a + D_{ai}\ sen\ \theta_A^i = X_{P3} + D_{P3i}\ sen\ \theta_{P3}^i$$

$$Y_i = Y_a + D_{ai}\ cos\ \theta_A^i = Y_{P3} + D_{P3i}\ cos\ \theta_{P3}^i$$

Resolviendo el sistema:

$$D_{P3i} = 233,323m$$
$$X_i = 600,000m$$
$$Y_i = 366,677m$$

La longitud de la intrusión es la distancia reducida entre *i* y *b*:

$$D_{ib} = \sqrt{(X_i - X_b)^2 + (Y_i - Y_b)^2} = 38,864\ m$$

7.4.2.- *Se conocen las coordenadas planas de dos esquinas del perímetro de una concesión: P (1.000 ; 1.500) y P' (1.000 ; 1.000). Para determinar si se ha producido una intrusión, se ha realizado un itinerario colgado a-b-c-d a partir de un punto conocido a (938 ; 1.292) interior a la concesión. Desde a se dispone de una visual de acimut conocido $\theta_a^{a'}$ = 30,48^g. Con la siguiente libreta de campo, calcula qué estaciones del itinerario exceden los límites de la concesión y cuáles son las coordenadas del punto a partir del cual se produce la intrusión.*

Estación	Punto visado	L. acimutal	D. reducida
a	a'	$302,85^g$	
	b	$31,97^g$	30,00 m
b	a	$17,11^g$	
	c	$180,34^g$	40,00 m
c	b	$86,76^g$	
	d	$301,19^g$	20,00 m

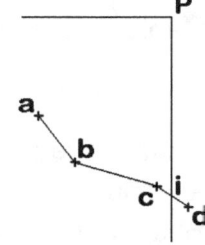

Para resolver el itinerario es preciso transformar en acimutes las lecturas acimutales de la libreta de campo:

$$C_{Oa} = \theta_a^{a'} - L_a^{a'} = -272,37^g$$

$$\theta_a^b = C_{Oa} + L_a^b = -240,40^g \, (+400^g) = 159,60^g$$

$$\theta_b^a = \theta_a^b \pm 200^g = 359,60^g$$

$$C_{Ob} = \theta_b^a - L_b^a = 342,49^g$$

$$\theta_b^c = C_{Ob} + L_b^c = 122,83^g$$

$$\theta_c^b = \theta_b^c \pm 200^g = 322,83^g$$

$$C_{Oc} = \theta_c^b - L_c^b = 236,07^g$$

$$\theta_c^d = C_{Oc} + L_c^d = 137,26^g$$

Las coordenadas de las estaciones del itinerario se calculan:

$$X_b = X_a + D_{ab} \, sen \, \theta_a^b = 955,786 \, m$$

$$Y_b = Y_a + D_{ab} \, cos \, \theta_a^b = 1.267,841 \, m$$

$$X_c = X_b + D_{bc} \, sen \, \theta_b^c = 993,241 \, m$$

$$Y_c = Y_b + D_{bc} \, cos \, \theta_b^c = 1.253,802 \, m$$

$$X_d = X_c + D_{cd} \, sen \, \theta_c^d = 1.009,912 \, m$$

$$Y_d = Y_c + D_{cd} \, cos \, \theta_c^d = 1.242,753 \, m$$

Se observa que el punto d es exterior a la concesión, ya que está al oeste de P. Para calcular sus coordenadas se actúa como en el ejercicio anterior:

$$\theta_P^i = 200^g$$

$$\theta_c^i = \theta_c^d = 137,26^g$$

$$X_i = X_c + D_{ci} \, sen \, \theta_c^i = X_P + D_{Pi} \, sen \, \theta_P^i$$

$$Y_i = Y_c + D_{ci} \, cos \, \theta_c^i = Y_P + D_{Pi} \, cos \, \theta_P^i$$

Resolviendo el sistema:

$$D_{Pi} = 250,677 \, m$$

$$X_i = 1.000,000 \, m$$

$$Y_i = 1.249,323 \, m$$

TEMA 8.- APLICACIONES GEOLÓGICO-MINERAS.

8.1.- Introducción.

En este tema se describen las técnicas topográficas aplicables para la determinación de la dirección, el buzamiento y la potencia, parámetros que definen un estrato o una formación estratiforme. El conocimiento de la geometría del cuerpo mineralizado es fundamental para su correcta ubicación en el espacio y para su cubicación, tanto en los trabajos de investigación minera como en los de diseño y realización de labores a cielo abierto o por interior.

Se define un *estrato* como un nivel simple de litología homogénea y gradacional, depositado de forma paralela a la inclinación original de la formación. Está separado de los estratos adyacentes por superficies de erosión o por cambios abruptos en el carácter y presenta una configuración tabular.

Denominamos *formación estratiforme* a una estructura geológica que sin ser un estrato, puesto que no comparte su misma génesis, sí que presenta una configuración tabular similar a la de éste.

Las superficies que los limitan se denominan *techo* y *muro*. En el caso de un estrato definiremos como techo a la superficie que separa la formación objeto de estudio de materiales más modernos. De igual forma, definiremos como muro a la superficie que separa el estrato de materiales más antiguos.

En el caso de formaciones estratiformes, la superficie de la formación cortada en primer lugar por un hipotético sondeo vertical será el techo. La formación inferior será el muro.

A partir de este momento, hablaremos indistintamente de estrato o de formación estratiforme, ya que los parámetros que vamos a determinar son puramente geométricos y no dependen de la génesis de la formación.

8.1.1.-Conceptos básicos.

En extensiones cortas podemos asimilar tanto el techo como el muro de un estrato a un plano. La *dirección* de dicha formación será la recta intersección del plano de techo o de muro con un plano horizontal (figura 8.1). Representaremos este parámetro mediante el acimut correspondiente a dicha recta. Será igualmente válido el acimut dado en cualquiera de los dos sentidos de la recta.

Se define como *buzamiento* (buzamiento real) de un estrato el ángulo formado por la línea de máxima pendiente contenida en el plano del estrato y su proyección sobre un plano horizontal (figura 8.1). Deberá darse también la orientación de la línea de máxima pendiente en su sentido descendente, materializada por el acimut de su proyección horizontal.

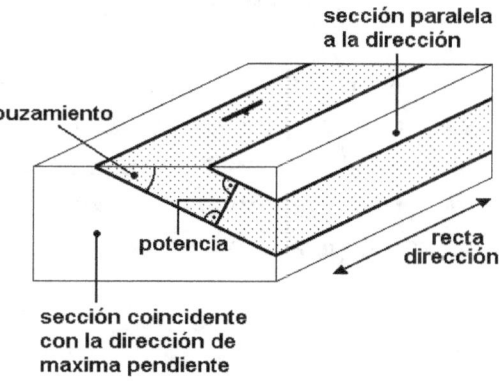

Fig. 8.1. Dirección, buzamiento y potencia

Puesto que la línea de máxima pendiente es perpendicular a la dirección del estrato, la diferencia entre ambos acimutes será de ± π/2.

Definiremos como *buzamiento aparente* el ángulo formado por una línea contenida en el plano del estrato, y distinta de la de máxima pendiente, y su proyección sobre un plano horizontal. El buzamiento aparente será siempre menor que el buzamiento real.

La *potencia* (potencia real) de un estrato será la distancia que separa los planos de techo y de muro, medida perpendicularmente a éstos. Cualquier otra medición de esta distancia, distinta de la perpendicular entre techo y muro, se denominará *potencia aparente* y será siempre mayor que la potencia real.

Denominamos *longitud* de un estrato a la distancia, medida según la recta dirección, entre los límites del mismo.

8.2.- Dirección y buzamiento.

Estos dos parámetros suelen medirse al mismo tiempo y con operaciones consecutivas, debido a la relación geométrica que existe entre ellos. Antes de pasar a su determinación vamos a ver cómo se deducen los buzamientos reales a partir de los aparentes y viceversa. Este proceso es importante, tanto para el cálculo directo como por formar parte de procesos generales de cálculo de buzamientos a partir de las coordenadas conocidas de varios puntos del estrato.

Sea β el ángulo de buzamiento real, α el aparente e Î el ángulo comprendido entre las direcciones de ambos buzamientos. En el caso de la figura será:

$$\hat{I} = \theta_{BUZAMIENTO\ APARENTE} - \theta_{BUZAMIENTO\ REAL}$$

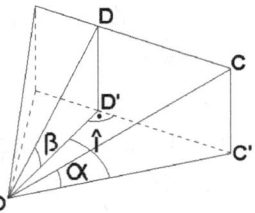

Con el fin de facilitar el proceso de cálculo, vamos a considerar que los puntos *D* y *C* de la figura 8.2 tienen la misma altitud. *D'* y *C'* son sus proyecciones sobre un plano horizontal. Para obtener la expresión que relaciona los tres valores angulares anteriores hacemos:

Fig. 8.2. Buzamientos real y aparente (1)

$$tg\ \beta = \frac{DD'}{OD'}$$

$$tg\ \alpha = \frac{CC'}{OC'}$$

$$cos\ \hat{I} = \frac{OD'}{OC'}$$

y como *DD' = CC'*

$$tg\ \beta = \frac{DD'}{OD'} = \frac{OC'\ tg\ \alpha}{OC'\ cos\ \hat{I}} = \frac{tg\ \alpha}{cos\ \hat{I}}$$

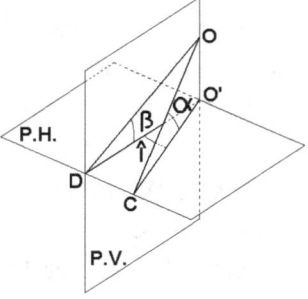

Podemos proceder de forma semejante con una disposición diferente de los puntos, como la de la figura 8.3, para llegar a la misma expresión que relaciona los buzamientos real y aparente y el ángulo comprendido entre las direcciones de ambos buzamientos.

Fig. 8.3. Buzamientos real y aparente (2)

A continuación vamos a estudiar los distintos casos que se pueden presentar en el cálculo de dirección y buzamiento, atendiendo tanto a los instrumentos que permiten medirlos directamente como al procedimiento de obtención a partir de coordenadas de puntos, tomados todos en el techo o en el muro del estrato.

8.2.1.- Con brújula de geólogo.

Las brújulas empleadas para aplicaciones geológicas tienen las siguientes características:
- Pueden ser de limbo fijo o de limbo móvil.
- Están dotadas de un nivel de burbuja, normalmente esférico.
- Incorporan distintos sistemas para lanzar visuales.
- Incorporan un clinómetro para medir inclinaciones.

Son procedimientos que aportan precisiones inferiores a las de las técnicas topográficas, pero que en muchos casos son suficientes.

Para emplear una brújula de geólogo debemos determinar sobre el estrato la línea de máxima pendiente o una línea horizontal contenida en él. Ambas líneas son perpendiculares entre sí, por lo que determinada una se conoce también la otra. Una línea horizontal se puede determinar con un nivel de burbuja. La línea de máxima pendiente se puede materializar dejando caer una pequeña cantidad de agua y si ésta describe una línea sinuosa, se fijará como línea de máxima pendiente la línea eje simétrico del camino marcado por el agua.

Una vez determinadas estas direcciones se coloca el único lateral recto de la brújula paralelo a la línea horizontal y se mide la dirección. A continuación se coloca este lateral paralelo a la línea de máxima pendiente y, con ayuda del clinómetro, se determina el buzamiento.

Debido a las irregularidades naturales que presenta la superficie del estrato, para obtener un valor medio de estos parámetros se suele colocar un elemento plano y rígido, por ejemplo una carpeta, y sobre él se coloca la brújula. También es conveniente realizar varias mediciones de dirección y buzamiento, que nos permitan calcular el valor más probable de cada parámetro.

8.2.2.-Mediante procedimientos topográficos.

Pueden emplearse taquímetros o estaciones totales. Por su rapidez y comodidad son muy apropiados los equipos láser, capaces de realizar mediciones sin prisma en distancias cortas.

Para medir la dirección del estrato se estaciona el instrumento topográfico frente a él y se realizan las operaciones necesarias para orientarlo. Esto puede hacerse en campo, para obtener sobre el terreno el valor de la dirección, o posteriormente en gabinete.

A continuación se visan dos puntos P_1 y P_2 del estrato, que tengan la misma altitud, y se miden las distancias reducidas y las lecturas horizontales (figura 8.4). Los puntos deben estar lo bastante alejados entre sí como para que el valor de la dirección sea preciso.

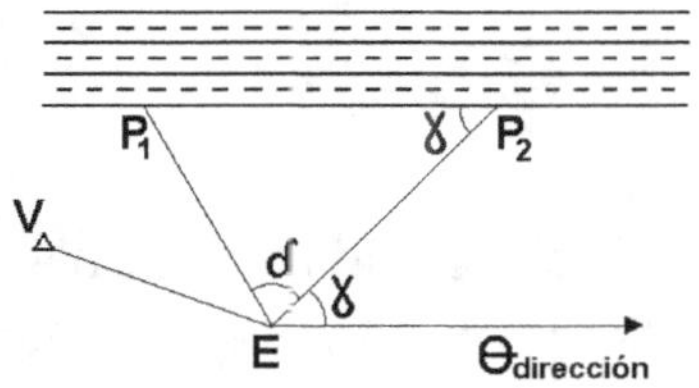

Fig. 8.4. Dirección: procedimientos topográficos

Calculamos δ, ángulo horizontal que forman las visuales, por diferencia de lecturas horizontales:

$$\delta = L_E^{P_2} - L_E^{P_1}$$

Aplicando el teorema del coseno calculamos la distancia reducida entre los dos puntos visados:

$$P_1P_2 = \sqrt{(EP_1)^2 + (EP_2)^2 - 2\,EP_1\,EP_2\,\cos\delta}$$

y aplicando el teorema del seno calculamos el ángulo γ:

$$\frac{P_1P_2}{sen\,\delta} = \frac{EP_1}{sen\,\gamma} \qquad sen\,\gamma = \frac{EP_1\,sen\,\delta}{P_1P_2}$$

En el caso de la figura, sumando al acimut de la alineación $E\text{-}P_2$ el ángulo γ, obtenemos el acimut de la recta dirección.

Una vez conocido su acimut, se pueden lanzar visuales perpendiculares a la recta dirección para determinar el buzamiento. Se coliman dos puntos P_3 y P_4 situados sobre la línea intersección del plano vertical que pasa por E y es perpendicular a dicha recta y el plano del estrato (figura 8.5). Los puntos se coliman visando con un acimut:

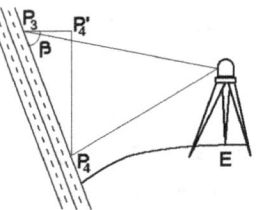

Fig. 8.5. Buzamiento: procedimientos topográficos

$$\theta_{visual} = \theta_{dirección} \pm \frac{\pi}{2}$$

La línea intersección será la línea de máxima pendiente. Medimos las distancias reducidas EP_3 y EP_4, lo que nos permite calcular:

$$P_3P'_4 = EP_3 - EP_4$$

El desnivel entre ambos puntos será la diferencia de las tangentes topográficas, empleadas con su signo:

$$Z_{P_4}^{P_3} = t_E^{P_3} - t_E^{P_4}$$

Una vez obtenidos estos valores, el cálculo del buzamiento β es inmediato:

$$tg\,\beta = \frac{Z_{P_4}^{P_3}}{P_3P'_4}$$

Se debe indicar también el acimut del buzamiento, que será el de la recta dirección sumándole o restándole π/2.

8.2.3.- A partir de las coordenadas de tres puntos del estrato.

Los puntos pueden estar situados en la superficie y/o en el subsuelo. El procedimiento de cálculo es aplicable en todos los casos. Los puntos medidos deben corresponder al mismo plano (techo o muro) del estrato.

Las coordenadas de los puntos se medirán por aplicación de las técnicas que ya conocemos. En el caso de un sondeo se conocen (figura 8.6):

- Las coordenadas de su punto inicial B.
- El acimut del sondeo θ_s, medido respecto a su sentido de avance.
- La inclinación del sondeo i, ángulo medido respecto a la vertical
- La longitud del sondeo l desde la boca hasta el contacto con la formación estratiforme que pretendemos estudiar.

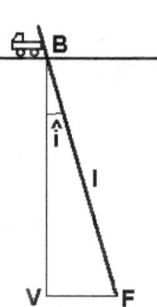

Fig. 8.6. Sondeo inclinado

Con estos datos podemos calcular las coordenadas del punto de contacto F del sondeo con el estrato:

$$sen\,\hat{i} = \frac{VF}{BF} = \frac{VF}{l} \qquad VF = l\,sen\,\hat{i}$$

que será la distancia reducida entre la boca del sondeo y el punto de interés.

$$cos\,\hat{i} = \frac{BV}{BF} = \frac{\Delta Z}{l} \qquad \Delta Z = l\,cos\,\hat{i}$$

que será el desnivel entre la boca del sondeo y el punto de interés.

Por tanto, las coordenadas del punto F serán:

$$X_F = X_B + VF\,sen\theta_s = X_B + l\,sen\,\hat{i}\,sen\theta_s$$

$$Y_F = Y_B + VF\,cos\theta_s = Y_B + l\,sen\,\hat{i}\,cos\theta_s$$

$$Z_F = Z_B - \Delta Z = Z_B - l\,cos\,\hat{i}$$

Una vez conocidas las coordenadas de tres puntos del estrato, A, B y C, operamos de la siguiente forma: En primer lugar establecemos un plano horizontal de comparación $AB'C'$, que pasa por el punto menos elevado de los tres, A (figura 8.7).

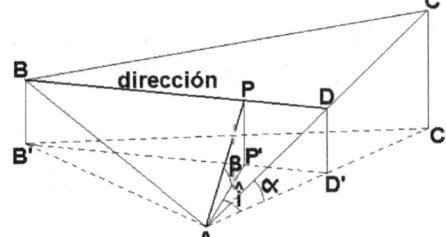

Fig. 8.7. Dirección y buzamiento a partir de 3 sondeos

La dirección del estrato la marcan las líneas horizontales contenidas en él. Para mayor comodidad de cálculo utilizaremos la línea horizontal que pasa por el punto de altitud intermedia, B. Para calcular el acimut de esta línea se necesitan las coordenadas de otro punto sobre ella, D, que se calculará sobre la alineación A-C de la forma siguiente:

Necesitamos la distancia vertical DD', que será igual a BB' y se calcula:

$$DD' = BB' = Z_B - Z_A$$

Como los triángulos ACC' y ADD' son semejantes:

$$\frac{AD'}{AC'} = \frac{DD'}{CC'} \qquad AD' = \frac{AC' \ DD'}{CC'}$$

donde CC' es la diferencia entre las coordenadas Z de C y A y AC' se calcula a partir de las coordenadas planas de ambos puntos.

También podemos calcularlo a partir de la pendiente:

$$tg \, \alpha = \frac{CC'}{AC'} = \frac{DD'}{AD'} \qquad AD' = \frac{DD'}{tg \, \alpha} = \frac{DD'}{CC'/AC'} = \frac{AC' \ DD'}{CC'}$$

En cuanto al acimut, tenemos que $\theta_A^D = \theta_A^C$, que se calcula fácilmente a partir de las coordenadas de A y C. Conocidos acimut y distancia, calculamos las coordenadas de D:

$$X_D = X_A + AD' \, sen \, \theta_A^D$$

$$Y_D = Y_A + AD' \, cos \, \theta_A^D$$

$$Z_D = Z_B$$

Con estos datos se puede calcular el acimut de la alineación B-D, que coincide con el de la recta dirección. Como hemos indicado, son válidos los dos valores θ_B^D y θ_D^B.

Para calcular el buzamiento es preciso calcular tanto el valor de β como el acimut que define el sentido descendente del estrato. Será:

$$\theta_P^A = \theta_B^D \pm \pi / 2$$

Para obtener el valor de β aplicaremos la expresión conocida:

$$tg \, \beta = \frac{tg \, \alpha}{cos \, \hat{\imath}}$$

Calculamos el buzamiento aparente α en la alineación A-C:

$$tg \, \alpha = \frac{CC'}{AC'}$$

y el ángulo:

$$\hat{\imath} = \theta_A^C - \theta_A^P$$

Con estos datos ya se puede calcular el buzamiento del estrato.

8.3.- Potencia.

Para determinar la potencia real P del estrato supondremos que se han determinado previamente la dirección y el buzamiento.

8.3.1.- Cálculo por observaciones en superficie.

Estacionamos en un punto E, frente al afloramiento, y lanzamos visuales perpendiculares a la recta dirección. Colimamos dos puntos A y B, pertenecientes respectivamente al techo y al muro del estrato, situados en el plano vertical generado por el movimiento de cabeceo del anteojo. Podemos encontrarnos dos casos:

θ del buzamiento = θ de las visuales:

Medidas las distancias reducidas y las tangentes topográficas correspondientes a las dos visuales, calculamos AB' (diferencia entre las distancias reducidas) y BB' (diferencia entre los desniveles). En la figura 8.8:

$$AB = \sqrt{(AB')^2 + (BB')^2}$$

AB es la potencia aparente.

$$tg\,\delta = \frac{BB'}{AB'}$$

Una vez calculado δ y conocido el buzamiento β, será:

$$\gamma = \pi - \beta - \delta$$

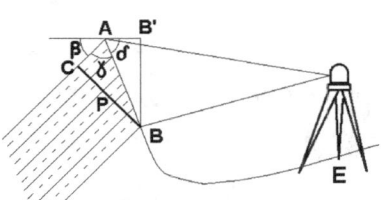

Fig. 8.8. Potencia: observaciones en superficie (1)

La potencia real P se calcula:

$$P = AB \, sen\,\gamma$$

θ del buzamiento = θ de las visuales ± π:

Procedemos como en el caso anterior, calculando la distancia AB y el ángulo δ. En la figura 8.9:

$$\gamma = \pi + \beta - \frac{\pi}{2} \qquad \delta = \frac{\pi}{2} + \beta - \delta$$

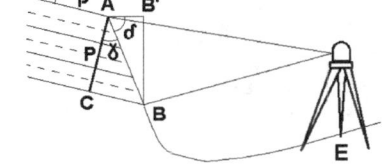

La potencia real P se calcula:

$$P = AB \, cos\,\gamma$$

Fig. 8.9. Potencia: observaciones en superficie (2)

8.3.2.- Cálculo a partir de datos de sondeos.

Sean A y C los puntos de intersección del sondeo con el techo y el muro del estrato. Como antes, suponemos conocidos la dirección y el buzamiento de éste. Vamos a considerar un sistema cartesiano de coordenadas cuyo origen coincida con *C* y cuyo eje *Y* siga la dirección del acimut del buzamiento (figura 8.10). El eje *X* sigue, por tanto, la dirección del muro del estrato. Proyectaremos la potencia aparente *AC* sobre el plano vertical *ZY*, obteniendo una nueva potencia aparente *BC*.

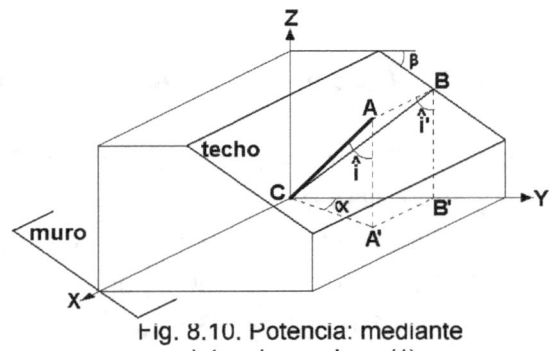

Fig. 8.10. Potencia: mediante datos de sondeos (1)

Para ello, a partir de las coordenadas de *A* y *C* calculamos *AA'* (diferencia de coordenadas *Z*) y *CA'* (distancia reducida entre ambos puntos). El ángulo α será la diferencia en valor absoluto entre los acimutes del sondeo y del buzamiento a la que sumamos o restamos 200^g, en caso necesario, de manera que esté entre 0^g y 100^g. Tenemos:

$$CB' = CA' \cos \alpha$$

$$BB' = AA'$$

y la potencia aparente, proyectada sobre el plano *ZY*, será:

$$CB = \sqrt{(CB')^2 + (BB')^2}$$

Calculamos también el ángulo *i'*:

$$tg\, \hat{i}' = \frac{CB'}{BB'}$$

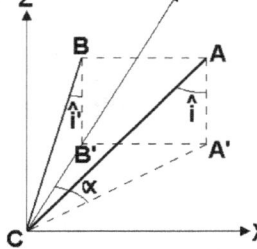

Fig. 8.11. Potencia: mediante datos de sondeos (2)

Para calcular la potencia real *P* del estrato, proyectamos la potencia aparente *BC* sobre la recta perpendicular a la de máxima pendiente. Nos podemos encontrar con dos casos:

$\theta_B{}^C = \theta_{buzamiento} \pm \pi$

En las figuras:

$P = CB \cos(\hat{i}' - \beta)$

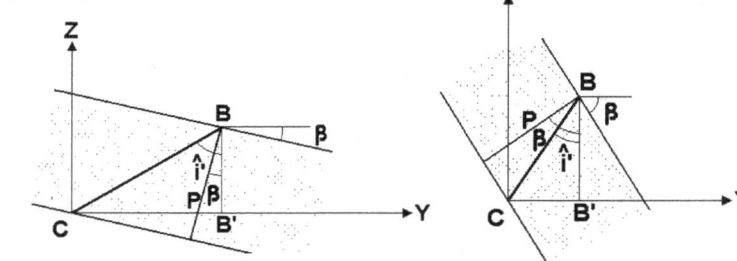

Fig. 8.12. Potencia: mediante datos de sondeos (3)

$\theta_B{}^C = \theta_{buzamiento}$

En la figura:

$P = CB \cos(\beta + \hat{i}')$

Fig. 8.13. Potencia: mediante datos de sondeos (4)

8.4.- Ejercicios.

8.4.1.- *Se ha realizado un sondeo que comienza en el punto B (1.000 ; 1.000 ; 100). Su inclinación respecto a la vertical es de 5^g y su longitud es de 50m. Su acimut, en el sentido de avance del sondeo, es de 132,60^g. Calcula las coordenadas del punto final F del sondeo.*

$$\hat{i} = 5^g \qquad l = 50m \qquad \theta_S = 132,60^g$$

En la figura:

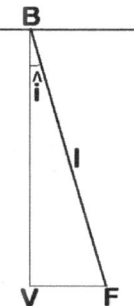

$$VF = l \; sen \; \hat{i} = 3,923m$$

$$BV = l \; cos \; \hat{i} = 49,846m$$

Las coordenadas del punto final *F* del sondeo se calculan:

$$X_F = X_B + VF \; sen \; \theta_S = 1.003,420m$$

$$Y_F = Y_B + VF \; cos \; \theta_S = 998,078m$$

$$Z_F = Z_B - BV = 50,154m$$

8.4.2.- *Se conocen las coordenadas de tres puntos P, Q y R del techo de un estrato. Calcula su buzamiento y los acimutes de las rectas dirección y buzamiento. P (1.000 ; 1.000 ; 100), Q (1.100 ; 1.020 ; 120), R (1.150 ; 900 ; 110).*

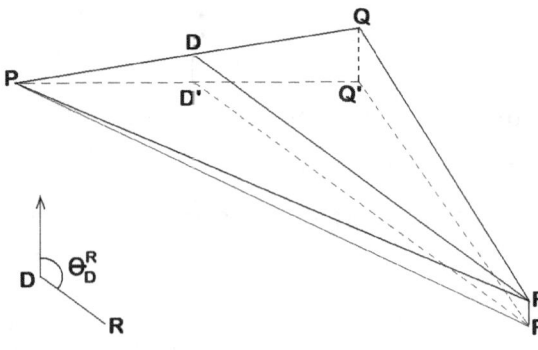

Se aplicará el método descrito en el apartado 8.2.3 de los apuntes. Se establece el plano horizontal que pasa por el punto de menor altitud (*P*). Se elige, como recta dirección a calcular, la que pasa por el punto de altitud intermedia (*R*). Se determinarán las coordenadas de un punto *D* situado en la recta *P-Q* y cuya altitud coincida con la de *R*. En la figura:

$$PQ' = \sqrt{(X_Q - X_P)^2 + (Y_Q - Y_P)^2} = 101,980m$$

$$QQ' = Z_Q - Z_P = 20m$$
$$DD' = RR' = Z_R - Z_P = 10m$$

Por semejanza de triángulos entre *PQQ'* y *PDD'*:

$$\frac{PD'}{DD'} = \frac{PQ'}{QQ'} \qquad PD' = 50,990m$$

$$\theta_P^D = \theta_P^Q = arc\ tg\ \frac{\left|X_Q - X_P\right|}{\left|Y_Q - Y_P\right|} = 87,433^g$$

Las coordenadas del punto D se calculan:

$$X_D = X_P + PD'\ sen\ \theta_P^D = 1.050,000\,m$$

$$Y_D = Y_P + PD'\ cos\ \theta_P^D = 1.010,000\,m$$

$$Z_D = Z_R = 110,000\,m$$

El acimut de la recta dirección será:

$$\theta_{dirección} = \theta_D^R = 100^g + arc\ tg\ \frac{\left|Y_R - Y_D\right|}{\left|X_R - X_D\right|} = 153,029^g$$

También puede darse el acimut recíproco $\theta_R^D = 353,029^g$. Para el buzamiento es preciso calcular el acimut que identifica el sentido descendente del estrato. En nuestro caso esa orientación es la de la recta B-P de la figura, que es perpendicular a la recta dirección R-D. Para obtener B-B' se ha prolongado la recta dirección R-D' y se ha trazado una perpendicular a esa recta desde P.

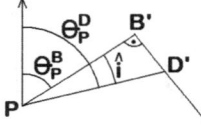

$$\theta_\beta = \theta_D^R + 100^g = 253,029^g$$

Considerando el buzamiento aparente α, que corresponde a la dirección P-D', será:

$$tg\ \alpha = \frac{DD'}{PD'} = 0,1961$$

En la figura, el ángulo horizontal que forma la dirección P-D con la P-B será:

$$\hat{i} = \theta_P^D - \theta_P^B = \theta_P^D - (\theta_\beta \pm 200^g) = 34,404$$

Para calcular el buzamiento β, según se indica en el apartado 8.2 de los apuntes de la asignatura:

$$tg\ \beta = \frac{tg\ \alpha}{cos\ \hat{i}} \qquad \beta = 14,314^g$$

***8.4.3.-** Se conocen las coordenadas de los puntos T (1.000 ; 1.000 ; 100) y M (1.001 ; 995 ; 90) de intersección de un sondeo con el techo y el muro de un estrato. Sabiendo que el buzamiento es β = 30ᵍ y que el acimut del buzamiento es de 350ᵍ, calcula la potencia del estrato.*

El acimut del sondeo será:

$$\theta_S = \theta_T^M = 100^g + arc\ tg\ \frac{\left|\Delta Y\right|}{\left|\Delta X\right|} = 187,433^g$$

Consideramos un sistema de ejes centrado en el punto M y siendo:

eje Y: la dirección del acimut del buzamiento

eje X: la dirección de la recta dirección

eje Z: la vertical

Proyectamos la potencia aparente *TM* sobre el plano YZ de este sistema de ejes, para obtener una nueva potencia aparente *MB*. Para ello consideramos los acimutes del sondeo y del buzamiento. Como la diferencia entre ambos valores no está entre -100^g y $+100^g$, hacemos:

$$\alpha = \left| \theta_S - \theta_\beta \right| \pm 200^g = 37{,}433^g$$

Esto significa que los acimutes $\theta_M{}^B$ y θ_β difieren en 200^g. Por otra parte:

$$BB' = TT' = Z_T - Z_M = 10m$$

$$MT' = D_{TM} = \sqrt{\Delta X^2 + \Delta Y^2} = 5{,}099m$$

$$MB' = MT' \cos \alpha = 4{,}243m$$

y la nueva potencia aparente, proyectada sobre el plano ZY, será:

$$MB = \sqrt{(BB')^2 + (MB')^2} = 10{,}863m$$

Calculamos también el ángulo *i*:

$$tg\ i = \frac{MB'}{BB'} \qquad i = 25{,}546^g$$

Como los acimutes $\theta_M{}^B$ y θ_β difieren en 200^g, calculamos la potencia real *P* de la siguiente forma:

$$P = BM \cos(\beta - i) = 10{,}836m$$

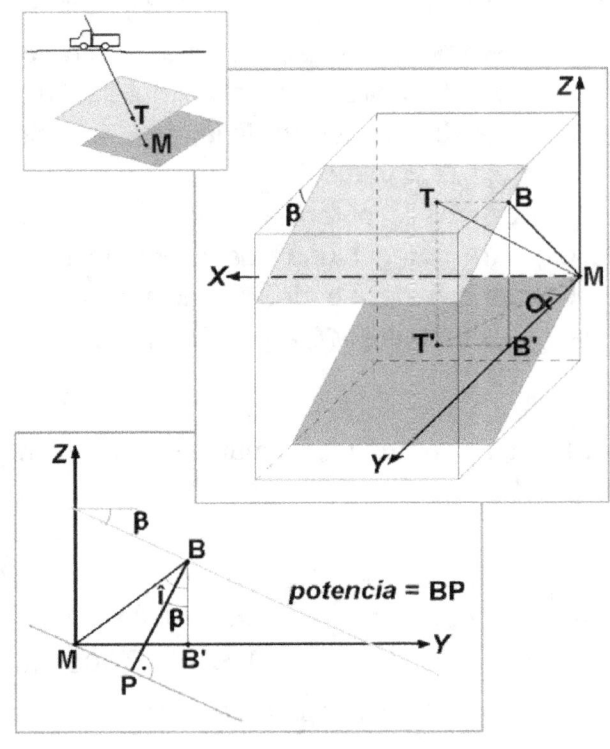

8.4.4.- Un sondeo de acimut $\theta_S = 75^g$ e inclinado 10^g respecto a la vertical ha cortado a 20m el techo de una formación estratiforme y a 30m el muro de la misma. Se conocen las coordenadas de la boca del sondeo (100 ; 100 ; 100), el buzamiento de la formación, $\beta = 30^g$, y el acimut del buzamiento $\theta_\beta = 110^g$. Calcula la potencia de la formación estratiforme.

Llamamos T y M a los puntos en que el sondeo corta al techo y al muro de la formación, respectivamente. De la figura:

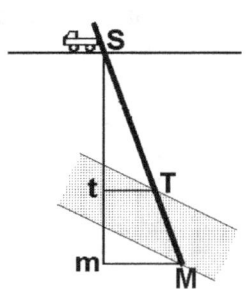

$$Tt = 20 \; sen \; 10^g = 3,129m$$

$$Mm = 30 \; sen \; 10^g = 4,693m$$

$$St = 20 \; cos \; 10^g = 19,754m$$

$$Sm = 30 \; cos \; 10^g = 29,631m$$

De donde:

$$X_T = X_S + Tt \; sen \; \theta_S = 102,891m$$

$$Y_T = Y_S + Tt \; cos \; \theta_S = 101,197m$$

$$Z_T = Z_S - St = 80,246m$$

$$X_M = X_S + Mm \; sen \; \theta_S = 104,336m$$

$$Y_M = Y_S + Mm \; cos \; \theta_S = 101,796m$$

$$Z_M = Z_S - Sm = 70,369m$$

Consideramos un sistema de ejes centrado en el punto M y siendo:
    eje Y: la dirección del acimut del buzamiento
    eje X: la dirección de la recta dirección
    eje Z: la vertical

Proyectamos la potencia aparente TM sobre el plano YZ de este sistema de ejes, para obtener una nueva potencia aparente MB. Para ello consideramos los acimutes del sondeo y del buzamiento. Como la diferencia entre ambos valores está entre -100^g y $+100^g$, hacemos:

$$\alpha = \left| \theta_S - \theta_\beta \right| = 35^g$$

Esto significa que los acimutes $\theta_M{}^B$ y θ_β son iguales. Por otra parte:

$$BB' = TT' = Z_T - Z_M = 9,877m$$

$$MT' = D_{TM} = \sqrt{\Delta X^2 + \Delta Y^2} = 1,564m$$

(o también: $MT' = (30 - 20) \; sen \; 10^g = 1,564m$)

$$MB' = MT' \; cos \; \alpha = 1,334m$$

y la nueva potencia aparente, proyectada sobre el plano ZY, será:

$$MB = \sqrt{(BB')^2 + (MB')^2} = 9,967\,m$$

Calculamos también el ángulo i:

$$tg\ i = \frac{MB'}{BB'} \qquad i = 8,547^g$$

Como los acimutes θ_M^B y θ_β son iguales, calculamos la potencia real P de la siguiente forma:

$$P = BM\ cos\ (\beta + i) = 8,195\,m$$

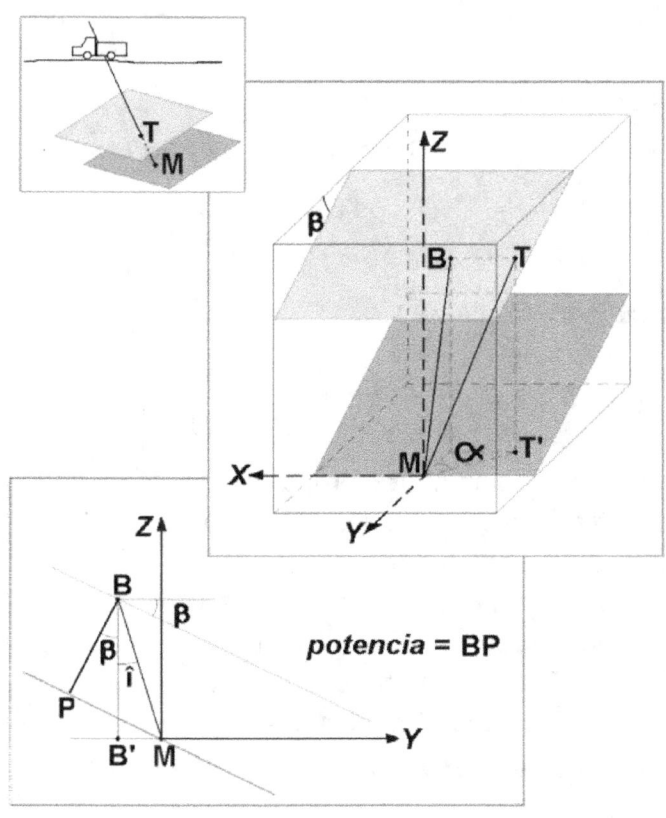

8.4.5.- Se conocen las coordenadas de tres puntos P, Q y R del techo de un estrato. Calcula su buzamiento y los acimutes de las rectas dirección y buzamiento. P (1.000 ; 1.000 ; 120), Q (1.100 ; 1.000 ; 112), R (1.060 ; 1.050 ; 100).

Se aplica el mismo método que en el ejercicio 8.4.2. En esta ocasión el punto de menor altitud es R y el de altitud intermedia es Q. Se determinarán las coordenadas de un punto D situado en la recta P-R y cuya altitud coincida con

203

la de Q. En la figura:

$$RP' = \sqrt{(X_P - X_R)^2 + (Y_P - Y_R)^2} = 78,102m$$

$$PP' = Z_P - Z_R = 20m$$

$$DD' = QQ' = Z_Q - Z_R = 12m$$

Por semejanza de triángulos entre RPP' y RDD':

$$\frac{RD'}{DD'} = \frac{RP'}{PP'} \qquad RD' = 46,861m$$

$$\theta_R^D = \theta_R^P = 200^g + arc\ tg\ \frac{|X_P - X_R|}{|Y_P - Y_R|} = 255,772^g$$

Las coordenadas del punto D se calculan:

$$X_D = X_R + RD'\ sen\ \theta_R^D = 1.024,000m$$

$$Y_D = Y_R + RD'\ cos\ \theta_R^D = 1.020,000m$$

$$Z_D = Z_Q = 112,000m$$

El acimut de la recta dirección será:

$$\theta_{dirección} = \theta_D^Q = 100^g + arc\ tg\ \frac{|Y_Q - Y_D|}{|X_Q - X_D|} = 116,382^g$$

También puede darse el acimut recíproco $\theta_Q^D = 316,382^g$. Para el buzamiento es preciso calcular el acimut que identifica el sentido descendente del estrato. En nuestro caso esa orientación es la de la recta B-R de la figura, que es perpendicular a la recta dirección Q-D. Para obtener B-B' se ha trazado una perpendicular a esa recta desde R.

$$\theta_\beta = \theta_D^Q - 100^g = 16,382^g$$

Considerando el buzamiento aparente α, que corresponde a la dirección R-D', será:

$$tg\ \alpha = \frac{DD'}{RD'} = 0,2561$$

En la figura, el ángulo horizontal que forma la dirección R-D con la R-B será:

$$\hat{i} = \theta_R^D - \theta_R^B = \theta_P^D - (\theta_\beta \pm 200^g) = 39,390$$

Para calcular el buzamiento β, según se indica en el apartado 8.2 de los apuntes de la asignatura:

$$tg\ \beta = \frac{tg\ \alpha}{cos\ \hat{i}} \qquad \beta = 19,380^g$$

204

TEMA 9.- HUNDIMIENTOS MINEROS.

9.1. Introducción.

El titular de una explotación subterránea es responsable de las repercusiones que la actividad minera pueda producir en edificaciones, infraestructuras, etc. situadas en superficie. Los hundimientos y sus repercusiones en superficie dependen de muchos factores: geometría de la explotación minera, profundidad de las labores, naturaleza de los terrenos atravesados, etc. Por eso, prever cuáles serán los efectos que va a provocar una futura explotación puede resultar muy complicado.

En cualquier caso, una vez producido un hundimiento será necesario cuantificarlo e intentar relacionarlo con los trabajos de interior para delimitar las responsabilidades y las correspondientes indemnizaciones, especialmente en zonas en las que existan varias explotaciones mineras próximas.

9.2. Naturaleza de los daños.

Los terrenos permeables suelen sufrir pocos efectos. En los poco o nada permeables se forman depresiones en las que pueden producirse inundaciones que los hacen inadecuados para la agricultura.

Las edificaciones muestran grietas que pueden ser importantes y provocar el derrumbamiento de techos y muros.

Las vías de comunicación pueden presentar variaciones importantes en su perfil longitudinal. Se producen movimientos y roturas de losas y pavimentos, así como alteraciones en los sistemas de drenaje. Los efectos pueden ser muy importantes en vías férreas.

Las canalizaciones pueden llegar a romperse o, en otros casos, ser movidas o empujadas fuera del suelo por compresión horizontal.

9.3. Movimientos del terreno debidos a una explotación subterránea.

Los movimientos en superficie, motivados por una explotación subterránea, pueden provocar problemas considerables, afectando a edificios e infraestructuras, creando depresiones donde se acumulan las aguas de aluvión o desecando los terrenos afectados.

Las repercusiones dependen de las condiciones de la explotación, de la profundidad y de las características geológicas de los terrenos afectados. En yacimientos estratificados, en capas de gran potencia o en el caso de rocas encajantes poco competentes, los efectos serán grandes; en capas de poca potencia, a gran profundidad o en el caso de rocas competentes, los efectos serán pequeños o nulos. Los movimientos pueden ser complejos y las zonas más críticas corresponden, en superficie, a los bordes del área afectada.

Supongamos una capa de carbón explotada por el método de hundimientos, en la que los huecos creados por la explotación se rellenan con materiales desprendidos del techo de la capa. Si el esponjamiento de los materiales desprendidos es de 1,4, el hueco que producen será igual al vacío inicial dividido por este valor. El nuevo hueco se rellenará, a su vez, con nuevos materiales desprendidos, siguiendo esta misma regla. El hundimiento irá progresando, de manera que el volumen total de terreno desprendido será la suma de los términos de una progresión geométrica decreciente e ilimitada, cuyo primer término es el hueco inicial y donde la razón de decrecimiento es la relación 1/1,4.

La zona hundida tendrá una forma irregular, que podemos asimilar a la de una pirámide cuya base será el hueco inicial. Si las labores subterráneas se encuentran a una profundidad h inferior a la altura de esta pirámide, el hundimiento se declarará en superficie bruscamente, con una forma parecida a la de un cono invertido.

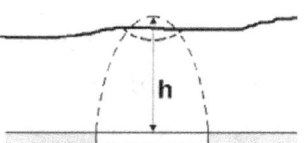

Fig. 9.1. Forma de la zona hundida (1)

Si las labores se encuentran a una profundidad superior a h el hundimiento se manifestará en forma de artesa abcd. Si la altura es grande los efectos pueden tardar varios años en manifestarse. El hundimiento irá progresando con el tiempo y la artesa irá creciendo en profundidad y extensión hasta que se restablezca el equilibrio de los terrenos afectados. Las

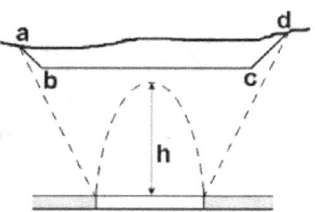

Fig. 9.2. Forma de la zona hundida (2)

zonas críticas corresponden, precisamente, a los bordes de la artesa, en los que los terrenos pueden perder la horizontalidad y los efectos sobre las construcciones situadas en superficie serán máximos.

La zona afectada por el hundimiento tendrá una superficie mayor que la proyección horizontal de la labor minera que lo provoca. Aparecerán efectos de tracción (desgarramiento) hacia los bordes de la zona y efectos de compresión en su parte central. Las rectas que unen los puntos del límite de la labor con los correspondientes del límite de la zona afectada forman, con un plano horizontal, el llamado *ángulo límite*. Las rectas que unen los puntos límite de la explotación con aquellos de la superficie en que se producen los máximos efectos por desgarramiento forman, con un plano horizontal, el llamado *ángulo de fractura*.

Las características del hundimiento van a depender de la profundidad de la labor y del valor del ángulo límite. Si al llevar los ángulos límite desde los extremos de nuestra labor hacia el interior de la zona afectada las rectas correspondientes se cortan por debajo de la superficie del terreno, nos encontramos en el caso de la figura adjunta. En los

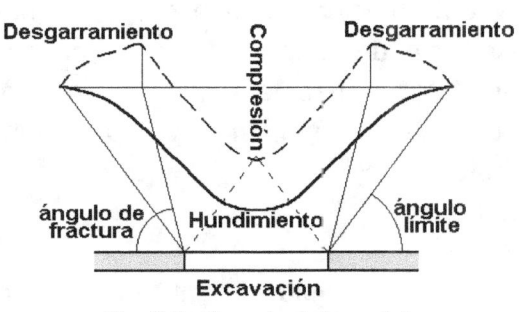

Fig. 9.3. Características del hundimiento (1)

bordes de la zona afectada dominan los efectos de desgarramiento, mientras que en el interior dominan los de compresión y algunos movimientos laterales.

Si las rectas se cortan justo en la superficie del terreno, se tendrá una cubeta de hundimiento con efectos de desgarramiento similares a los del caso anterior pero con una zona central mayor y en la que se darán efectos de compresión menos acusados.

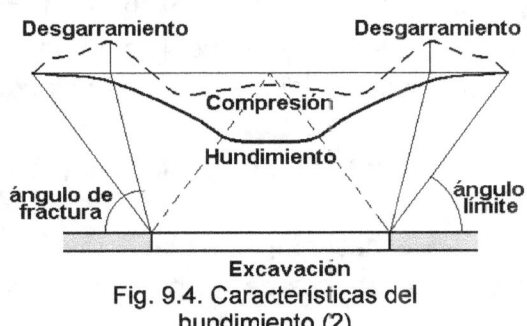

Fig. 9.4. Características del hundimiento (2)

Cuando las rectas se cortan por encima de la superficie del terreno, los efectos de desgarramiento y compresión se limitarán a los bordes de la zona afectada, mientras que la zona central sufrirá un hundimiento uniforme y no

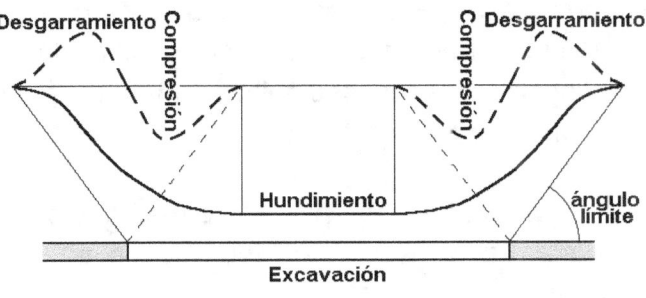

Fig. 9.5. Características del hundimiento (3)

se verá sometida a movimientos laterales.

Las observaciones realizadas en hundimientos mineros confirman que las deformaciones producidas tienen un comportamiento similar al de un material deformable sometido a cargas. Aunque los valores obtenidos en cada caso dependerán de las condiciones particulares del mismo, la forma de estos diagramas de deformación es siempre la misma.

Si representamos en el eje vertical las deformaciones producidas y en el horizontal el tiempo transcurrido hasta que se produce la deformación, obtendremos un diagrama similar al de la figura. La curva presenta una asíntota horizontal que corresponde al hundimiento máximo y, por tanto, al restablecimiento del equilibrio en los terrenos.

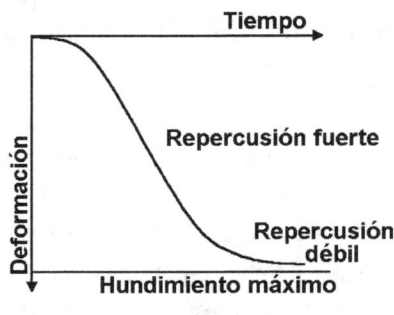

Fig. 9.6. Deformaciones / tiempo

Al principio, durante un periodo que puede alcanzar varios meses, los movimientos son imperceptibles. A continuación aparece un periodo de repercusión fuerte, que puede durar varios años. Le sigue un periodo de débil repercusión que puede llegar a durar centenares de años, hasta que el hundimiento alcanza su forma definitiva. La forma en que evolucionan los hundimientos con el tiempo ha de tenerse en cuenta a la hora de reparar los daños causados en superficie, ya que, en tanto no se alcance la fase de débil repercusión, pueden seguir produciéndose efectos.

9.4. Cálculo de hundimientos y macizos de protección.

Muchas empresas mineras han desarrollado métodos empíricos para prever los efectos de los hundimientos mineros. Estos métodos están basados en la experiencia y pueden proporcionar buenas estimaciones, a condición de que se apliquen en condiciones similares a aquellas para los que fueron desarrollados. Por desgracia, como hemos visto, los efectos de los hundimientos dependen, en gran medida, de estas condiciones. La existencia de discontinuidades geológicas, además, puede invalidar los resultados de cualquiera de estos métodos.

También se han propuesto métodos analíticos, a partir del desarrollo de la Mecánica de Rocas, en los que no entramos por no ser objeto de esta materia.

Robert Taton, en su libro *Topografía Subterránea*, proponía un método empírico de cálculo que denomina *método de trazado teórico*. El autor supone que la zona afectada corresponderá, aproximadamente, a la forma de una pirámide invertida. Desde los extremos de la labor minera se trazan unos planos con una inclinación de 30°, respecto a la vertical, para los terrenos primarios y de 45° para los terrenos recientes. La intersección de estos planos con el terreno nos determinará la posible área de influencia del hundimiento. El efecto máximo en superficie puede calcularse mediante la expresión:

$$d = \frac{k\,a\,p}{\cos i}$$

donde i es la inclinación de la labor respecto a la horizontal, k es un coeficiente variable de 0 a 1 según la profundidad, a es un coeficiente de reducción de las capas y p es la potencia de las mismas.

Luis Fernández, en su libro *Topografía Minera*, propone un método contrastado por su experiencia en la empresa Duro-Felguera. Se basa en una tabla en la que se entra con la inclinación i de la labor respecto a la horizontal y se obtienen los valores de los ángulos límites A y B.

Inclinación i	A	B
0°	70°00'	70°00'
10°	72°30'	67°30'
20°	74°45'	65°15'
30°	77°00'	63°00'
40°	78°45'	61°15'
50°	79°45'	60°15'
60°	79°30'	60°30'
70°	78°00'	62°00'
80°	74°45'	65°15'
90°	70°00'	70°00'

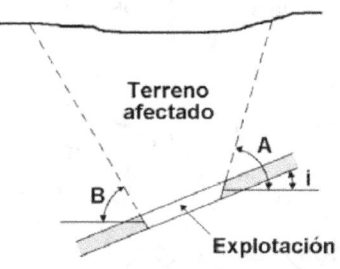

Fig. 9.7. Zona de influencia (ángulos límite)

La zona de influencia se determina teniendo en cuenta que A es el ángulo límite que corresponde al punto más alto de la explotación y B el que corresponde al punto más bajo. Estos valores se trazan sobre secciones verticales del yacimiento, tal como se muestra en la figura, y nos permitirán prever la zona afectada por nuestra explotación o si un determinado punto de la superficie está situado dentro de esta zona.

El mismo método puede emplearse para determinar el macizo de protección (parte del yacimiento que se deja sin explotar) para evitar efectos en determinadas zonas de la superficie que

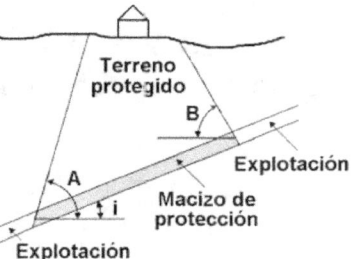

Fig. 9.8. Macizo de protección

se desea proteger. Como antes, lo aplicaremos gráficamente sobre secciones verticales del yacimiento.

9.5.   Control topográfico de hundimientos mineros.

El seguimiento topográfico de las deformaciones puede hacerse a partir de puntos materializados en el terreno y cuyas coordenadas X, Y y Z se han medido con la máxima precisión. Estos puntos se marcan y se miden antes de que comience la explotación y deben situarse fuera del área de influencia de la misma. A partir de esos puntos se miden las coordenadas de una serie de referencias fijas, situadas dentro de la posible zona de influencia. La coordenada Z es especialmente importante, por lo que conviene determinarla a partir de nivelaciones geométricas de precisión. La medición se puede repetir con cierta frecuencia, para detectar si se han producido movimientos.

Si empiezan a manifestarse los efectos de un hundimiento, se repetirán las mediciones con mayor frecuencia y siempre apoyándonos en los puntos exteriores, que no sufrirán deformación. Podemos determinar así, y trazar, las curvas de igual hundimiento, que nos determinarán los límites del área afectada y las zonas de mayor deformación.

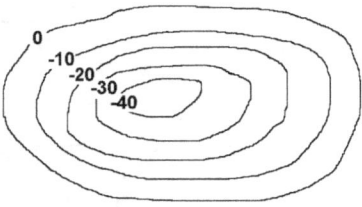

Fig. 9.9. Control topográfico (1)

Es importante realizar un control de deformaciones en el interior de las labores para intentar correlacionar los movimientos exteriores con los de interior. Existe, además de los métodos topográficos, una gran variedad de técnicas para controlar las deformaciones en techos, muros y columnas.

Si se sospecha que puedan superponerse los efectos de dos explotaciones mineras próximas, conviene trazar conjuntamente las curvas de igual deformación correspondientes a ambas explotaciones. Las zonas que se sitúan en la intersección de los dos sistemas de curvas estarían afectadas por ambas explotaciones y la responsabilidad de los daños producidos en esas zonas debe compartirse.

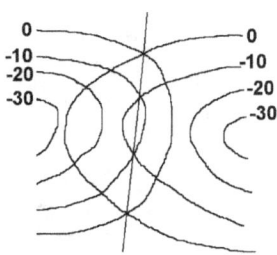

Fig. 9.10. Control topográfico (2)

9.6. Ejercicios.

9.6.1.- *Para estudiar la repercusión que una explotación minera de interior podría tener sobre determinado edificio situado en superficie, se trazó la sección por un plano vertical que pasa por el edificio y por la labor minera y es perpendicular a esta última. Con ayuda de la tabla que aparece en 9.4 y del croquis adjunto, determina si la edificación estaría o no dentro de la zona de influencia de la explotación.*

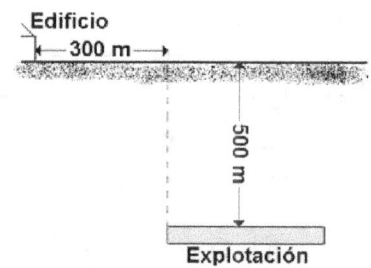

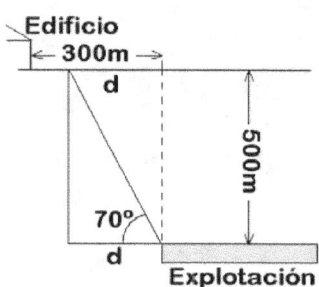

Entrando en la tabla de 9.4 y teniendo en cuenta que la labor es horizontal ($i = 0°$) se obtiene el ángulo límite $A = 70°$ (sexagesimales). En la figura:

$$tg\ 70° = \frac{500m}{d} \qquad d = 181,985m$$

La distancia *d* marca el límite de la zona de influencia de la labor. Como *d* es menor que la distancia horizontal entre el edificio y el punto de la labor más próximo a él (*300m*), se deduce que el edificio no está dentro de la zona de influencia de la explotación.

9.6.2.- *Determina el macizo de protección que habría que considerar en un yacimiento horizontal, situado a 200 m de profundidad, para proteger una zona de 100 m alrededor de una edificación.*

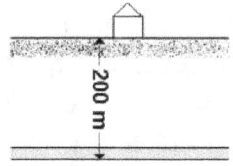

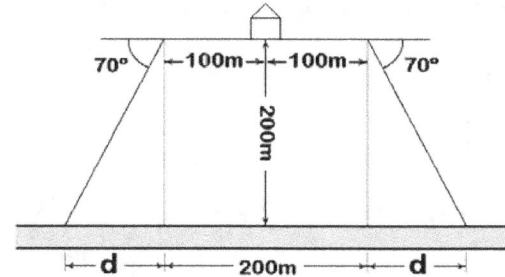

Entrando en la tabla de 9.4 y teniendo en cuenta que la labor es horizontal ($i = 0°$) se obtienen los ángulos límites $A = B = 70°$ (sexagesimales). En la figura:

$$tg\ 70° = \frac{200m}{d} \qquad d = 72,794m$$

El macizo de protección que hay que dejar para proteger una zona de *100m* a cada lado del centro del edificio sería, por tanto:

$$200 + 2\ d = 345,588m$$

TEMA 10.- TOPOGRAFÍA DE TÚNELES.

10.1.- Introducción.

Los túneles son obras subterráneas destinadas, normalmente, a establecer comunicación a través de un monte, por debajo de un curso de agua o salvando otro tipo de obstáculos, para permitir el transporte, almacenar determinados productos o albergar conducciones.

Fig. 10.1. Túnel de El Serrallo. Granada

La construcción de un túnel suele venir motivada por la configuración topográfica del terreno: en muchas ocasiones resulta más económico perforar un túnel que rodear un determinado obstáculo, lo que obligaría a un trazado de mayor longitud y mayores costes. En el caso de ferrocarriles metropolitanos, se prefiere el transporte subterráneo porque no interfiere con el tráfico de superficie. En otros casos existen razones de tipo estético o sanitario, como en los sistemas de saneamiento y evacuación de aguas residuales. También se construyen túneles para albergar determinadas instalaciones científicas o por motivos defensivos.

Las características de cada túnel dependerán de su función, de la configuración topográfica, del tipo de terrenos a atravesar y del método de excavación elegido:

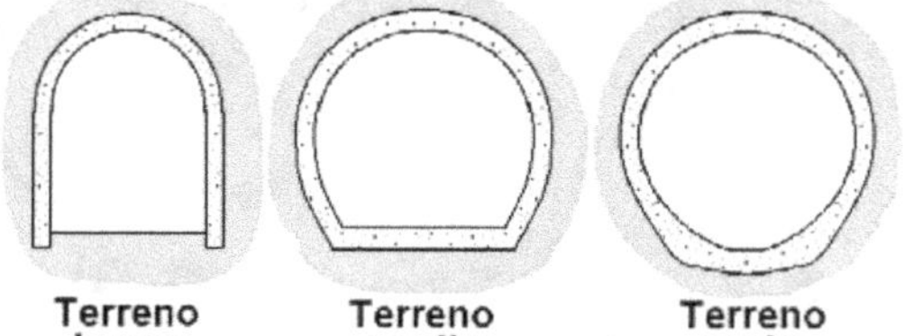

Terreno bueno   Terreno medio   Terreno malo

Fig. 10.2. Sección en función del tipo de terreno

- Los métodos de excavación son muy variados. Pueden emplearse máquinas tuneladoras a sección completa, explosivos o excavación en zanja que luego se rellena. La elección del método dependerá de la naturaleza de los terrenos a atravesar y de los medios económicos de que se disponga.

- El trazado del túnel dependerá de la configuración topográfica y de la función del mismo. Dependiendo de ésta podemos encontrarnos con determinadas limitaciones en el trazado, relativas a la pendiente, al radio de las curvas, etc.

- La sección del túnel dependerá del estudio geológico previo, de la profundidad y de la función del mismo (figura 10.2). Estos factores condicionan, también, el tipo de revestimiento a emplear para que la obra pueda resistir las presiones del terreno.

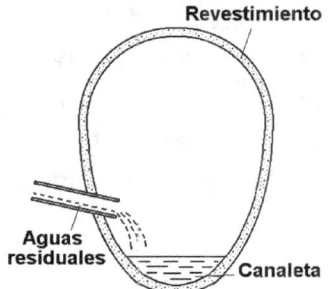

Fig. 10.3. Galería ovoide

Los túneles más sencillos están constituidos por simples tuberías enterradas, generalmente de hormigón. Se excavan en zanja, que se rellena una vez situadas las tuberías.

Otras galerías de saneamiento presentan forma ovoide (figura 10.3). Suelen construirse mediante elementos prefabricados de hormigón y, habitualmente, se excavan en zanja.

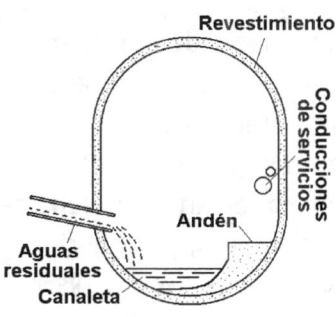

Fig. 10.4. Galería visitable

Las galerías visitables (figura 10.4) tienen un andén que permite el paso de un hombre y además de su función principal (generalmente, redes de saneamiento) permiten instalar conducciones para gas, agua y/o electricidad.

En otros casos se construyen grandes colectores, que recogen las aguas de todo el sistema de tuberías y galerías (figura 10.5). Suelen disponer de doble andén y se aprovechan para instalar conducciones de servicios. En todas estas obras, la pendiente del trazado debe ser compatible con la conducción de agua por gravedad.

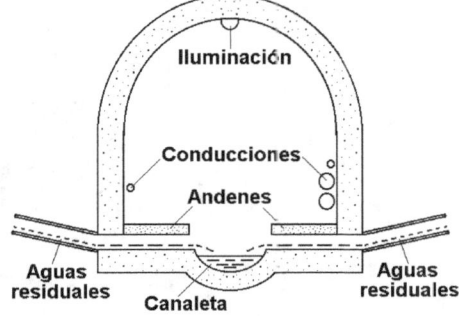

Fig. 10.5. Grandes colectores

Los túneles de carretera o autopista (figura 10.6) suelen presentar sección circular, aunque en ocasiones se prefieren secciones de otro tipo. Normalmente van revestidos y disponen de sistemas de ventilación y drenaje, de iluminación y de control y vigilancia. En ocasiones, disponen de áreas de

213

parada. Siempre que sea posible se prefiere el trazado en línea recta. La pendiente debe ser suficiente para permitir la evacuación de las aguas por gravedad. En cualquier caso, la pendiente máxima vendrá condicionada por las limitaciones del tipo de transporte a que se destina. Por esta razón, si la diferencia de nivel entre sus extremos es grande, puede ser conveniente elegir un trazado en curva para aumentar la distancia y reducir, por tanto, la pendiente.

Fig. 10.6. Túnel de carretera

Los túneles para ferrocarril (figura 10.7) plantean limitaciones aun más estrictas en cuanto a la pendiente y al radio de las curvas, especialmente en líneas de ferrocarril de alta velocidad. Al igual que en los de carretera, la pendiente mínima debe ser suficiente para permitir la evacuación de las aguas por gravedad. Los túneles para ferrocarril metropolitano suelen ser poco profundos y se construyen, cuando es posible, mediante excavación en zanja y relleno. Suelen presentar sección circular, salvo en las estaciones (figura 10.8).

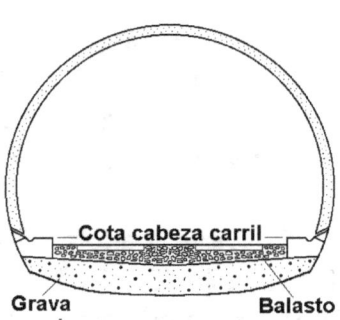

Fig. 10.7. Túnel de ferrocarril

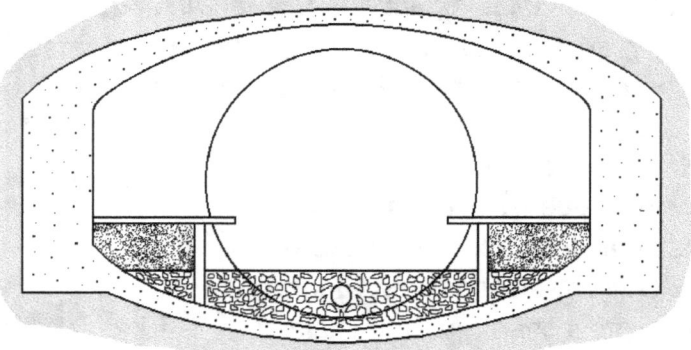

Fig. 10.8. Estación de ferrocarril metropolitano

La conducción de agua a presión desde, por ejemplo, un embalse hasta una central de producción de energía eléctrica puede hacerse mediante túneles, a veces de gran longitud y pendiente (figura 10.9). Para esta función se construyen túneles de sección

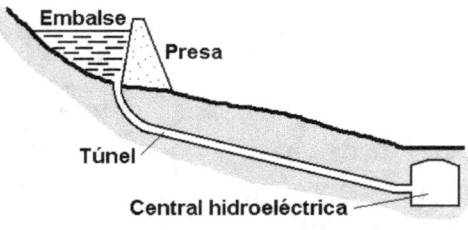

Fig. 10.9. Conducción de agua a presión

214

variable, que siempre van revestidos.

En este capítulo no entraremos en el diseño y la perforación de túneles, sino que nos limitaremos a exponer los aspectos topográficos de la construcción de este tipo de obras.

10.2.- Proyecto del túnel.

Antes de que se pueda plantear el diseño del túnel con un mínimo de detalle, será necesario recopilar o generar toda la información relevante sobre el terreno afectado por el proyecto. Al menos, esta información supone:

- Plano topográfico a escala suficientemente grande y totalmente actualizado. Si no se dispone de esta información, será necesario realizar un levantamiento topográfico de la zona.
- Estudio geológico y geotécnico: El conocimiento de los terrenos que va a atravesar el túnel es fundamental. Se realizarán los sondeos y los ensayos que sea preciso para caracterizar y plasmar en planos y secciones la estructura geológica del terreno.

El proyecto, como en cualquier obra de ingeniería, consiste en estudiar distintas alternativas y seleccionar la más adecuada, aplicando criterios técnicos, económicos, medioambientales, etc. La solución elegida debe quedar perfectamente definida, mediante:

- Los puntos de entrada y de salida y los enlaces con los tramos anterior y posterior de la obra (carretera, ferrocarril, etc.)
- El trazado en planta, con las distintas alineaciones que lo conforman. Se indicarán longitudes, radios de curvatura, etc.
- El perfil longitudinal, tanto del terreno (denominado *perfil por montera*) como de la rasante (figura 10.10). Se indicarán las pendientes, acuerdos parabólicos, cotas, etc. Se indicarán todas las obras subterráneas con las que se cruce o a las que pueda afectar el túnel proyectado.
- Secciones: se indicarán las dimensiones, elementos, revestimiento, etc. en los distintos tramos del túnel. Se indicará el procedimiento constructivo a aplicar en cada uno de ellos.

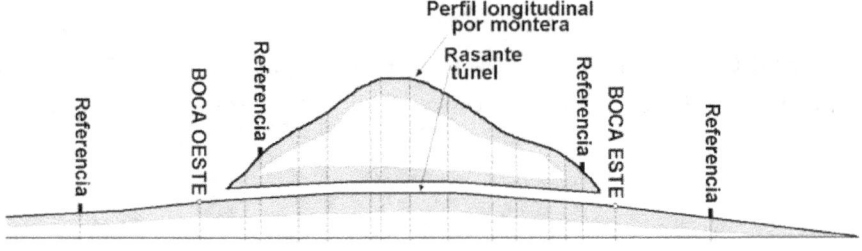

Fig. 10.10. Perfil longitudinal

La perforación del túnel puede realizarse excavando desde uno de sus extremos, únicamente, o desde los dos, simultáneamente (figura 10.11).

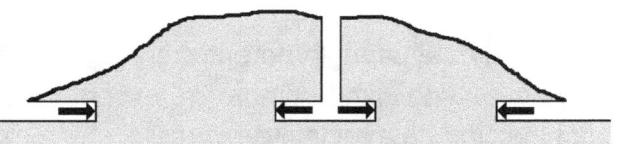
Fig. 10.11. Excavación con varios puntos de ataque

En ocasiones, con el fin de disponer de más puntos de ataque y aumentar la velocidad de excavación, se perforan pozos o rampas que terminan en puntos intermedios de la rasante. A partir de estos puntos se perfora en dirección a los extremos del túnel.

Como hemos indicado, las características de la obra dependerán de la configuración topográfica del terreno y del estudio geológico/geotécnico del mismo. El proyecto de un túnel, como cualquier proyecto de ingeniería, se plasma en una serie de documentos: Memoria, Planos, Pliego de condiciones, Presupuesto, etc.

10.3.- Trabajos en el exterior.

Los trabajos topográficos en el exterior tienen por finalidad proporcionar toda la infraestructura topográfica necesaria para la elaboración del proyecto del túnel y para el replanteo de las labores de interior. Especial importancia tiene el enlace topográfico entre los distintos puntos de ataque de la obra.

Plano topográfico de base.

En muchas ocasiones no se dispone de un levantamiento topográfico previo de precisión suficiente y a una escala adecuada. En estos casos se realizará un levantamiento ex-profeso de la zona. Los vértices que se hayan marcado y medido para este levantamiento, servirán además para apoyar los trabajos topográficos de precisión necesarios para realizar el enlace entre puntos de ataque y el replanteo de la obra.

El levantamiento de exterior también puede realizarse por fotogrametría aérea. En ambos casos se trata de levantamientos convencionales, que suelen limitarse a zonas relativamente reducidas en las que puede despreciarse la curvatura terrestre y la convergencia de meridianos. Sólo en el caso de túneles extraordinariamente largos podrían estos factores afectar significativamente a la obra.

Enlace planimétrico entre bocas.

La situación de los puntos de ataque de la obra debe marcarse en el terreno y medirse con la máxima precisión disponible. Además, para evitar la acumulación de errores en el replanteo, que podría impedir que las labores "calen" correctamente, conviene enlazar topográficamente los distintos puntos de ataque de la obra (figura 10.2). De esta forma podremos determinar conjuntamente todos los parámetros (coordenadas, acimutes, distancias) necesarios para replantear la excavación, eliminando las imprecisiones que se tendrían si nos limitamos a obtener estos datos del plano topográfico.

Para ello, una vez elegidos los puntos de ataque, podemos incluirlos en la red de triangulación de nuestro levantamiento topográfico y medirlos como si fueran vértices de la red, recalculándola si es preciso. Es habitual establecer una red en forma de cadena, con dos bases distintas, cada una en las proximidades de una

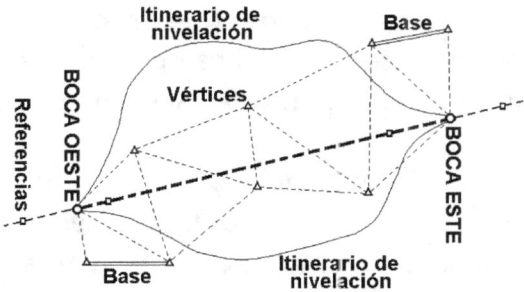

Fig. 10.12. Enlace entre bocas

de las bocas del túnel. La red se calcula y se compensa de la forma habitual, sirviendo la segunda base como comprobación, y se enlaza con la red geodésica.

En ocasiones se prefiere enlazar las bocas mediante un itinerario de precisión cerrado, partiendo de una de ellas. El itinerario se calcula de la forma habitual y debe enlazarse con la red geodésica. Si se dispone de equipos suficientemente precisos, el enlace también puede hacerse determinando las coordenadas de las bocas mediante GPS.

Como resultado de este trabajo, dispondremos de las coordenadas de los puntos de ataque medidas conjuntamente y relacionadas entre sí, lo que nos permitirá acometer la excavación del túnel con las debidas garantías de precisión.

Perfil por montera.

El trazado del perfil longitudinal del terreno, o perfil por montera, se puede obtener del levantamiento topográfico de exterior, marcando sobre el plano el trazado previsto para el túnel. No obstante, es recomendable comprobar en exterior la dirección de la excavación, realizando (si las condiciones del terreno lo permiten) la operación denominada *paso de línea por montera*.

Para ello, y suponiendo el caso más sencillo de un túnel de trazado recto, se establecerá un itinerario de exterior encuadrado comenzando por una de las bocas y acabando en la otra. Todas las estaciones estarán situadas en el plano vertical que contiene al eje del túnel y, por tanto, las proyecciones horizontales de todos los tramos del itinerario estarán alineadas y sus acimutes coincidirán con el de la alineación que forman las dos bocas. Una vez comprobado que los errores son inferiores a la tolerancia fijada, podemos emplear este itinerario para situar una serie de *referencias* que se emplearán posteriormente para el replanteo de la excavación. El itinerario nos permitirá también situar planimétricamente posibles puntos de ataque adicionales (pozos) que no hubieran sido enlazados previamente con las otras bocas.

Si el túnel fuese en curva, o una combinación de tramos rectos y curvos, se replantean sobre el terreno las trazas de las distintas alineaciones que lo forman y, a continuación, se realiza el itinerario de exterior siguiendo estas trazas.

Nivelación entre bocas.

El enlace entre bocas también debe hacerse altimétricamente. Lo más recomendable es establecer una nivelación geométrica de precisión, a partir de un punto de la red de nivelación de alta precisión (NAP). Los itinerarios de nivelación deben ser cerrados y servirán para calcular la coordenada Z de todos los puntos de ataque de la obra, incluyendo pozos y rampas si los hubiese.

10.4.- Replanteo del eje del túnel.

Una vez realizados los trabajos de enlace entre bocas y el paso por montera, y antes de comenzar la excavación, se marca, siguiendo la alineación del eje del túnel, un mínimo de tres puntos en cada uno de los extremos. Estas *referencias* se eligen de forma que no se vean afectadas por los trabajos de excavación y se señalan de forma permanente.

Estacionando un instrumento topográfico en el punto central y visando al siguiente, tendremos materializada la alineación inicial del túnel y podremos comenzar el

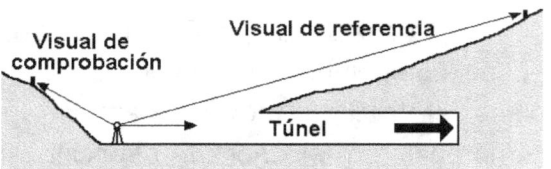

Fig. 10.13. Replanteo del eje

replanteo del mismo (figura 10.13). El tercer punto nos servirá como comprobación. A partir de ese momento, el replanteo se realiza empleando las técnicas descritas en los apartados 6.3 y 6.4.

Por razones prácticas, especialmente la visibilidad, el replanteo en altimetría suele hacerse marcando una rasante sobreelevada una magnitud constante (1 a 1,5m) respecto a la altitud del piso teórico del túnel. Esta rasante puede señalizarse mediante una cuerda horizontal tendida entre los hastiales.

Si la excavación se realiza también a partir de un pozo intermedio la operación es más complicada. Las coordenadas de la boca del pozo se habrán determinado con precisión, comprobando que se sitúa en la vertical de la rasante del túnel y enlazándola planimétrica y altimétricamente con las bocas extremas del túnel. El pozo se excava hasta la profundidad apropiada, comprobándola mediante las técnicas de medición que se explicaron en 2.3.2 y 2.3.3.

Para poder replantear la excavación que se realiza desde el fondo del pozo debemos transmitir la orientación al interior. Para ello se emplearán los métodos descritos en 5.3. La precisión que pueden proporcionar algunos de estos métodos es limitada, por lo que deben emplearse con las debidas precauciones. Las mismas consideraciones valen para el caso de que el ataque se realice a partir de rampas intermedias. Los cálculos necesarios para proyectar la labor auxiliar y realizar el replanteo se explicaron en el capítulo 6.

10.5.- Medición de secciones transversales.

A medida que la excavación progresa, es preciso comprobar la sección transversal (perpendicular al eje) de la misma y compararla con la sección teórica proyectada, de forma que se puedan corregir las desviaciones que se vayan produciendo. Estas desviaciones pueden obligarnos a picar manualmente algunas zonas y/o a aumentar el espesor del revestimiento en otras, lo que a veces resulta complicado y siempre incrementa el coste de la obra. Por tanto, conviene realizar estos controles con la debida frecuencia. La medición de secciones transversales se realizará a partir del eje del túnel, previamente replanteado y sirve también para calcular el volumen de tierras removido. Pueden emplearse los siguientes métodos:

Por abscisas y ordenadas.

Se empieza por marcar dos ejes en la sección que se pretende medir: el eje Y se marca con una plomada, colgada del techo, que pasará por el eje del

219

túnel; el eje X se marca mediante una cuerda tendida entre los hastiales y corresponde a una rasante sobreelevada (figura 10.14).

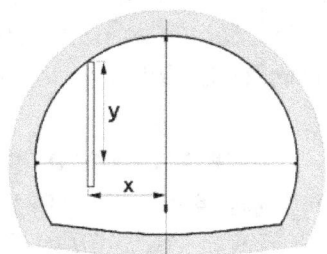

Fig. 10.14. Secciones: abscisas y ordenadas

Mediante una cinta métrica medimos las coordenadas X de los puntos del perfil. La coordenada Y puede medirse con ayuda de una mira. El método es lento y sólo válido para túneles de pequeña sección.

Por radiación con un instrumento topográfico.

Se estaciona un taquímetro o estación total sobre un punto conocido, normalmente el correspondiente al eje del túnel, determinando la altura del

aparato (figura 10.15). Si visamos en la dirección del eje y giramos 100^g la alidada horizontal, el giro del anteojo nos materializa el plano vertical correspondiente a la sección. Visamos los puntos del perfil que interese y medimos la distancia reducida y la tangente topográfica a cada uno de ellos. A partir de esos datos, se pueden calcular las coordenadas de los puntos visados y trazar la sección correspondiente.

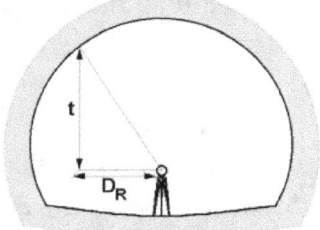

Fig. 10.15. Secciones: radiación

La operación se facilita enormemente usando estaciones totales láser "sin prisma".

Con medida de ángulos.

Se estaciona un instrumento topográfico fuera del perfil a medir. Se sitúan dos puntos A y B pertenecientes al perfil, cuyas coordenadas se miden desde el punto de estación (figura 10.16). También se debe materializar el perfil, por ejemplo mediante un haz láser.

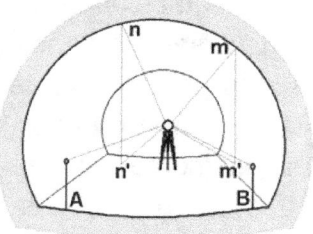

Fig. 10.16. Secciones: medida de ángulos

Para medir puntos del perfil (m, n, ...) basta visarlos y anotar los ángulos vertical y horizontal. Las coordenadas se calculan resolviendo los triángulos verticales y horizontales formados.

Por intersección.

Se estacionan dos instrumentos topográficos en puntos del perfil a medir, uno de ellos en un punto de coordenadas conocidas. Se mide la distancia natural entre los puntos principales de ambos aparatos y la lectura vertical obtenida con cada uno al visar al punto principal del otro.

Visando un punto del perfil con ambos instrumentos y anotando los correspondientes ángulos verticales, tendremos datos suficientes para resolver el triángulo vertical formado y calcular las coordenadas del punto visado (figura 10.17).

Fig. 10.17. Secciones: intersección

Con pantómetra de túneles.

Se trata de un instrumento diseñado para medir secciones, que consiste en un círculo graduado de cuyo centro sale un vástago extensible graduado para medir distancias. Se estaciona en un punto conocido y permite medir ángulos verticales y distancias naturales a puntos situados en el perfil (figura 10.18).

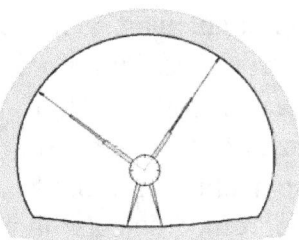

Fig. 10.18. Secciones: pantómetra de túneles

Con pantógrafos.

Son instrumentos capaces de dibujar, en una mesa vertical, una figura homotética de la que recorre el extremo del sistema de barras articuladas de que van provistos (figura 10.19). Pueden emplearse para túneles de pequeña sección.

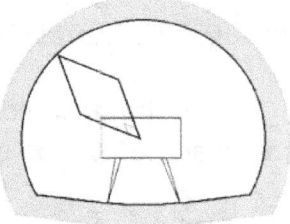

Fig. 10.19. Secciones: pantógrafo

Con perfilógrafos y perfilómetros.

Se trata de aparatos diseñados para trazar perfiles.

El perfilógrafo Lechartier va montado sobre una plataforma que puede moverse sobre raíles (figura 10.20). Sobre la plataforma lleva una mesa trazadora y dos focos luminosos. En la mesa disponen de dos regletas que se sitúan paralelas a

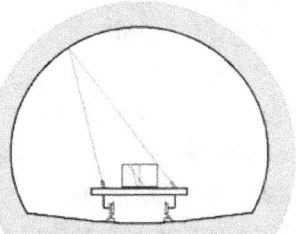

Fig. 10.20. Secciones: perfilógrafo Lechartier

los focos. Todos estos elementos se sitúan en el plano del perfil a medir. Si la intersección de los rayos luminosos se hace coincidir con un punto del perfil, la intersección de las regletas nos marcará en la mesa un punto homólogo de aquel.

El perfilógrafo Castan (figura 10.21) dispone de brazos extensibles cuyos extremos terminan en unos rodillos que se apoyan en los puntos del perfil a medir. Los movimientos se transmiten a una mesa trazadora a medida que el aparato se va desplazando por la galería.

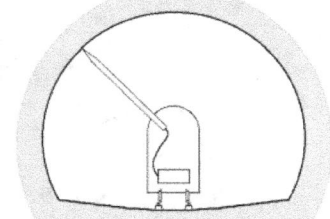

Fig. 10.21. Secciones: perfilógrafo Castan

El perfilómetro Prota (figura 10.22) dispone de un brazo extensible, que se sitúa paralelo al eje de la galería. En uno de los extremos del brazo, y perpendicular a él, se sitúa un anteojo. En el otro extremo se sitúa un espejo cuya misión es reflejar un haz láser emitido paralelamente al brazo. Si extendemos el brazo, hasta que el haz láser reflejado coincida con el punto del perfil visado por el anteojo,

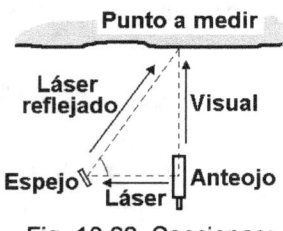

Fig. 10.22. Secciones: perfilógrafo Prota

podremos calcular la distancia entre el centro del anteojo y el punto visado, ya que el ángulo de reflexión es fijo (y conocido) y el brazo está graduado para medir distancias. El equipo dispone de un sistema para medir ángulos cenitales.

Por fotogrametría terrestre.

El trazado completo puede obtenerse a partir de fotos del perfil, materializado por un proyector láser que se estaciona en un punto del mismo.

En algunos casos se emplea una sola fotografía, tomada en la dirección del eje y con la cámara situada, aproximadamente, en el punto central del túnel para que la perspectiva cónica fotográfica se aproxime a una proyección ortogonal. Para dar escala a la imagen se sitúa, en el plano del perfil, un triángulo equilátero de 1m de lado.

Otras veces se toman y se restituyen pares fotogramétricos, situando previamente, en el plano del perfil, un mínimo de cuatro puntos conocidos y bien distribuidos. Estos puntos deben aparecer bien definidos en los fotogramas y pueden materializarse mediante miras, placas reflectantes, etc.

COORDENADAS CARTESIANAS Y POLARES.

(*Topografía básica para ingenieros*. García A., Rosique M., Segado F. Universidad de Murcia, 1994. ISBN 84-7684-568-5)

1.- INTRODUCCION.

Los resultados de los trabajos topográficos se van a plasmar, en el caso más general, en un plano, en el que se representan todos los detalles planimétricos y altimétricos que han sido objeto del levantamiento topográfico. El plano irá referido a un sistema de ejes cartesianos, siguiendo el eje YY la dirección de la meridiana (dirección Norte-Sur) y el eje XX la dirección perpendicular a la meridiana (dirección Este-Oeste). Este es el caso habitual, aunque, en ocasiones, se prefiere orientar los ejes cartesianos de manera distinta. La dimensión Z, que corresponde a las alturas de los puntos con relación al plano horizontal de referencia, se suele representar mediante *curvas de nivel*.

Llamamos *transporte por coordenadas* a la operación consistente en trazar sobre el plano XY los distintos puntos del levantamiento. Para representar un punto del terreno de coordenadas X e Y conocidas, llevaremos a partir del origen de coordenadas las magnitudes X e Y, previamente reducidas a la escala del plano, en las dirección de los ejes XX e YY respectivamente. La intersección de las perpendiculares a los ejes levantadas por los puntos así obtenidos nos señala la proyección del punto del terreno. Las coordenadas X se denominan *abscisas* y las Y *ordenadas*.

La proyección sobre el plano de un punto *P* del terreno también puede obtenerse a partir de sus coordenadas polares: distancia reducida entre *P* y el origen de coordenadas *O* y ángulo formado por la alineación *OP* con uno de los ejes de coordenadas. En un trabajo topográfico es habitual que se combinen estos dos métodos para la obtención del plano topográfico, como veremos más adelante.

2.- COORDENADAS POLARES.

Los instrumentos topográficos se limitan a la medida de coordenadas polares, ángulos y distancias, por lo que las coordenadas cartesianas deben deducirse por cálculo a partir de las polares. Con ayuda de estos instrumentos podemos determinar distancias reducidas y acimutes.

2.1.- Distancia natural y distancia reducida.

Distancia natural entre dos puntos es la longitud del tramo de recta que los une. En topografía no interesa medir distancias naturales, sino distancias reducidas. Llamamos *distancia reducida* entre dos puntos a la longitud del tramo de recta que une sus proyecciones sobre el plano horizontal XY. Se trata, por tanto, de una distancia *proyectada* sobre dicho plano XY.

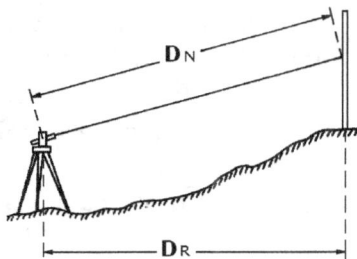

La distancia reducida entre dos puntos será menor, o como mucho igual, que su distancia natural. Si tenemos dos puntos A y B, de coordenadas cartesianas X_A, Y_A, Z_A y X_B, Y_B, Z_B, respectivamente, las expresiones para el cálculo de la distancia entre ellos serán:

$$distancia\ natural: \quad D_N = \sqrt{(X_B - X_A)^2 + (Y_B - Y_A)^2 + (Z_B - Z_A)^2}$$

$$distancia\ reducida: \quad D_R = \sqrt{(X_B - X_A)^2 + (Y_B - Y_A)^2}$$

2.2.- Concepto de acimut.

Llamamos *acimut* al ángulo formado por una alineación y la dirección de la meridiana, medido a partir del Norte y en el sentido de avance de las agujas del reloj. El eje YY de nuestro sistema de coordenadas cartesianas va a coincidir, como hemos visto, con la dirección de la meridiana, por lo que los acimutes estarán referidos a este eje o a una paralela al mismo.

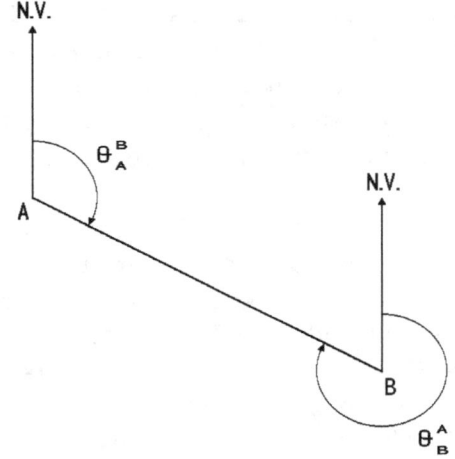

Así, para determinar el acimut de una recta AB consideraremos una paralela al eje YY trazada por A y mediremos el ángulo formado por estas dos rectas, desde el Norte y en sentido horario. Denominaremos θ_A^{B} a este acimut. Si en vez de considerar el punto A como referencia consideramos el B, la paralela al eje YY se trazará por B y el acimut obtenido, θ_B^{A}, diferirá del θ_A^{B} en ± 200^g (ó ± 180°), suponiendo que despreciamos la convergencia de meridianos. En la notación que empleamos el subíndice indica el punto de referencia y el superíndice el punto al cual se mide.

Los instrumentos topográficos no pueden medir directamente acimutes, a menos que hayan sido previamente *orientados*, sino ángulos horizontales referidos a una dirección arbitraria. Sin embargo, veremos como resulta posible transformar estas lecturas angulares en acimutes, lo que nos va a permitir trabajar con ángulos medidos siempre desde una misma referencia, con las ventajas que esto conlleva.

3.- COORDENADAS CARTESIANAS.

El sistema de coordenadas cartesianas consiste en dos ejes perpendiculares, el YY siguiendo la dirección de la meridiana y el XX siguiendo la dirección perpendicular a ella. Los dos ejes se cortan en un punto, que es el origen de coordenadas, al que se asignan coordenadas *X=0*, *Y=0*, u otras en función de las necesidades del trabajo.

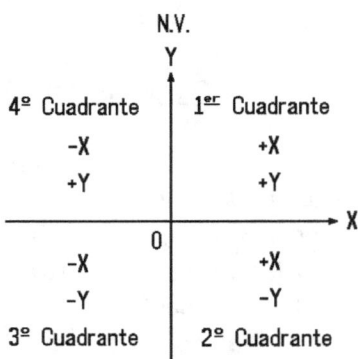

224

Los ejes cartesianos dividen al plano XY en cuatro cuadrantes, que se numeran comenzando por el cuadrante superior derecho y en el sentido de las agujas del reloj. Los valores de la coordenada X son positivos a la derecha del origen, cuadrantes 1º y 2º, es decir al este del origen. Serán negativos en los cuadrantes 3º y 4º, al oeste. Los valores de la coordenada Y son positivos por encima del origen, cuadrantes 1º y 4º, al norte. Serán negativos en los cuadrantes 2º y 3º, al sur.

4.- TRANSFORMACION DE COORDENADAS.

4.1.- Paso de coordenadas polares a coordenadas cartesianas.

Si se dispone de las coordenadas polares, distancia reducida y acimut, de un punto A con relación al origen de coordenadas O, las expresiones para el cálculo de coordenadas cartesianas se deducen fácilmente de la figura:

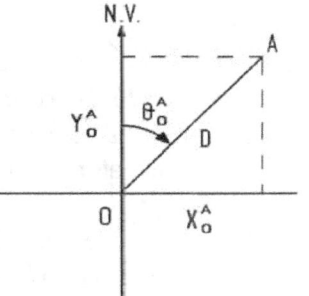

$$X_O^A = D \ sen \ \theta_O^A$$
$$Y_O^A = D \ cos \ \theta_O^A$$

siendo D la distancia reducida de A al origen y θ_O^A el acimut de la recta OA.

Estas expresiones son aplicables en todos los cuadrantes, pues nos dan en cada caso las coordenadas con su signo, por lo que inmediatamente se deduce la posición de A respecto al origen de coordenadas. Al ser coordenadas referidas al origen, se denominan *coordenadas absolutas*.

También podemos determinar las *coordenadas relativas* de un punto B con relación a otro punto A, que no es el origen de coordenadas. Para ello necesitamos conocer la distancia reducida AB y el acimut de la recta AB, es decir, el ángulo que forma esta recta con una paralela al eje YY trazada por A, medido desde el Norte y en la dirección de avance de las agujas de un reloj. Las expresiones son semejantes a las anteriores.

$$X_A^B = D_{AB} \ sen \ \theta_A^B$$
$$Y_A^B = D_{AB} \ cos \ \theta_A^B$$

La notación que empleamos para las coordenadas es similar a la que hemos visto para los acimutes. X_A^B es la distancia sobre el eje XX que separa los puntos A y B, pero medida desde A hacia B. X_B^A tendría el mismo valor absoluto, pero signo contrario. Como vimos, el subíndice indica el punto desde el que se mide y el superíndice el punto al que se mide.

4.2.- Paso de coordenadas cartesianas a coordenadas polares.

La distancia reducida de un punto al origen de coordenadas O se calcula:

$$D = \sqrt{(X_O^A)^2 + (Y_O^A)^2}$$

siendo X_O^A, Y_O^A las coordenadas cartesianas absolutas de A. La distancia reducida entre dos puntos A y B será:

$$D_{AB} = \sqrt{(X_O^B - X_O^A)^2 + (Y_O^B - Y_O^A)^2}$$

como ya hemos visto.

Para el cálculo del acimut a partir de las coordenadas cartesianas pueden darse cuatro casos, según el punto se encuentre en uno u otro cuadrante:

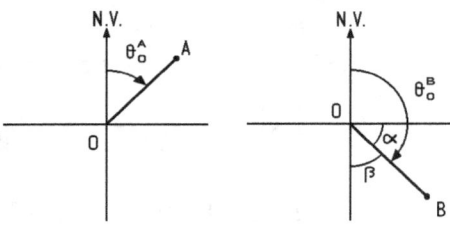

- 1er *cuadrante*: El acimut $\theta_O{}^A$ de la alineación *OA* se determina:

$$\theta_O^A = arco\ tg\ \frac{|X_O^A|}{|Y_O^A|}$$

Todas las coordenadas que aparecen en estas expresiones las pondremos en valor absoluto.

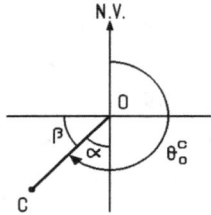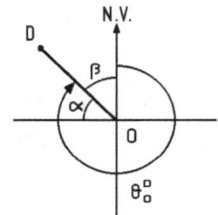

- $2^{\underline{o}}$ *cuadrante*: El acimut $\theta_O{}^B$ se puede calcular con cualquiera de las expresiones siguientes:

$$\theta_O^B = 100^g + \alpha = 100^g + arco\ tg\ \frac{|Y_O^B|}{|X_O^B|}$$

$$\theta_O^B = 200^g - \beta = 200^g - arco\ tg\ \frac{|X_O^B|}{|Y_O^B|}$$

- 3er *cuadrante*: El acimut $\theta_O{}^C$ se puede calcular con cualquiera de las expresiones siguientes:

$$\theta_O^C = 200^g + \alpha = 200^g + arco\ tg\ \frac{|X_O^C|}{|Y_O^C|}$$

$$\theta_O^C = 300^g - \beta = 300^g - arco\ tg\ \frac{|Y_O^C|}{|X_O^C|}$$

- $4^{\underline{o}}$ *cuadrante*: El acimut $\theta_O{}^D$ se puede calcular con cualquiera de las expresiones siguientes:

$$\theta_O^D = 300^g + \alpha = 300^g + arco\ tg\ \frac{|Y_O^D|}{|X_O^D|}$$

$$\theta_O^D = 400^g - \beta = 400^g - arco\ tg\ \frac{|X_O^D|}{|Y_O^D|}$$

Con frecuencia interesa determinar el acimut de la alineación formada por dos puntos *A* y *B* cualesquiera, en lugar del de la formada por un punto y el origen. Las expresiones son semejantes, sustituyendo en cada caso las coordenadas respecto al origen por la diferencia, en valor absoluto, de las coordenadas de los dos puntos. Se aplicarán unas expresiones u otras dependiendo de la posición del segundo punto respecto al primero, tal y como si éste fuese el origen de coordenadas. Por ejemplo, la expresión correspondiente al primer cuadrante quedaría:

$$\theta_A^B = \text{arco tg} \frac{|X_O^A - X_O^B|}{|Y_O^A - Y_O^B|}$$

Esta expresión se aplicará cuando el punto B se sitúe en el primer cuadrante respecto al A, es decir, cuando: $X_O^B > X_O^A$; $Y_O^B > Y_O^A$

5.-   COORDENADAS ABSOLUTAS Y RELATIVAS.

Las coordenadas *absolutas* o *totales* son las que se refieren al origen de coordenadas, como hemos visto. Las representaremos como X_O^A, Y_O^A o simplemente X_A, Y_A.

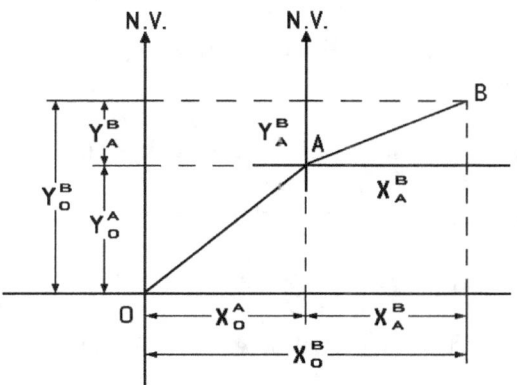

Las coordenadas *relativas* o *parciales* se refieren a otro punto distinto del origen de coordenadas. Las características de los trabajos topográficos impiden medir directamente ángulos y distancias con relación al origen de coordenadas. Las mediciones se hacen con relación a distintos puntos materializados en el terreno, en los que se sitúan los instrumentos topográficos y que se denominan *estaciones*. Por tanto, las coordenadas que vamos a calcular serán coordenadas relativas, no absolutas.

Las coordenadas absolutas se deducen fácilmente de las relativas, realizando la operación conocida como *arrastre de coordenadas*. En el ejemplo de la figura, las coordenadas absolutas X_O^B, Y_O^B de un punto B se obtienen a partir de sus coordenadas relativas X_A^B, Y_A^B respecto a otro punto A y de las coordenadas absolutas X_O^A, Y_O^A de éste, por las expresiones:

$$X_O^B = X_O^A + X_A^B$$
$$Y_O^B = Y_O^A + Y_A^B$$

tal como se deduce de la figura.

Los puntos de un levantamiento se apoyan unos en otros y, por consiguiente, el arrastre de coordenadas se hará de una forma escalonada hasta determinar las coordenadas absolutas de todos los puntos de interés.

GLOSARIO

Es de gran relevancia tener algunas definiciones de topografía muy claras como lo son:

Altimetría: Se trata de dar la posición de puntos con respecto a su proyección del plano vertical o planos XZ o YZ.

Ángulo paraláctico: El formado por las direcciones de las visuales lazadas a un objeto desde dos puntos diferentes.

Atracción local: es la desviación con respecto al meridano magnético que se produce en la aguja imantada de la brújula debido a la presencia de conductores eléctricos aéreos, carrileras o acumulaciones de metal cercanas.

Aumento: Es la relación entre el tamaño de la imagen y el tamaño del objeto M = i/o. Para un mismo diámetro de objeto, la luminosidad es tanto más débil cuanto más fuerte es el aumento, por tanto el diámetro del objetivo debe estar adaptado al telescopio.

Brújula: La brújula tiene una aguja imantada apoyada en el centro sobre un pivote, que le permite girar libremente y se orienta por las fuerzas de atracción de los polos magnéticos de la tierra, indicando directamente la dirección norte sur.

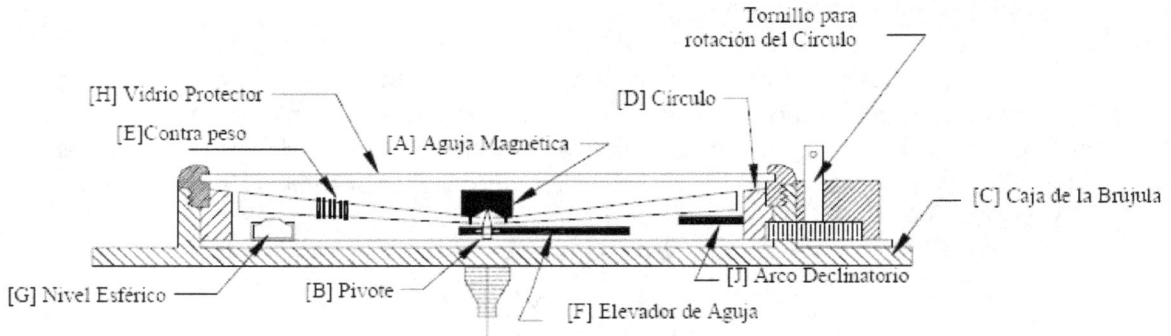

Corte esquemático de una brújula

Campo visual: Es la sección de espacio objeto que se puede ver, con ayuda del sistema óptico, el campo visual es función de la distancia focal del objetivo y el diámetro del diafragma del retículo; la distancia focal es inversamente proporcional al campo visual para un diámetro de diafragma dado.

Cenit: con origen en el centro de la Tierra, lugar al que apunta el vector normal a la superficie terrestre en un punto de observación

Conversión de unidades: Para pasar de unas unidades a otras ya sea en el mismo sistema o a otro sistema aplicando el método que veremos en el siguiente ejemplo.

Si se desea pasar 1mm a su expresión en kilómetros

$$1mm \times \frac{1m}{1000mm} \times \frac{1Km}{1000m} = 0.000001Km$$

Pasar 1Hm a cm

$$1\text{Hm} \times \frac{100\text{m}}{1\text{Hm}} \times \frac{100\text{cm}}{1\text{m}} = 10000\text{cm}$$

Si queremos pasar de un sistema a otro solo tenemos que operar con las equivalencias que vimos .para entender mejor.

A cuantas millas equivale un kilómetro:

$$1\text{Km} \times \frac{1000\text{m}}{1\text{Km}} \times \frac{1\text{M}}{1609\text{m}} = 0.62\text{M}$$

Convertir 5dm a Millas:

$$5\text{dm} \times \frac{0.1\text{m}}{1\text{dm}} \times \frac{1\text{M}}{1609\text{m}} = 3.1 \times 10^{-4}\text{M}$$

Dato: hecho verificable sobre la realidad, un dato puede ser una medida, una ecuación o cualquier tipo de información que pueda ser verificada (en caso contrario se trataría de una creencia)

Declinación Magnética: Es el ángulo formado por la desviación de la aguja de la brújula con respecto al meridiano del lugar.

Escuadras: Son instrumentos topográficos simples que se utilizan en levantamientos de Poca precisión para el trazado de alineaciones y perpendiculares.

Geodesia: Estudia la superficie terrestre en grandes extensiones, teniendo en cuenta su curvatura o forma real. Esta a diferencia de la topografía trabaja con ángulos esféricos.

Geología: Ciencia que estudia las formas del globo terrestre y de la naturaleza de las materias que la componen y de formación.
La geología encierra otras ciencias como la geotecnia, que toma la tierra como objeto de estudio interesándose por el comportamiento mecánico de la corteza terrestre sometida a cambios por esfuerzos, la Geomorfología que estudia la forma de la superficie terrestre preocupándose por sus relieves actuales y su evolución bajo la acción de la erosión, y la sismología que estudia el comportamiento sismológico de la tierra.

Geomática: Es la ciencia que se preocupa por la medida, representación, análisis, dirección, recuperación y despliegue de información espacial que describe los rasgos de la tierra y el ambiente, todo esto lo logra empleando las tecnologías para la toma de información como lo son la teledetección y los sistemas de información.

G.P.S: acrónimo de *global positioning system*, o sistema de localización global hace referencia a un sistema mediante el cual es posible estimar las coordenadas actuales de una estación en tierra mediante la recepción simultánea de señales emitidas por varios satélites (llamados en conjunto *constelación GPS*)

Inclinación Magnética: Es la desviación que sufre la aguja de la brújula con respecto a la horizontal del lugar.

Interpolación: estimación del valor de una variable en un punto a partir de otros datos próximos se entiende que el punto problema está dentro del rango de variación de los datos disponibles; en caso contrario se habla de extrapolación. La interpolación puede hacerse en un espacio de 1, 2 o más dimensiones.

Intersección directa: Medición de la distancia desde un extremo y la medición del ángulo desde el otro extremo. Los datos faltantes se pueden calcular mediante la generalización de la fórmula de Pitágoras ó la ley del coseno.

Intersección de visuales: Medición de los dos ángulos medidos desde los extremos de la línea de referencia, lo cual se conoce también como base medida. Se conforma un triángulo, donde se conocen tres elementos: una distancia y dos ángulos, que mediante la aplicación de la ley de los senos pueden calcular las distancias desde los extremos de AB al punto P.

Intervisibilidad: propiedad de dos puntos en los que el vector que los une no está interrumpido por la superficie topográfica el punto origen del vector se denomina foco o punto de vista; el vector entre el foco y el punto objetivo se denomina línea visual.

Jalones: Son tubos de madera o aluminio, con un diámetro de 2.5cm y una longitud que varia de 2 a 3 m. Los jalones vienen pintados con franjas alternas rojas y blancas de unos 30 cm y en su parte final poseen una punta de acero.

Levantamientos: Conjunto de operaciones requeridas para obtener la posición de puntos, a partir de la medición de distancias horizontales y verticales; con referencia a otros cuya posición ya ha sido determinada.

Línea horizontal: Es aquella línea que se encuentra contenida en un plano horizontal

Línea inclinada: Es aquella línea que se encuentra contenida en un plano inclinado o que está formando un ángulo con la vertical.

Líneas Isogonicas: Son líneas sobre la superficie terrestre que tienen la misma declinación magnética.

Línea vertical: Es la que sigue la dirección de la plomada, apuntando al centro de la tierra. Cuando trabajamos en planimetría se emplea una proyección ortogonal, lo que quiere decir que todas la líneas verticales son paralelas.

Luminosidad: Es la relación entre la abertura (diámetro del orificio donde penetra la luz) y la luz que pasa a través de éste.

Meridianos arbitrarios: Cuando en un levantamiento topográfico no se tiene la orientación de ninguno de los anteriores meridianos y el trabajo a realizar no lo exigen, se puede adoptar cualquier línea como referencia para la medición todas las direcciones de las líneas que sean necesarias para hacer el levantamiento topográfico respectivo. El meridiano de referencia arbitrario puede ser la línea del punto inicial a una torre, un árbol o a cualquier otro detalle que se pueda materializar fácilmente en el campo.

Meridiano Geográfico Verdadero: Es una línea orientada a lo largo de los polos geográficos de la tierra y se determinan mediante observaciones astronómicas. Estos meridianos tienen permanentemente una orientación constante o fija.

Meridianos Magnéticos: Son líneas orientadas en la dirección de los polos magnéticos de la tierra y es la dirección que da la brújula. La orientación de esta línea no es constante debido a que el polo norte magnético no tiene posición fija y se va desplazando lentamente a través del tiempo. El meridiano magnético sufre diferentes tipos de variaciones: Seculares (cada 300 años), anuales, diarias, irregulares y lunares. Las direcciones magnéticas son los que se determinan con ayuda de una brújula.

Micrómetro: Sistema de nonio óptico

Miras: Son reglas graduadas en metros y decímetros, generalmente fabricadas de madera, metal o fibra de vidrio. Usualmente, para trabajos normales, vienen graduadas con precisión de 1 cm y apreciación de 1 mm. Comúnmente, se fabrican con longitud de 4 m divididas en 4 tramos plegables para facilidad de transporte y almacenamiento. Se fabrican miras continuas de una sola pieza, con graduaciones sobre una cinta de material constituido por una aleación de acero y níquel, denominado *INVAR* por su bajo coeficiente de variación longitudinal.

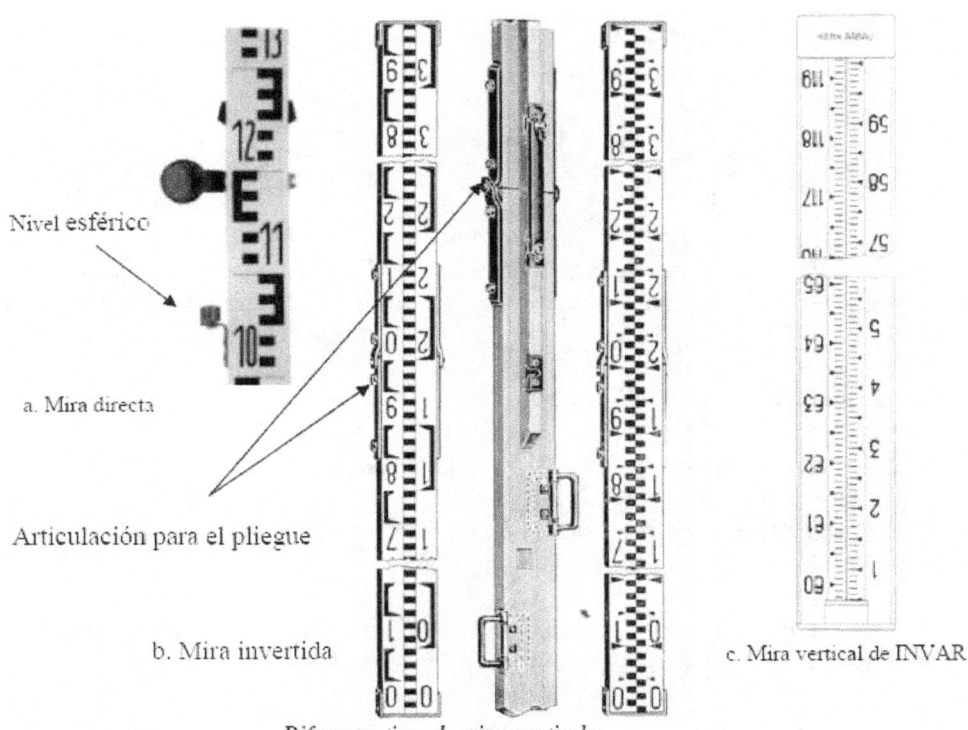

Diferentes tipos de miras verticales

Modelo digital de elevación (MDE): es una estructura numérica de datos que representa la distribución espacial de la altitud, y de la superficie del terreno.

Modelo digital de terreno (MDT): estructura numérica de datos que representa la distribución espacial de una variable cuantitativa se trata, por tanto, de un modelo digital que representa una propiedad cuantitativa topográfica (por ejemplo, elevación, pendiente) o no (temperatura de la superficie del terreno, reflectancia...)

Múltiplos y submúltiplos: Es frecuente que las unidades del S.I. resulten unas veces excesivamente grandes para medir determinadas magnitudes y otras, por el contrario, demasiado pequeñas. De ahí la necesidad de los múltiplos y los submúltiplos.

Prefijos	Símbolo	Equivalencia
exa	E	10^{18}
peta	P	10^{15}
tera	T	10^{12}
giga	G	10^{9}
mega	M	10^{6}
kilo	K	10^{3}
hecto	H	10^{2}
deca	D	10
Submúltiplos		
deci	d	10^{-1}
centi	c	10^{-2}
cmili	m	10^{-3}
micro	μ	10^{-6}
nano	n	10^{-9}
pico	p	10^{-12}
femto	f	10^{-15}
atto	a	10^{-18}

Norte Geográfico: Es uno de los puntos sobre la superficie terrestre por donde pasa el eje del mundo; es el paralelo mas pequeño y tiene por coordenadas geográficas, longitud cualquiera y latitud 90°.

Ortogonal: perpendicular.

Piñón: Rueda dentada que engrana con otra o con una cadena.

Planimetría: Que se refiere a dar la posición de un punto con respecto al plano que se encuentra perpendicular a la vertical (plan horizontal) o plano XY.

En planimetría las distancias con que se trabajan son horizontales igual que los ángulos, claro que en algunas ocasiones es necesario medir ángulos verticales y distancias inclinadas.

Plano meridiano: Es toda superficie perpendicular al Ecuador, que contiene el eje del mundo.

Plomada metálica: Instrumento con forma de cono, construido generalmente en bronce, con un peso que varia entre 225 y 500 gr, que al dejarse colgar libremente de la cuerda sigue la dirección de la vertical del lugar.

Poligonal: En topografía debemos visualizar las poligonales como una sucesión de puntos (estaciones) que se encuentran ligadas entre si por ángulos y distancias.

Prisma: Cuerpo transparente limitado por dos caras que se cortan y que sirven para producir la reflexión, refracción y la descomposición de la luz.

Radiación: Medición de un ángulo y una distancia tomados a partir de un extremo de la línea de referencia.

Sistemas de información geográfica: sistema de gestión de bases de datos (SGBD) con herramientas específicas para el manejo de información espacial y sus propiedades los tipos de propiedades que un SIG debe poder analizar tanto independiente como conjuntamente son tres: métricas, topológicas y atributivas

Topografía: Ciencia que tiene por objeto de estudio la superficie terrestre, en cuanto a sus dimensiones y características, tiene por características que toma pequeñas extensiones de tierra y no tiene en cuenta la curvatura terrestre. La topografía se encarga de representar la realidad de un terreno en un sistema bidimensional (plano a escala) de la forma mas fiel posible.

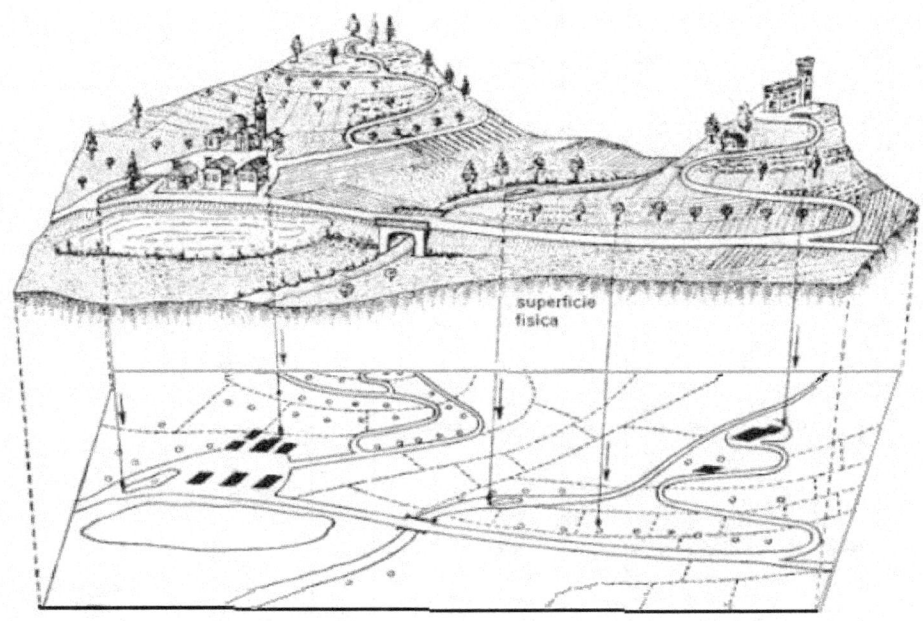

Unidades: Cuando medimos es necesario expresar dicha medida con una magnitud y una unidad que es la que nos indica cual fue el patrón de medida utilizado, así una magnitud es todo aquello que puede verse afectado por un valor, en un sistema de unidades.

Los sistemas de unidades son agrupaciones de éstas que son establecidas como patrones de medidas, el más conocido es el Sistema Internacional SI que es implementado desde 1960 y es el que trataremos en éste libro y otras unidades de otros sistemas que son muy utilizadas en al vida diaria.

Unidades de longitud: La unidad de longitud del sistema internacional es el metro, manejado con sus múltiplos u submúltiplos.

Para ejemplificar:

Un Milímetro (mm) es igual a 10^{-3} metros
Un centímetro (cm) es igual a 10^{-2} metros

Un Decámetro (Dm) es igual a 10 metros
Un Megametro (Mm) es igual 10^6 metros
Una vara es igual a 80cm

Como se dijo antes existen otras unidades de otros sistemas que son muy empleadas en la vida diaria aunque no sean del SI veamos cuales son y las equivalencias de estas en S.I :

Pulgada (in) = 2.54 cm
Pie (ft) = 12 in o 30.48 cm
Yarda (yd) = 3ft = 0.914 m
Milla (M) = 1760 yd = 5280ft = 1609m

Unidades de área: La unidad de área (segunda potencia de la unidad de longitud) en el SI, es el metro cuadrado (m^2). Para convertir unidades mayores a menores; se multiplica por 100, 10.000, 1.000.000, etcétera.

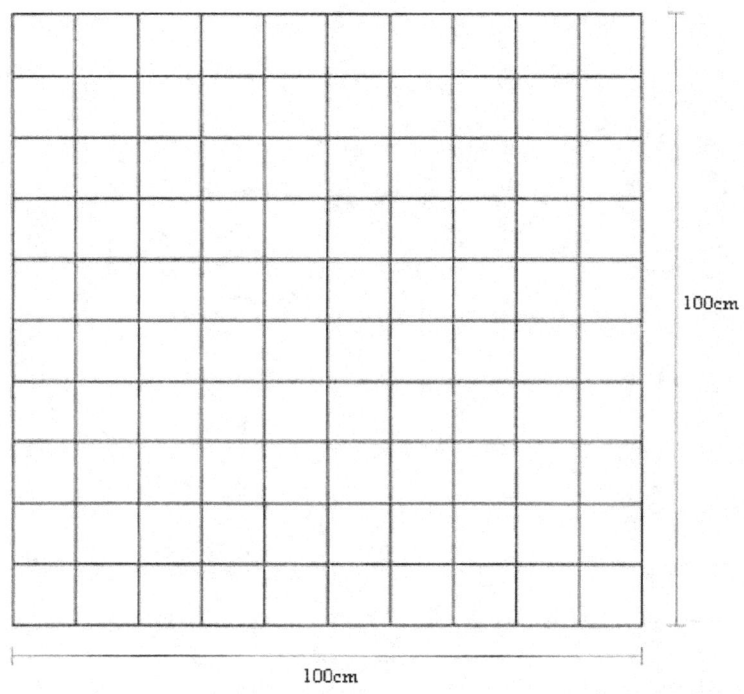

$$1m^2 = 10.000 cm^2$$

Al igual que en las unidades de longitud también existen otras unidades como:

5 dm² = 5 x 100 = 500 cm ²

Para convertir unidades menores a mayores se divide entre 100, 10 000, 1 000 000, etcétera; entonces, 1 500 m² en dm² es:

1 500 m² = 1 500 ÷ 100 = 15 dm²

Comúnmente se trabajan con otras unidades de área como lo son:

Hectárea (Ha) = 10.000 m^2

Cuadra o Plaza o Fanegada = 10.000 v^2

Acre = 1/8 de M por 1/80

Unidades de volumen: Es el metro cúbico y, por tanto, presentan tres dimensiones: largo, ancho y espesor, por ello las variaciones son de 10^3 en 10^3. Para convertir unidades menores a mayores y viceversa se sigue el mismo procedimiento, sólo que se divide o multiplica por 1000, 1.000 000, etcétera.

Ejemplos, 5 dm³ a cm³ y 8 000 m³ a Dm³:

5 dm³ = 5 x 1 000 = 5 000 cm³
8000 m³ = 8000 ÷ 1 000 = 8 Dm³

Unidades de angulares: También conocidas como unidades de arco están relacionadas con los sistemas algebraicos. Según lo establecido por el SI el radian es la unidad básica de medida para un ángulo plano.

Magnitud	Nombre	Símbolo	Relación
Ángulo plano	Vuelta		1 vuelta= 2 π rad
	Grado	º	(π/180) rad
	minuto de ángulo	'	(π/10800) rad
	segundo de ángulo	"	(π/648000) rad

Un radian es un ángulo central subtendido por un arco que es igual al radio de un circulo para éste también encontramos submúltiplos.

Milíradian = $1,0 \times 10^{-3}$ rad
Microradian = $1,0 \times 10^{-6}$ rad

De las unidades angulares encontramos otros sistemas como el sistema Sexagesimal en el que se trabajan con una división de circunferencia de 360 fracciones iguales, denominando a cada fracción como grado, cada grado dividido en 60 (minutos) y a su ves éste dividido en 60 (segundos), otro sistema es el centesimal en el cual se hace una división de 400 partes iguales llamadas grados centesimales y cada grado dividido en 100 minuto centesimal y cada minuto fraccionado en 100 segundos centesimales.

Existe la posibilidad de hacer conversiones entre sistemas de medidas angulares empleando la siguiente proporción

Para hacer conversión de unidades angulares se aplica la siguiente formula:

$$\frac{\alpha^\circ}{180^\circ} = \frac{\alpha^g}{200^g} = \frac{\alpha^r}{\pi}$$

α^r = Angulo expresado en radianes

α^g = Angulo expresado en gones

α^o = Angulo expresado en grados

Vector: Entidad geométrica definida por una magnitud y un sentido.